Rudolf Koller

CAD

Automatisiertes Zeichnen, Darstellen und Konstruieren

Mit 148 Abbildungen

Springer-Verlag Berlin Heidelberg GmbH 1989

Dr.-Ing. Rudolf Koller
Universitätsprofessor, Direktor des Instituts
für Allgemeine Konstruktionstechnik des Maschinenbaues
der Rheinisch-Westfälischen Technischen Hochschule Aachen

CIP-Titelaufnahme der Deutschen Bibliothek
Koller, Rudolf:
CAD : automatisiertes Zeichnen, Darstellen und Konstruieren / Rudolf Koller. - Berlin ;
Heidelberg ; New York ; London ; Paris ; Tokyo : Springer, 1989
ISBN 978-3-540-51062-8   ISBN 978-3-642-85837-6 (eBook)
DOI 10.1007/978-3-642-85837-6

Dieses Werk ist urheberrechtlich geschützt. Die dadurch begründeten Rechte, insbesondere
die der Übersetzung, des Nachdrucks, des Vortrags, der Entnahme von Abbildungen und
Tabellen, der Funksendung, der Mikroverfilmung oder der Vervielfältigung auf anderen
Wegen und der Speicherung in Datenverarbeitungsanlagen, bleiben, auch bei nur
auszugsweiser Verwertung, vorbehalten. Eine Vervielfältigung dieses Werkes oder von
Teilen dieses Werkes ist auch im Einzelfall nur in den Grenzen der gesetzlichen
Bestimmungen des Urheberrechtsgesetzes der Bundesrepublik Deutschland vom
9. September 1965 in der Fassung vom 24. Juni 1985 zulässig. Sie ist grundsätzlich
vergütungspflichtig. Zuwiderhandlungen unterliegen den Strafbestimmungen des
Urheberrechtsgesetzes.

© Springer-Verlag Berlin Heidelberg 1989

Die Wiedergabe von Gebrauchsnamen, Handelsnamen, Warenbezeichnungen usw. in
diesem Werk berechtigt auch ohne besondere Kennzeichnung nicht zu der Annahme, daß
solche Namen im Sinne der Warenzeichen- und Markenschutz-Gesetzgebung als frei zu
betrachten wären und daher von jedermann benutzt werden dürften.

Sollte in diesem Werk direkt oder indirekt auf Gesetze, Vorschriften oder Richtlinien (z. B.
DIN, VDI, VDJ) Bezug genommen oder aus ihnen zitiert worden sein, so kann der Verlag
keine Gewähr für Richtigkeit, Vollständigkeit oder Aktualität übernehmen. Es empfiehlt
sich, gegebenenfalls für die eigenen Arbeiten die vollständigen Vorschriften oder
Richtlinien in der jeweils gültigen Fassung hinzuzuziehen.

Datenkonvertierung: Appl, Wemding; Druck: Saladruck, Berlin,
Bindearbeiten: Lüderitz & Bauer-GmbH, Berlin.
2362/3020-543210 - Gedruckt auf säurefreiem Papier

Vorwort

Mit „CAD" bzw. „Computer-Aided-Design" oder „Rechnerunterstütztes Konstruieren" bezeichnet man die Wissenschaft und Technik der Automatisierung von Konstruktions-, Darstellungs- und
Zeichentätigkeiten sowie das Ordnen, Speichern und Wiederfinden
von Informationen technischer Lösungen mittels elektronischer
Datenverarbeitungsanlagen. Die Aufnahme dieses Faches in die
Lehrpläne Technischer Universitäten und Fachhochschulen machen es notwendig, Hilfsmittel zur Lehre und zum Erlernen dieses
Wissens zu schaffen. Es ist deshalb Ziel und Zweck des vorliegenden Buches, diesen Erfordernissen nachzukommen und ausführlich über die Grundlagen dieses Faches zu unterrichten. Die folgenden Ausführungen sollen sowohl die Studierenden wie auch
die auf diesem Gebiet tätigen Dozenten und Ingenieure des Maschinenbaues, der Elektrotechnik, der Bautechnik und anderer
Fachgebiete ansprechen. Den Forschern und Entwicklern an den
Technischen Hochschulen, Universitäten, Fachhochschulen und in
der Industrie möge dieser Leitfaden Grundlage und Anregung für
eigene Entwicklungen sein.

Ausgangspunkt für das vorliegende Lehrbuch sind Erfahrungen aus eigenen CAD-Programmentwicklungen in verantwortli-
cher Industrietätigkeit sowie eine seit über 18 Jahren währende
Entwicklung umfangreicher allgemeiner und spezieller CAD-Programmsysteme am Institut für Allgemeine Konstruktionstechnik
des Maschinenbaues der Rheinisch-Westfälischen Technischen
Hochschule Aachen. Hieraus entstand auch der Lehrstoff für
CAD-Vorlesungen und -Übungen sowie für Vorträge und Semina-
re zur Weiterbildung von berufstätigen Ingenieuren.

„Rechnerunterstütztes Konstruieren" ist die Lehre des Automa-
tisierens von Konstruktions-, Zeichen- und Darstellungsprozessen
mit Hilfe elektronischer Datenverarbeitungsanlagen. Hieran orientieren sich Inhalt und Gliederung des Buches. So werden die
Grundlagen des Konstruktions-, Zeichen- und Darstellungsprozesses sowie der Datentechnik wiedergegeben, um darauf aufbauend
die Probleme und das Vorgehen bei der Automatisierung von Zei-
chen-, Darstellungs- und Konstruktionsprozessen zu behandeln.
Zu zeigen, daß Konstruktionsmethode und CAD eine Einheit und
keine zu trennenden Fachgebiete sind, ist ein besonderes Anliegen

dieses Buches; Konstruktionsmethodeforschung ist wesentliche Grundlage zur Entwicklung von Konstruktionsprogrammen. In weiteren Ausführungen nimmt das Buch Stellung zu Fragen des Ordnens und Wiederfindens von Informationen, der „integrierten" oder „durchgehenden" Datenverarbeitung, der Datenübertragungsprobleme von CAD- zu CAD-System („Schnittstellenproblematik"), des wirtschaftlichen Einsatzes von CAD-Systemen und zukünftiger Trends bei der Entwicklung von CAD-Software. Besonderer Wert wurde auf eine für die Konstrukteure verständliche Sprache gelegt.

Für wertvolle Anregungen und Korrekturen bei der Entstehung dieses Lehrbuches danke ich den Herren Dipl.-Ing. K. Andermahr, Dipl.-Ing. B. Andrich, Dipl.-Ing. S. Berns, Dipl.-Ing. H. Horstmann, Dipl.-Ing. N. Kastrup, Dipl.-Ing. U. Schettler und Dr.-Ing. W. Willkommen sehr herzlich. Ferner gilt mein Dank Herrn A. Will, Frl. M. Kranz und Herrn H. Fohn für die große Mühe und Sorgfalt bei der Erstellung der Bildunterlagen. Mein besonderer Dank gilt Frau M. Mundt und Frau B. Razen, die sich um die Niederschrift und Redigierung des Manuskriptes sehr verdient gemacht haben. Nicht zuletzt gilt mein Dank dem Springer-Verlag für die wertvolle Unterstützung und Sorgfalt bei der Drucklegung dieses Buches.

Aachen, im Juni 1989   R. Koller

Inhaltsverzeichnis

I Einleitung und Überblick

Unter Computer Aided Design, kurz „CAD" genannt, versteht man weltweit die Bemühungen, Konstruktions-, Zeichen- und Darstellungsprozesse sowie das Ordnen, Wiederfinden und die Weiterverarbeitung von Konstruktionsergebnissen mit Hilfe elektronischer Datenverarbeitungsanlagen zu automatisieren. Zu dieser Automatisierung bedarf es leistungsfähiger Rechner (Hardware) und geeigneter CAD-Programme (Software). Automatisieren von Konstruktions-, Darstellungs- und Zeichenprozessen heißt, deren Algorithmen kennen, sie programmieren, um sie letztlich voll- oder teilautomatisch durchführen zu können. Wissensgrundlagen der CAD-Technik sind die Konstruktionstechnik, die Darstellende Geometrie, die Normen des Technischen Zeichnens und die Datenverarbeitungstechnik. Entsprechend dieser Wissensbereiche soll das vorliegende Buch in die Kapitel Grundlagen der Datentechnik, Automatisierung des Zeichen-, Darstellungs- und Konstruktionsprozesses gegliedert werden.

Zeichen-, Darstellungs- und Konstruktionsprozesse sind Tätigkeiten unterschiedlicher Art und Qualität. Entsprechend dieser Gliederung und der historischen Entwicklung von CAD-Software kann man auch von drei Gruppen unterschiedlich intelligenter CAD-Programme sprechen:

CAD-Systeme der „1. Generation" sind „reine Zeichensysteme", welche „nur Zeichnen und Zeichensymbole verwalten und darstellen" können. Derartige CAD-Systeme vereinen in sich etwa die Fähigkeiten bzw. Eigenschaften einer Zeichenmaschine, einer Zeichenschablone, einer Schreibmaschine und eines Kopiergerätes. Ihr „Intelligenzgrad" ist nur geeignet, Striche, Figuren, Symbole und Bilder (Ansichten und Schnitte) zu Papier zu bringen, wobei alle hierfür erforderliche Intelligenz durch den Bediener (im Dialog) eingebracht wird. Da sie nur 0- und 1-dimensionale Gebilde (Punkte und Linien) in einer Ebene verwalten können, kann man sie auch als 2D-Systeme bezeichnen. Man kann mit dieser Art von Programmen nur das Erstellen und Ändern technischer Zeichnungen wesentlich erleichtern.

CAD-Systeme der „2. Generation" besitzen neben den Eigenschaften der Systeme der 1. Generation die weitergehenden Fähigkeiten, aus Ansichts- und Schnittdarstellungen (2D-Flächen- und Bildinformationen) automatisch 3D-Bauteilmodelle zu erzeugen; – sie können „Modellieren". Darüber hinaus können diese Systeme aus 3D-Modellen „rückwärts" wiederum Ansichts- und Schnittdarstellungen beliebiger Sichtrichtung und Schnittlegung automatisch erzeugen. Sie können „Abbilden" und „Modellieren", d.h. sie können neben Punkten und Linien auch noch komplexere Geometrieelemente, wie Flächen und Körper „verstehen", verwalten und weiter verarbeiten.

CAD-Systeme der „3. Generation" werden neben den Fähigkeiten der Systeme der 1. und 2. Generation auch noch Konstruktionsprozesse voll- oder zumindest teilautomatisch durchführen können. Hierfür gibt es bereits zahlreiche Beispiele.

Zukünftigen CAD-Programmentwicklungen ist es vorbehalten, auf dem Gebiet der Automatisierung von Konstruktionsprozessen noch weitere wesentliche Fortschritte zu erzielen.

Für einen besseren Überblick und eine planvolle CAD-Programmentwicklung ist es ferner sinnvoll, zwischen den verschiedenen Konstruktionsprozeßschritten Funktionsstruktur-, Prinzip-, Gestalt- (Entwurf) und Quantitative Synthese (Dimensionieren), der Analyse bzw. dem Simulieren von technischen Lösungen und der Beratung bei Konstruktionsprozessen zu unterscheiden. Des weiteren ist es zweckmäßig, zwischen produktneutralen und produktspezifischen Konstruktionsprogrammen zu differenzieren. Entsprechend lassen sich Programmentwicklungen gliedern in CAD-Programme zur bzw. zum

- Zeichnen,
- Darstellen und Zeichnen,
- Funktionssynthese,
- Prinzipsynthese,
- Gestaltsynthese (qualitatives Entwerfen/Gestalten),
- Berechnen (Dimensionieren und Simulieren),
- Beraten („Expertensysteme" zum Prüfen, Bewerten und Auswählen von Lösungsalternativen).

In den Konstruktions- und Entwicklungsabteilungen von Unternehmen entsteht zweifelsohne die größte Datenmenge über ein zu entwickelndes technisches Produkt. CAD-Systeme werden deshalb wesentliche „Datengeneratoren" eines Unternehmens sein, und zentrale Bestandteile firmenübergreifender Informationssysteme, sogenannte „CIM-Systeme" sein (CIM = Computer Integrated Manufacturing). Ziel und Zweck der CIM-Technik ist es, die technischen und organisatorischen Tätigkeiten eines Unternehmens von der Produktplanung und -steuerung (PPS), über die Konstruktion (CAD/CAE), Arbeitsplanung (CAP) bis hin zur Qualitätssicherung (CAQ), weitgehend zu automatisieren und zukünftig besser miteinander zu verknüpfen, d. h. Informationsflüsse zwischen Abteilungen „durchgängiger" (schneller und effektiver) zu machen. Einen Überblick über die Informationsflüsse eines Unternehmens zeigt Bild 1.1.

Die CIM- und CAD-Technik wird in den nächsten Jahrzehnten die Arbeitsplätze der Ingenieure ebenso deutlich verändern, wie einst die Erfindungen der Kraftmaschinen die handwerklichen Arbeitsplätze verändert haben. Das Entwickeln von Softwaresystemen zum „Rechnerunterstützten Konstruieren und Zeichnen" technischer Gebilde ist ein Automatisierungsprozeß geistiger- und manueller Bürotätigkeiten, der in vieler Hinsicht analog jenem Automatisierungsprozeß handwerklicher Tätigkeiten ist, welcher vor rund 200 Jahren mit der Erfindung der Dampfmaschine begann und sich bis heute unvermindert fortgesetzt hat. Vergleicht man beide Prozesse, so erkennt man, daß es sich bei dem Automatisierungsprozeß konstruktiver und zeichnerischer Tätigkeiten um einen relativ jungen Automatisierungsprozeß handelt, der etwa Mitte der 60er Jahre begann. Dieser,

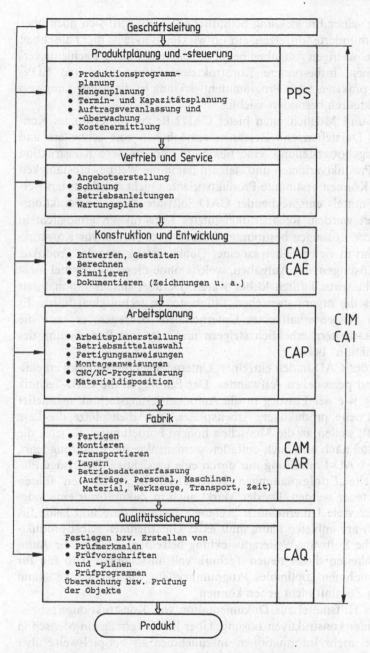

Bild 1.1. Schema eines sich über die verschiedenen Bereiche eines Industrieunternehmens erstrekkenden („integrierten"), automatisierten Informationsaustausches. Dieses zu erreichen, ist Ziel der verschiedenen CIM- bzw. CAI-Entwicklungen. CIM = Computer Integrated Manufacturing, CAI = Computer Assisted Industry, PPS = Product Planing System, CAD = Computer Aided Design, CAP = Computer Aided Planing, CAR = Computer Aided Roboting, CAM = Computer Aided Manufacturing, CAQ = Computer Aided Quality Assurance

sich erst am Anfang seiner Entwicklung befindliche Prozeß, wird sich noch über Jahrzehnte bzw. Jahrhunderte fortsetzen, ein Entwicklungsende ist nicht absehbar. Zur Lösung dieser schwierigen Aufgaben benötigt man qualifizierte Fachleute verschiedener Disziplinen, insbesondere Konstrukteure, Informatiker und EDV-Fachleute. Für eine praxisgerechte Programmentwicklung ist die Mitwirkung von erfahrenen Konstrukteuren besonders wichtig.

Welche Vorteile und Möglichkeiten bietet CAD? Rechnerunterstütztes Konstruieren, Rechnen, Darstellen und Zeichnen ermöglichen eine schnellere und wirtschaftlichere Angebotserstellung, eine flexiblere und raschere Konstruktion und Fertigung von Produktvarianten und steigern damit die Wettbewerbsfähigkeit des Unternehmens. Können bestimmte Produktvarianten nicht standardisiert werden, so kann doch mittels entsprechender CAD-Software deren Konstruktionsprozeß standardisiert werden. Rechnerunterstütztes Konstruieren ermöglicht in vielen Fällen präzisere Lösungen bestimmter Aufgaben, es schützt vor Konstruktionsfehlern und führt in vielen Fällen zu einer Qualitätssteigerung der Produkte. Es ermöglicht die Lösungen von Aufgaben, welche ohne dieses Hilfsmittel nicht oder zumindest nicht wirtschaftlich lösbar wären. Darüber hinaus rationalisiert und automatisiert es die organisatorischen Tätigkeiten in technischen Büros. Es kann zum besseren Wissenserhalt eines Unternehmens beitragen, es kann die Motivation von Mitarbeitern erheblich steigern und trägt zur Reduzierung des „Engpasses Konstruktion" bei.

Die Einführung des CAD in den einzelnen Unternehmen bedarf eines erheblichen finanziellen und personellen Aufwandes. Der Einstieg in die CAD-Technik ist ähnlich schwierig wie der Einstieg in die Automatisierungstechnik manueller Arbeit. CAD schafft neue, produktivere Arbeitsplätze. Die Arbeitsplätze, die diese neue Technik schafft, stellen an die Menschen höhere Forderungen, als jene, die mit diesem Hilfsmittel nach und nach entfallen werden. Wie die Erfahrung lehrt, ist eine erfolgreiche CAD-Einführung nur durch eine umsichtige langfristige Planung möglich; schnelle „Erfolgsplanungen" können leicht in „Sackgassen" führen und im nachhinein teuer werden. Da der Markt auch in Zukunft nur eine möglichst universelle, für viele Unternehmen geeignete Basissoftware und keine firmenspezifische Software anbieten kann, muß jedes Unternehmen selbst produkt- und firmenspezifische Software-Weiterentwicklung betreiben, wenn es die Automatisierungsmöglichkeiten dieser neuen Technik voll ausschöpfen will. Ein für das jeweilige Unternehmen „optimales Programmsystem von der Stange" kann und wird es auch in Zukunft nicht geben können.

Ein wesentliches Hilfsmittel zur Dokumentation von Konstruktionsergebnissen ist das „Bild" einer konstruktiven Lösung. Über Bilder vermag ein Mensch in kurzer Zeit sehr viel mehr Informationen aufzunehmen als beispielsweise über Texte. Theoretisch könnte man die Konstruktionsergebnisse auch in Textform niederlegen. Dies wäre jedoch ein sehr schwieriger und unwirtschaftlicher Weg. Bilder haben eine sehr viel höhere Informationsdichte als Texte und lassen sich schneller lesen als Texte. Deshalb wird der Konstrukteur auch in Zukunft, in Zusammenarbeit mit Rechnern, nicht auf Bilddarstellungen von Konstruktionsergebnissen verzichten können. Er wird in Verbindung mit dem Rechner die gleichen Darstellungsmöglichkeiten (maßstäbliche Ansichten und Schnittdarstellungen) zur Konstruktion technischer Gebilde nutzen, wie er sie bisher am Reißbrett benutzt hat, weil es für die meisten Konstrukteure viel einfacher ist, 3-dimensionale Gestaltungsprobleme mit Hilfe von Ansichten und Schnitten in viele 2-dimensionale Gestaltungsaufgaben zu zerlegen und diese zu einer 3D-Lösung zu „modellieren". Auf diese Weise hat er die betreffende Gestaltungsaufgabe stets maßstäblich (häufig sogar in wahrer Größe; $M = 1:1$) und nicht verkürzt, wie bei perspektivischen Abbildungen, vor sich.

Beim Konstruieren eines technischen Gebildes geschieht das Festlegen vieler Abmessungen (das Dimensionieren) häufig in der Weise, daß die interessierende Bauteilansicht maßstäblich (am günstigsten im Maßstab 1:1) gezeichnet und anhand von „Schätzung" festgelegt wird. Man kann dieses „Schätzen anhand von Berufserfahrung" auch als eine Art „Näherungsrechnung" betrachten.

Es war bisher stillschweigend unterstellt worden, daß Konstruktionsprozesse – unsichtbar für den Danebenstehenden - ausschließlich im Kopf des Konstrukteurs ablaufen und fertige Teil- und Endergebnisse nur noch zu Papier gebracht werden. Tatsächlich gibt es neben dieser klaren Trennung zwischen Konstruktion und Zeichnen technischer Lösungen auch Fälle, wo Konstruktions- und Zeichentätigkeiten integriert durchgeführt werden. Dieses ist immer dann der Fall, wenn der Konstrukteur graphische (zeichnerische) Lösungsmethoden nutzt. Solche sind z. B. graphische Methoden zur Kollisionsprüfung oder der Getriebesynthese und andere mehr. Weil es Fälle gibt, wo Konstruieren und Zeichnen integriert durchgeführt werden, werden Konstruieren und Zeichnen manchmal fälschlicherweise als identische Tätigkeiten angesehen. Werden diese Tätigkeiten in Personalunion ausgeführt, ist eine strenge Differenzierung dieser unterschiedlichen Tätigkeiten nicht so wesentlich. Will man diese jedoch automatisieren, sind eindeutige Sprachregelungen unumgänglich. Deshalb wurde hier streng zwischen Konstruktions-, Zeichen- und Darstellungstätigkeiten unterschieden. Die Unterscheidung zwischen Zeichen- und Darstellungstätigkeiten ist allein auch deshalb notwendig, weil es in der Praxis CAD-Programmsysteme gibt, welche nur Zeichnen und solche, die bereits automatisch Zeichnen und Darstellen können. Zwischen beiden Tätigkeiten bestehen wesentliche Unterschiede.

Unter *Zeichnen* sollen nur die Tätigkeiten des manuellen oder maschinellen Dokumentierens („Striche ziehen" bzw. Niederlegen von Bild- und Symbolinformationen) verstanden werden. Hingegen sollen unter dem Begriff *Darstellen* alle jene Tätigkeiten verstanden werden, die notwendig sind, technische Gegenstände nach bestimmten Gesetzen in verschiedenen Ansichten, Schnittdarstellungen und/oder Perspektiven abzubilden, sowie aus Ansichten, Schnittdarstellungen oder Perspektiven ein 3-dimensionales Modell (Bauteilmodell) zu erzeugen.

Darstellen soll hier als Oberbegriff für die Tätigkeiten Abbilden und Modellieren verstanden werden.

Zeichenprozesse dienen im wesentlichen der Erzeugung von Punkten und Linien unterschiedlicher Strichart, -dicke, und/oder -farbe. Entsprechend dieser Definition fehlen reinen CAD-Zeichensystemen beispielsweise Informationen über „Zusammengehörigkeiten" (Relationen) einzelner, durch das System erzeugter Bilddaten oder andere Detailinformationen.

II Grundlagen der Datentechnik

Die Grundlagen der Datentechnik sind in der Vergangenheit weitgehend erarbeitet und in verschiedenen vorzüglichen Standardwerken und Aufsätzen [61, 212, 231, 232, 53, 220 u. a.] niedergeschrieben worden.

Einige dieser Grundkenntnisse sollen hier kurz wiederholt werden, weil diese für das Verständnis der übrigen Kapitel erforderlich sind. Darüber hinausgehend finden sich umfassendere und ausführlichere Informationen über die Grundlagen der Datentechnik in der einschlägigen Spezialliteratur.

Unter dem Begriff „Datentechnik" versteht man die Bemühungen der Menschen, elektronische Datenverarbeitungsanlagen (Soft- und Hardware) zu entwickeln und anzuwenden, um so Bürotätigkeiten zu automatisieren und zu rationalisieren. Ähnlich wie Maschinen der Automatisierung manueller Tätigkeiten dienen, so dienen Datenverarbeitungssysteme der Automatisierung von Bürotätigkeiten.

Datenverarbeitungssysteme gliedert man in Hardware- und Software-Produkte. Unter Hardware versteht man die materiellen Bauteile, Baugruppen und peripheren Geräte von Rechnersystemen. Mit Software bezeichnet man die in einem Medium niedergelegte Information zur Steuerung, Organisation und Durchführung bestimmter Datenverarbeitungsprozesse. Die Software bestimmt im wesentlichen, was eine Hardware zu tun hat; sie macht einen Rechner zu einem Automaten. Ähnlich wie eine Software bestimmen Noten, was auf einem Musikinstrument gespielt werden soll. „Information" ist jede Art von Unterschied. Das Element der Information ist das „binary digit", kurz „bit" genannt [61]. Definierte Informationssymbole nennt man auch Zeichen. Zeichen oder Symbole können nur dann vom Informationsgeber und -empfänger eindeutig verstanden werden, wenn ihre Bedeutungen definiert und bekannt sind.

Neben dem Wissen über Konstruktions- und Darstellungsprozesse sind insbesondere die Grundlagenkenntnisse der Datenverarbeitung eine weitere wichtige Voraussetzung für eine erfolgreiche Entwicklung der CAD-Software. Aus diesem Grunde sollen die folgenden Abschnitte die wichtigsten Kenntnisse über den Aufbau und die Wirkungsweise von Datenverarbeitungsanlagen, über unterschiedliche Rechnerarten und Informationsdarstellungen vermitteln. Doch zunächst soll kurz auf die geschichtliche Entwicklung der Datenverarbeitungstechnik eingegangen werden.

Mit „Datenverarbeitung" bezeichnet man die Verarbeitung von Informationen mit Hilfe technischer Mittel. Im einzelnen versteht man hierunter insbesondere das Erfassen, Weiterverarbeiten, Ordnen, Speichern, Wiederfinden und Darstellen von Daten bzw. Informationen.

Die Datenverarbeitungstechnik ist eng mit der Entwicklung der theoretischen Grundlagen über Zahlensysteme und der technischen Rechenmittel verbunden. Die Erfindung erster Zählhilfen („Zählmaschinen"; Suan Pan) und Zählverfahren 1100 v. Chr. im alten China kann man als den Beginn der Datentechnik ansehen. Die Erfindung des Transistors (1948) durch W. Shockley, W. Brattain und J. Bardeen sowie der integrierten Schaltung (1958–61) durch J. Kilby können als besondere „Meilensteine" dieser Entwicklung angesehen werden. Dazwischen lagen zahlreiche weitere ebenso grundlegende theoretische Arbeiten und technische Entwicklungen, die maßgeblich dafür waren, die Datenverarbeitungstechnik auf den hohen Entwicklungsstand zu bringen, wie wir ihn heute kennen. Zu diesen zählen insbesondere Arbeiten und Entwicklungen von G. W. von Leibniz (Dualsystem, 1679 und Rechenmaschine, 1694), Ch. Babbage (Rechenanlage, 1833), G. Boole (Bool'sche Algebra), K. Zuse (Relaisrechenanlagen, 1941), J. von Neumann (Grundstrukturen von Rechenanlagen, 1946), Shannon (Theorie der Nachrichtenübertragung, 1948) und N. Wiener (Kybernetik, 1948) [61]. Bei modernen Rechenanlagen unterscheidet man, entsprechend ihren grundsätzlich unterschiedlichen Arten Informationen darzustellen, drei Gruppen von Rechnern, und zwar:

- Analog-Rechenanlagen,
- Digital-Rechenanlagen und
- Hybrid-Rechenanlagen.

So lassen sich Zahlenwerte unseres Zahlensystems beispielsweise durch analoge elektrische Spannungs-, Widerstandswerte oder andere physikalische Größen darstellen (symbolisieren). Durch Addieren elektrischer Spannungswerte lassen sich so analoge Addier- und Subtrahiergeräte bauen.

Multiplikationen und Divisionen von Zahlenwerten lassen sich bekanntlich auf Addieren bzw. Subtrahieren entsprechender Logarithmen zurückführen. Rechenschieber nutzen diese Möglichkeit und führen Multiplikationen bzw. Divisionen durch Addieren bzw. Subtrahieren von Strecken aus.

Zur Realisierung eines Analog-Rechners für eine bestimmte mathematische Funktion nutzt man einen analogen physikalischen Vorgang (Gesetz), welcher exakt der zu berechnenden Funktion entspricht. So ließe sich beispielsweise ein Analog-Rechner zur Addition von Reziprokwerten durch Parallelschaltung zweier veränderlicher elektrischer Widerstände R_1, R_2 und durch Messung des Gesamtwiderstandes R, oder mit Hilfe einer optischen Linse bauen. Beide Systeme wären zum Bau eines Analogrechengerätes zur Berechnung der Funktion

$$\frac{1}{y} = \frac{1}{x_1} + \frac{1}{x_2}$$

geeignet, weil für die Parallelschaltung zweier Ohmscher Widerstände R_1, R_2 analog gilt:

$$\frac{1}{R} = \frac{1}{R_1} + \frac{1}{R_2}$$

und weil zwischen der Brennweite f einer Linse und der Gegenstandsweite a und Bildweite b gilt:

$$\frac{1}{f} = \frac{1}{a} + \frac{1}{b}$$

Uhr, Tachometer, Wasser-, Wärmemengen-, Stromzähler und Planimeter sind als weitere Beispiele für Analog-Rechengeräte.

Analog-Rechengeräte operieren mit stetig veränderlichen Größen wie Weg, Strom, Spannung, Kraft und anderen physikalischen Größen. Unterschiedliche Werte entsprechen dabei unterschiedlichen Werten der physikalischen Größen.

Demgegenüber operieren Digitale-Rechengeräte nur mit wenigen, meist zwei, diskreten physikalischen Werten z.B. 0 und 6 Volt elektrischer Spannung. Der Wert 0 Volt kann dabei der Null und der Wert 6 Volt dem Wert 1 eines dualen Zahlensystems entsprechen. Alle Informationen werden durch eine mehr oder weniger große Anzahl von Bits dargestellt. Das bedeutet, daß alle Informationen ziffernmäßig vorliegen müssen und nur mit Hilfe der vier Grundrechenarten weiterverarbeitet werden können. Im Gegensatz zur Analogrechentechnik, bei der sich Größen stetig verändern können, können in der Digital-Rechentechnik physikalische Größen nur diskrete Werte annehmen.

Es gibt in der Praxis Aufgaben, zu deren Lösung es vorteilhaft ist, Rechner zu haben, die die Vorteile von Digital- und Analogrechnern in einem Gerät vereinen. Aus diesem Grunde gibt es neben den genannten Rechnerarten noch eine 3. Rechnerart, die sogenannten Hybridrechner, eine Kombination aus Analog- und Digitalrechner. Weil Analogrechner besonders gut zur Lösung von Differentialgleichungen geeignet sind, übernehmen diese in hybriden Systemen die Lösung dieses Gleichungstyps, während der digitale Rechnerteil alle übrigen Aufgaben übernimmt. Dieses sind die vielfältigen Aufgaben der Steuerung des Gesamtsystems und der Speicherung von Zwischen- und Endergebnissen. Bei Hybridrechnersystemen ist es möglich, die gesamte Steuerung des Analogrechners über den Digitalrechner durchführen zu lassen. Gebaut und benutzt wurden solche Systeme erstmals Ende der 50 Jahre in den USA zur Flugsimulation und Berechnung von Raketenflugbahnen.

Wegen der wesentlich größeren praktischen und wirtschaftlichen Bedeutung der Digital-Rechenanlagen beschränken sich die folgenden Ausführungen ausschließlich auf diese Rechnerart.

Die erste programmgesteuerte elektro-mechanische Rechneranlage baute in den Jahren von 1936 bis 1941 Karl Zuse. Die Rechner trugen die Bezeichnungen Z 1 bis Z 3. Nur wenig später, im Jahr 1938, begann – unabhängig von der in Deutschland begonnenen Entwicklung – auch in den USA der Bau von Rechneranlagen. H. H. Aiken entwickelte an der Harvard-Universität den Rechner MARK I. In beiden Fällen dienten mechanische Logikbauteile (Relais) als Rechnerelemente. Nach dem 2. Weltkrieg, in den Jahren 1946 und folgenden, begann man dann mit der Entwicklung der sogenannten 1. Rechnergeneration. In den USA wurde eine erste Großrechenanlage ENIAC (Elektronic Numerical Integrator and Computer) bestehend aus rund 18000 Elektronenröhren und 1500 Relais gebaut [61]. Anfang der 50er Jahre wurde an der TU München die erste große Elektronenröhren-Rechenanlage PERM (Programmgesteuerte Elektronische Rechenanlage München) gebaut und in Betrieb genommen. Während die Elektronenröhre das charakteristische Bauelement der Rechner der 1. Generation war,

war dies der Transistor für die Rechner der 2. Generation. Siemens begann etwa 1954 mit der Entwicklung eines ersten volltransistorisierten Rechners, welcher 1958 als Typ 2002 auf den Markt kam.

IBM begann 1961 mit der Entwicklung einer 3. Generation von Rechnern, der Computerbaureihe 360, und brachte diese 1964 auf den Markt. Diese 3. Generation von Computern war insbesondere durch modularen Aufbau bereits integrierter Schaltungen und der Konzeption von sogenannten Rechnerfamilien gekennzeichnet. Durch die Verwendung des Baukastenprinzips war es möglich, das kleinste Modell einer solchen Rechnerfamilie mittels geeigneter Bausteine bis zum leistungsstärksten Modell auszubauen.

Neben diesen Merkmalen stieg die Rechnerleistung enorm an (s. Bild 2.1), der Platzbedarf, das Volumen, die elektrische Leistungsaufnahme sanken von Generation zu Generation um Größenordnungen. Allein in den Jahren 1960 bis 1980 stieg der Integrationsgrad von 1 auf 10^6 Transistoren pro Chip, während gleichzeitig die Kosten pro Transistor von ca. 30 DM auf 0,003 Pfennig pro Transistor san-

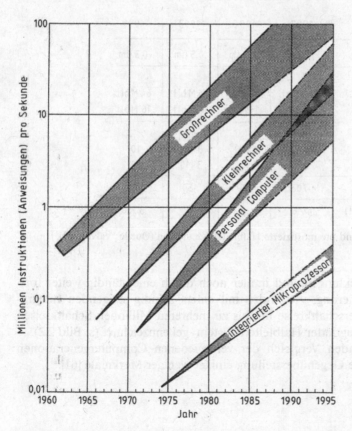

Bild 2.1. Bisher erreichte und prognostizierte Arbeitsgeschwindigkeiten von Groß- und Kleinrechnern, Personal Computern sowie Mikroprozessoren. Die wesentliche Leistungsfähigkeit von Rechnern wird üblicherweise in Millionen Instruktionen (Anweisungen, Arbeitsschritten) pro Sekunde (MIPS) gemessen und angegeben [168]

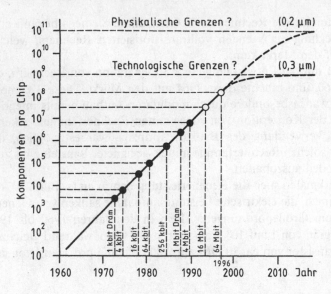

Bild 2.2. Bisher erreichte und prognostizierte Halbleiter-Kenndaten (Quelle: Valvo)

Jahr	1987	1990	1993	1996
Verfügbare Technologie	1,0 μm	0,7 μm	0,5 μm	0,3 μm
Leitprodukte				
Dram	1 Mbit	4 Mbit	16 Mbit	64 Mbit
Sram	256 kbit	1 Mbit	4 Mbit	16 Mbit
Transistoren pro Chip				
Speicher	2×10^6	6×10^6	3×10^7	10^8
Logik	2×10^5	6×10^5	3×10^6	10^7
Chipfläche (mm²)	70	100	150	200
Scheibendurchmesser (Zoll)	4/6	6	8	8/10

ken. Derzeitige Entwicklungen sind immer noch durch eine ständig weiter fort-schreitende Miniaturisierung, verbunden mit einem ständig steigenden Integra-tionsgrad der Halbleiterschaltkreise mit bis zu mehreren Millionen Schaltkreisen pro Bauteil (Chip = integrierter Halbleiterbaustein) gekennzeichnet (s. Bild 2.2).

Einen vereinfachenden Vergleich der verschiedenen Computergenerationen zeigt die untenstehende Gegenüberstellung einiger weniger Merkmale [61].

ab	Generation	Elemente	Operationszeit (etwa)	relative Rechenzeit
1943	0	Relais	100 ms	10 000 000
1946	1	Röhren	1 ms	100 000
1957	2	Transistor	100 µs	10 000
1964	3	Monolithe	1 µs	100
1980	4	LSI, VLSI	100 ns	10
1987	5	Mega-Chip	10 ns	1

1 Informationsdarstellung in Rechnern

Bekanntlich lassen sich Informationen auf sehr vielfältige Weise übertragen, darstellen und dokumentieren, so z. B. durch Sprache, Handschriften, Skizzen, Buchdruck, Bilder, Diagramme, Modelle und andere Möglichkeiten mehr. Neben visuell wahrnehmbaren sollen hier insbesondere in Datenverarbeitungsanlagen übliche technische Informationsdarstellungen betrachtet werden. Für die „Darstellung" und Übertragung von Informationen in technischen Systemen eignet sich grundsätzlich jede Art von Energie- oder Stofffluß (elektrische-, optische-, hydraulische-, mechanische- oder akustische Energieflüsse). Für die Darstellung und Übertragung von Informationen mittels Energie- und Stoffflüssen ist die Zuordnung (Vereinbarung) zwischen Zuständen und Informationsinhalten von wesentlicher Bedeutung.

Entsprechend zweier grundsätzlich unterschiedlicher Möglichkeiten der Darstellung, der Übertragung und der Weiterverarbeitung von Informationen unterscheidet man zwischen analogen und digitalen Datenverarbeitungssystemen. Beispielsweise läßt sich die Information des Verlaufs des Kraftanstiegs eines Pressenstößels in Abhängigkeit von der Stellung des Stößelgetriebes (Hub/Weg) analog oder digital darstellen. Bild 2.1.1 zeigt exemplarisch eine analoge (a) und eine digitale (b) Darstellung von Informationen.

Entsprechend gibt es eine analoge und digitale Datentechnik bzw. analoge und digitale Datenerfassungs-, Verarbeitungs- und Datenausgabegeräte. Die in der Praxis am häufigsten angewandte Rechnerart sind Digitalrechner.

Die 26 Buchstaben des Alphabets und die 10 Ziffern sowie einige Satzzeichen sind ausreichend, unser gesamtes Wissen bzw. jede Art von Information aufzuzeichnen.

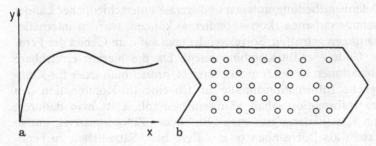

Bild 2.1.1a, b. Analoge (a) und digitale (b) Informationsdarstellungen (Symboliken)

Wie lassen sich nun Buchstaben, Ziffern, Satzzeichen etc. in Digitalrechnern darstellen? Die Darstellung jeder Art von Information in Digitalrechnern erfolgt üblicherweise mittels eines zweiziffrigen Zahlsystems (=duales Zahlensystem). Ein duales Zahlensystem besteht nur aus den zwei Ziffern 0 und 1. Physikalisch lassen sich zwei Ziffern durch zwei unterschiedliche Zustände einer physikalischen Größe, wie beispielsweise einer elektrischen Spannung, eines Druckes oder eines Lichtstromes etc. realisieren. In modernen Rechenanlagen benutzt man zur Informationsdarstellung nahezu ausschließlich elektrische und/oder magnetische Größen. In manchen Fällen werden auch noch mechanische-, optische-, akustische- oder andere physikalische Größen zur Informationsdarstellung genutzt.

Als das „kleinste Element" der Informationsdarstellung dient das sogenannte „Bit". Ein „Bit" kann den Wert =0 oder 1 haben. Realisiert wird das „Element der Informationsdarstellung" bzw. ein „Bit" mittels der oben genannten unterschiedlichen physikalischen Größen. Diese können hierzu zwei unterschiedliche Spannungszustände, beispielsweise 0 und 6 Volt, annehmen. Aus Zuverlässigkeitsgründen ist es vorteilhaft, nur zwei diskrete Zustände (Signalwerte) zur Darstellung von Informationen zu nutzen. Signale, die nur zwei definierte Zustände (Werte) annehmen können, nennt man binär (binary) bzw. zweiwertig.

Codes zur Zeichendarstellung
Will man die 26 Buchstaben des Alphabets, die zehn Ziffern des Dezimalsystems und die Satzzeichen etc. mit den Binärzeichen (0 und 1) ausdrücken, so müssen wir jeder Dezimalziffer bzw. jedem Buchstaben eine bestimmte Kombination mehrere Binärzeichen zuordnen. Diese Zuordnung einer Bit-Kombination, die für Hin- und Rückwandlung eindeutig sein muß, nennt man Code (=Schlüssel), die Tätigkeiten solcher Hin- und Rückwandlungen nennt man Codieren bzw. Decodieren. Die entsprechenden technischen Geräte, die derartige Tätigkeiten ausführen können, nennt man Codierer oder Coder bzw. Decodierer oder Decoder.

Will man beispielsweise die zehn Ziffern 0 bis 9 des Dezimalsystems binär darstellen, so würde ein Code mit 4 Bit genügen, da man hiermit insgesamt $2^4 = 16$ Binärkombinationen bilden, d.h. 16 unterschiedliche Informationsinhalte ausdrücken kann. Im vorliegenden Fall würde man hiervon nur 10 Kombinationen nutzen.

Sollen nicht nur Ziffern sondern auch Buchstaben (große und kleine Buchstaben), Satzzeichen und Steuerbefehle für Datengeräte codiert werden, so reichen 4 Bit-Kombinationen nicht aus. Aus diesem Grunde und um die Voraussetzungen zu schaffen, daß Datenverarbeitungsanlagen und -geräte unterschiedlicher Länder und Hersteller zusammenarbeiten (korrespondieren) können, wurden internationale Code-Vereinbarungen getroffen. So verwendet man auf dem Gebiet der Fernschreibtechnik 5-er Code (5er-Bit-Kombinationen). Da die hiermit erreichbare Zahl von Bit-Kombinationen ($2^5 = 32$) nicht ausreicht, ordnet man jeder Bit-Kombination zwei mögliche Informationsinhalte zu. Ob eine Bit-Kombination den einen oder anderen Informationsinhalt repräsentieren soll, klärt man dadurch, daß man diesen ein Klassifizierungszeichen „Bu" oder „Zi" voraussetzt, um so alle folgenden Zeichen als Buchstaben oder Ziffern bzw. Satzzeichen zu kennzeichnen.

Die Internationale Organisation für Standardisierung (ISO) hat 1968 und 1973 in neuerer Fassung ein 7-Bit-Code (+1 Prüfbit) festgelegt (DIN 66 003). Dieser 7-Bit-Code dient zur Übertragung von Daten zwischen verschiedenen Datenverarbeitungsanlagen, sowie zwischen deren Ein- und Ausgabegeräten. Dieser ISO-7-Bit-Code wird auch als USASCII-Code (= USA Standard Code of Information Interchange) oder kurz ASCII-Code bezeichnet.

Für den internen Gebrauch in Computern wurde mit der 3. Rechnergeneration ein 8-Bit- oder EBCDI-Code (Extended Binary Coded Decimal Interchange Code) eingeführt, um den gestiegenen Anforderungen an Rechnern gerecht zu werden. Auch dieser Code verwendet zu den 8-Informationsbits noch ein weiteres, 9. Bit, als Prüfbit (= Parity-Bit).

In neueren Rechnern verwendet man inzwischen Codes mit 16-, 32- und 64-Bit, um so beispielsweise Forderungen nach höheren Rechengenauigkeiten (Stellenzahl) gerecht werden zu können. Entsprechend ihrer unterschiedlichen Codeart bezeichnet man Rechner im üblichen Sprachgebrauch auch als 16-, 32- oder 64-Bit-Rechner. Ferner hat es sich für die Verständigung als zweckmäßig erwiesen, neben der kleinsten Informationsmenge 1 Bit noch die Einheiten 1 Byte (= 8 Bit) und die Einheit 1 Wort zu benutzen. Die Wortlänge kann für ein bestimmtes Rechnersystem in bestimmten Grenzen variiert werden. Eine Wortlänge kann ein oder mehrere Bytes betragen („ganzzahlige Vielfache eines Bytes"). Ein Wort ist die kleinste von einem bestimmten Rechnertyp verarbeitbare Informationsmenge. Im Bild 2.1.2 sind die Begriffe Bit, Byte und Wort noch veranschaulicht.

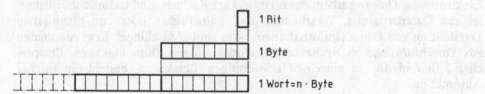

1 Bit

1 Byte

1 Wort = n · Byte

Bild 2.1.2. Schematische Darstellungen verschiedener, Informationseinheiten: 1 Bit (kleinste Einheit); 1 Byte = 8 Bit; 1 Wort = n-faches Byte

Für eine klare Verständigung ist es noch notwendig, die Begriffe „Zeichen, Symbole, Daten und Alphabet" kurz zu präzisieren.

Zeichen: Ein Zeichen ist ein Element aus einer bestimmten Menge definierter Elemente zur Darstellung von Informationen. Bekannte Zeichenarten sind u.a. Schrift- und Satzzeichen, Ziffern und Technikzeichen. Hierzu zählen im einzelnen Groß- und Kleinbuchstaben

A, B ... Y, Z bzw.

a, b ... y, z,

die Ziffern

0, 1, 2, ... 9,

die Sonderzeichen für arithmetische Operationen, für logische Operationen, Interpunktions- und sonstige Satzzeichen, die Technikzeichen (Symbole) in technischen Zeichnungen, wie Bearbeitungssymbole, Schweißzeichen u. a. m.

Symbole: Das Wort „Symbol" soll im folgenden als Oberbegriff für jede Art von Informationsdarstellung und synonym zum Begriff Zeichen verstanden werden. Im Zusammenhang mit technischen Zeichnungen wird manchmal von Zeichen oder Symbolen gesprochen so z. B. von Schweißzeichen bzw. Bearbeitungssymbolen. Auch die unterschiedliche Darstellung von Informationen in Rechnern kann als unterschiedliche „Symbolik" verstanden werden.

Daten: Daten sind alle Festlegungen und Bereitstellungen von Informationen mittels vereinbarter Zeichen oder Zeichenfolgen (Schreibweisen, Funktionsschreibweise etc.).

Bei technischen Systemen unterscheidet man aufgrund ihrer unterschiedlichen technischen Darstellung zwischen digitalen und analogen Daten [61].

Alphabet: Eine bestimmte vereinbarte Zeichenmenge nennt man auch einen Zeichenvorrat. Ist dieser bestimmte Zeichenvorrat nach einer bestimmten Reihenfolge geordnet, bezeichnet man diesen als Alphabet. Beispiele hierzu sind das bekannte Buchstaben-Alphabet A bis Z oder Ziffern-Alphabet 0 bis 9 [61].

2 Funktionseinheiten und Wirkungsweisen von Datenverarbeitungsanlagen

Elektronische Datenverarbeitungsanlagen, kurz Rechner, sind technische Hilfsmittel zur Datenerfassung, Verarbeitung und numerischen oder/und graphischen Darstellung von Daten (Informationen), - es sind „Maschinen" bzw. Automaten zur Durchführung von Rechenarbeiten oder anderen Bürotätigkeiten. Entsprechend den hierfür im einzelnen notwendigen Tätigkeiten, besteht ein solcher Automat aus

- einer Eingabeeinheit (input-unit),
- einer Ausgabeeinheit (output-unit),
- einem Leit- oder Steuerwerk (control-unit),
- einem Rechenwerk (arithmetic-/logic-unit),
- Speichern (memory, storage) und
- einem Programm (Software), bestehend aus Anweisungen.

Bild 2.2.1 zeigt die Struktur einer entsprechend gegliederten Datenverarbeitungsanlage für sequentielle Datenverarbeitung. Die Pfeile symbolisieren die Richtung der verschiedenen Datenflüsse. Die Eingabeeinheit kann eine Tastatur mit Bildschirm, ein Tableau, ein Leser, ein Digitalisierer oder ein anderes Gerät zur Datenerfassung und -eingabe sein.

Das Leit- oder Steuerwerk dient der Steuerung des Systems, es ruft zum geeigneten Zeitpunkt Daten von der Eingabeeinheit ab und leitet sie beispielsweise an das Rechenwerk oder andere Stellen im System weiter. Um dieses zu können, benötigt das Steuerwerk eine Rechen- oder Tätigkeitsvorschrift, welche alle Einzelmaßnahmen, Befehle usw. enthält, die beispielsweise zur Durchführung einer

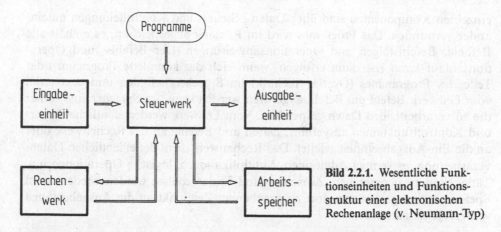

Bild 2.2.1. Wesentliche Funktionseinheiten und Funktionsstruktur einer elektronischen Rechenanlage (v. Neumann-Typ)

komplexen wissenschaftlichen Berechnung erforderlich sind. Das Rechenwerk führt – wie bereits erwähnt – die verschiedenen Rechenoperationen nacheinander (sequentiell) aus und liefert die einzelnen Zwischen- oder Endergebnisse. Diese werden über das Steuerwerk in den Speicher (Arbeitsspeicher) geleitet, geordnet und dort für eine eventuelle spätere Weiterverarbeitung bereitgehalten. Zur weiteren Leistungssteigerung werden in neuerer Zeit auch Rechner mit paralleler Datenverarbeitung entwickelt und genützt.

Schließlich dient die Ausgabeeinheit zur Darstellung bzw. Ausgabe der ermittelten Ergebnisse. Ergebnisse können in Form von Zahlen, Texten, Graphiken, Bildern oder Zeichnungen erfolgen.

Ausgabeeinheiten können beispielsweise ein Datenfernschreibgerät, ein Bildschirm oder ein Zeichengerät (Plotter) sein. Bild 2.2.2 zeigt einen graphischen und einen alpha-numerischen Bildschirm, ein Eingabetableau und eine Tastatur. Die wesentlichen Komponenten einer elektronischen Datenverarbeitungsanlage sind deren Eingabeeinheit, Rechenwerk, Speicher, Leitwerk und Ausgabeeinheit. Die

Bild 2.2.2. Beispiel eines CAD-Arbeitsplatzes bestehend aus je einem Bildschirm für graphische und alpha-numerische Datenausgabe, einer Tastatur und einem Eingabe-Tableau (CAD-System RUKON, Firma Nixdorf AG)

einzelnen Komponenten sind über Daten-, Steuer- und Kontrolleitungen miteinander verbunden. Das Programm wird im Rechner abgespeichert, es enthält alle Befehle, Befehlsfolgen und Operationsanweisungen. Der Befehls- und Operationsablauf kann erst dann erfolgen, wenn sich das komplette Programm oder Teile des Programmes (Overlay-Technik) im Speicher befinden und dort dann vom Leitwerk Befehl um Befehl abgerufen werden kann. Im Speicher sind ferner die zu verarbeitenden Daten gespeichert. Vom Leitwerk werden sämtliche Steuer- und Kontrollfunktionen ausgeführt, Daten und Befehle an das Rechenwerk oder an die Ein-Ausgabeeinheit geleitet. Das Rechenwerk dient der eigentlichen Datenverarbeitung, es vermag Additionen, Multiplikationen, logische Operationen u. a. Tätigkeiten zu übernehmen. Zwischen- und Endergebnisse werden wiederum im Speicher abgelegt, um von dort zu gegebenem Zeitpunkt an die Ausgabeeinheit weitergeleitet zu werden.

Ein- und Ausgabegeräte
Eingabegeräte dienen der technischen Erfassung und Weiterleitung von Daten an den Rechner. Es gibt mechanische, optische, akustische und elektrische Dateneingabegeräte. Die gebräuchlichsten Eingabegeräte sind Tastaturen, Tableau, Digitalisierer, Magnetband-, Lochstreifen-, Lochkartenlesegeräte, Bar-Codeleser und Scanner. Einige dieser Geräte dienen unmittelbar als „Schnittstelle" zwischen Mensch und Rechner (Tastatur, Tableau, Digitalisierer).

Es gibt auch Geräte, die sowohl zur Eingabe wie auch zur Ausgabe von Daten dienen können; solche sind Datenfernschreiber, Datensichtgeräte und Bild-

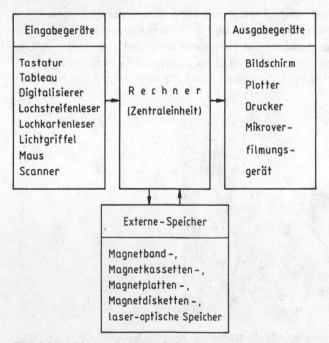

Bild 2.2.3. Die verschiedenen bekannten Ein- und Ausgabegeräte sowie externen Speicher für Datenverarbeitungsanlagen

schirme mit Tastaturen. Gebräuchliche Ausgabegeräte sind Bildschirme, Zeichengeräte, Mikrofilmgeräte und Drucker. Des weiteren können Rechner auch noch mit externen Speichern, wie Magnetbandspeichern (Kassetten), Magnetplattenspeicher (Disketten) u. a. zusammenwirken. Bild 2.2.3 gibt einen Überblick über die gebräuchlichsten Ein-, Ausgabegeräte und externen Speichermedien von Rechenanlagen.

Bildschirmgeräte

Bildschirmgeräte, auch Bildsicht- oder kurz Sichtgeräte genannt, sind wegen ihrer schnellen Datenwiedergabe die wohl wichtigsten Geräte für Dialoge zwischen Mensch und Rechner. Entsprechend ihrer unterschiedlichen Eigenschaften unterscheidet man zwischen

- Schwarz-Weiß- und -Farbgeräten

sowie zwischen

- Alpha-numerischen- und
- Graphischen Bildschirmgeräten.

Erstere können nur Schriften und Zahlen darstellen, die zweite Art von Sichtgeräten vermag hingegen neben Schriften und Zahlen auch Graphiken, Technische Zeichnungen, Diagramme und Bilder wiederzugeben.

Es gibt Datensichtgeräte, bei welchen die Bildlinien aus vielen Einzelpunkten zusammengesetzt sind und es gibt solche, bei welchen die Linien nicht punktuell, sondern zusammenhängend (stetig) erzeugt werden. Die zuerst genannte Art wird als

- Raster- und die zweitgenannte als
- Vektor-Bildschirmgeräte

bezeichnet. Zum besseren Verständnis zeigt Bild 2.2.4 noch den Qualitätsunterschied einer diagonal über den Bildschirm sich erstreckenden Geraden einer Vektor- und einer Rasterbildschirmdarstellung.

Bei *Vektor-Bildschirmgeräten* erzeugt man Linienzüge auf den Bildschirmen in gleicher Weise wie bei Oszillographen. Ein punktförmig auf die Bildfläche fokus-

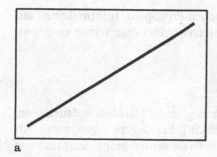
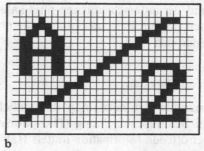

a   b

Bild 2.2.4a, b. Bildschirme unterschiedlicher Wirkungsweisen und unterschiedlicher visueller Eigenschaften. Darstellung einer Diagonalen mittels Vektorbildschirm (**a**), Darstellung einer Diagonalen u. a. Symbole mittels Rasterbildschirm (**b**)

sierter Kathodenstrahl wird durch eine analoge Steuerspannung eines elektrischen Feldes so abgelenkt, daß ein, einer bestimmten Information entsprechendes, gerades Stück eines Linienzuges auf dem Bildschirm entsteht. Die Ablenkung erfolgt analog und nicht in diskreten Schritten. Vektor-Bildsichtgeräte haben somit gegenüber Raster-Bildsichtgeräten den Vorteil, Darstellungen besserer Qualität zu liefern. Die Bildqualität von Vektor-Bildsichtgeräten wird lediglich durch die Feinkörnigkeit der Phosphorschicht des Bildschirms begrenzt, nicht durch ein vorgegebenes Raster. Eine diagonal über den Bildschirm sich erstreckende Gerade wird ohne Stufensprünge exakt abgebildet, wie dies Bild 2.2.4a zeigt. Kreisförmige oder andersartig gekrümmte Linienzüge werden bei Vektor-Schirmen durch kurze Geradestücke bzw. Polygon-Züge angenähert.

Unterschiedlich starke Strichstärken lassen sich durch eine gesteuerte (gewollte) Unschärfe des Kathodenstrahls oder/und durch Nebeneinanderlegen mehrerer dünner Striche erzeugen. Schattierungen von Flächen bzw. Aufhellung einzelner Flächen gegenüber der übrigen Bildschirmfläche werden durch Nebeneinanderlegen zahlreicher Linien auf der zu schattierenden Fläche erzeugt.

Raster-Bildschirmgeräte: Für CAD-Systeme werden am häufigsten Rastersichtgeräte eingesetzt. Man nennt sie Raster-Bildschirmgeräte, weil in deren Bildfläche – unmittelbar über der Phosphorschicht – ein Metallgitter mit vielen spalten- und zeilenförmig aneinandergereihten Löchern („Raster") angebracht ist. Der Kathodenstrahl vermag nur an den Stellen die Phosphorschicht zum Leuchten anzuregen, an denen die Löcher des Gitters diesen auf die Phosphorschicht treffen lassen; der Kathodenstrahl wird bezüglich eines Rasterpunktes des Schirmes „hell oder dunkel gesteuert" – die Bilddarstellung ist „digital". Rasterbildschirme sind deshalb für digitale Informationsverarbeitungstechniken besonders gut geeignet – im Gegensatz zu Vektorbildschirmen, die einer Digital-Analogumwandlung der Informationen und Analog-Steuerung des Kathodenstrahls bedürfen. Zur Erzeugung eines annähernd flimmerfreien Bildes wird die Bildinformation zyklisch 50 bis 100-mal pro Sekunde einem Bildspeicher entnommen und zeilen-punktweise auf dem Bildschirm aufgezeichnet. Stellt man mit dieser Art von Bildschirmen eine zu den schirmbegrenzenden Kanten nicht parallel verlaufende gerade Linie dar, so wird diese durch einen „treppenförmigen Linienzug" angenähert, wie dies Bild 2.2.4b stark vergrößert wiedergibt. Ein Nachteil der Rasterschirmtechnik ist ferner die relativ „grobkörnige" Bildauflösung von derzeit 2048×2048 Bildpunkten (Pixels) pro Schirmfläche.

Aufgrund der unterschiedlichen physikalischen Prinzipien, Informationen auf Bildschirmen längere Zeit präsent zu halten, unterscheidet man ferner noch zwischen sogenannten

- Bildspeichergeräten und
- Bildwiederholgeräten.

Bei erstgenannter Art nutzt man die zeitlich begrenzte Nachleuchtdauer einer bestimmten Schirmbeschichtung (Phosphorschicht), bei der zweitgenannten Art wird die betreffende Information mittels Halbleiterelementen gespeichert und von dort periodisch mit bestimmter Frequenz auf dem Bildschirm wiedergegeben.

Bildwiederholgeräte: Bei dieser Art von Sichtgeräten werden die Bildinformationen in rechnerüblichen Halbleiter- oder elektromagnetischen Speichern abgelegt, periodisch gelesen und auf dem Bildschirm wiedergegeben. Der Lese- und Aufzeichnungsvorgang erfolgt 50 bis 100 mal pro Sekunde, um so dem Betrachter einen nahezu flimmerfreien Bildeindruck zu vermitteln. Zur Entlastung des Rechners ist bei dieser Art Geräte meist ein eigener Speicher im Bildschirmgerät (Bildwiederholspeicher) vorhanden.

Bildschirmgeräte mit Phosphoreszenz-Bildspeicher: Neben den relativ aufwendigen Bildschirmgeräten mit elektronischen Bildinformationsspeichern (Bildwiederhol- bzw. Refresh-Geräte) gibt es auch solche Geräte mit Phosphoreszenz-Bildspeicher, welche auf die relativ teuren Speichermedien der o. g. Geräte verzichten. Phosphoreszenz-Bildspeichergeräte haben eine Phosphoreszenzschicht, welche Bilder längere Zeit zu speichern vermag. Wird in einem Rechner eine Zeichnung erzeugt, auf das Sichtgerät übertragen und in dessen Phosphoreszenzschicht gespeichert („eingebrannt"), so kann es dort bis zu einigen Stunden erhalten werden. Benötigt man dieses Bild weniger lange, so besteht jederzeit die Möglichkeit, dieses zu löschen. Phosphoreszenz-Bildspeichergeräte liefern völlig flimmerfreie Bilder. Ein wesentlicher Nachteil dieser Technik besteht jedoch darin, daß das von einem Rechner erzeugte und in der Phosphorschicht des Bildschirms gespeicherte Bild nach jeder Bildänderung vom Rechner wieder vollständig neu erzeugt und auf den Bildschirm übertragen werden muß. Hingegen braucht bei Bildwiederholgeräten nur die Änderung neu generiert und in die übrige Bildinformation eingefügt zu werden.

Änderungen oder Ergänzungen von phosphoreszenzgespeicherten Bildern dauern, wegen der damit verbundenen Übertragung großer Datenmengen vom Rechner zum Sichtgerät, wesentlich länger als bei Wiederholspeicher-Geräten. Phosphoreszenz-Bildschirme sind deshalb zur Simulation schneller Bewegungsvorgänge technischer Gebilde ungeeignet.

Leit- oder Steuerwerk

Das Leit- oder Steuerwerk eines Rechners führt alle für eine Datenverarbeitung erforderlichen Leit- und Steuerfunktionen aus. Das Leitwerk aktiviert, steuert, koordiniert und kontrolliert die Komponenten eines Rechners so, daß diese alle ihnen aufgetragenen Tätigkeiten richtig erledigen, d. h. es

- steuert die Reihenfolge von Befehlen und Operationen eines Programmes,
- entschlüsselt Befehle und Operationen,
- kontrolliert die Erledigung von Befehlen und Operationen und
- steuert alle übrigen Rechnerkomponenten.

Das Leitwerk steuert ferner die Speicherung des gesamten Anwenderprogrammes und den Aufruf von Programmteilen (Zugriff) und somit alle Befehle und Operationen, wobei das Leitwerk selbst durch das Programm gesteuert wird. Diese Steuertechnik ermöglicht es, mit Rechnern eine nahezu beliebige Zahl von Operationen, die wiederum von Zwischenergebnissen abhängig sein können, ohne Eingriff des Benutzers ausführen zu lassen. Der gesamte Datenverarbeitungsablauf erfolgt automatisch, – der Automat „Rechner" steuert und kontrolliert sich selbst.

Um diese vielfältigen Aufgaben erfüllen zu können, verfügt das Leitwerk über eine Steuereinheit, welche über geeignete Programme, oder per Dialog (mittels Steuerpult) angesprochen werden kann [61].

Speicher

Über Eingabegeräte können Programme, Daten (Informationen), Anweisungen, Befehle etc. in die Zentraleinheit eines Rechners eingebracht, über Ausgabegeräte können Zwischen- und Endergebnisse abgerufen werden. Vor, während und zwischen einzelnen Verarbeitungsoperationen müssen Daten, Befehle, Adressen etc. „bereitgehalten" bzw. gespeichert werden. Daten speichern heißt, sie über eine kürzere oder längere Zeit so aufzubewahren, daß diese später unverändert abgerufen werden können. Die Speicherkapazität und die Geschwindigkeit mit welcher Daten gespeichert und wieder abgerufen werden können (Zugriffszeit), bestimmen die Leistungsfähigkeit Elektronischer Datenverarbeitungsanlagen ganz wesentlich. Die Speicher zählen deshalb zu den wichtigsten Komponenten eines Rechners. Im folgenden soll zumindest kurz auf die Funktionsweise von Speichern eingegangen werden. Analog zu Regalen zum Lagern von Bauteilen kann man sich Datenspeicher als große „Regale" zum Lagern von Daten bzw. Bits vorstellen. Bild 2.2.5 zeigt einen Teil eines Speichers (schematisch) mit den Adressen 0000 bis 4095 der Einzelspeicher. Datenspeicher bestehen im einzelnen aus sogenannten kleinsten *Speicherelementen,* welche nur ein einzelnes Bit zu speichern vermögen. Je nach Rechnertyp, – ob 16, 32 oder 64 Bit-Rechner –, werden aus verwaltungstechnischen Gründen eine entsprechende Zahl von Speicherelementen zu einer sogenannten *Speicherzelle,* bestehend aus 16, 32 oder 64 Speicherelementen (Bit), zusammengesetzt. Der Inhalt einer Speicherzelle ist entsprechend 1 Byte (8 Bit) bzw. 1 Wort (2 oder mehrere Bytes), wie es Bild 2.2.5 zu veranschaulichen versucht. Der Benutzer eines solchen Systems braucht nicht das einzelne Speicherelement ansteuern zu können, vielmehr genügt es, wenn dieser nur jeweils 1 Speicherzelle (1 Byte oder 1 Wort) anzusteuern vermag, um beispielsweise dessen Informationsinhalt (z. B. einen Buchstaben oder eine Ziffer) zu ändern. Damit eine einzelne Speicherzelle gezielt angesteuert werden kann, braucht diese eine *Adresse* in Form einer fortlaufenden Nummer oder eines anderen Ordnungsschlüssels.

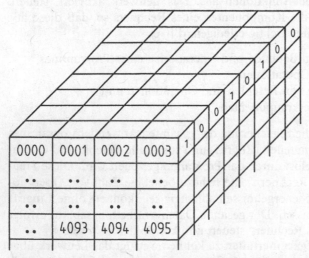

Bild 2.2.5. Schema eines Datenspeichers für 1 Byte-Informationseinheiten. Die Nummern an der Frontseite sollen Adreß-Nummern symbolisieren

Informationen (Daten, Befehle etc.), die in einem Speicher eingegeben und dort wiedergefunden werden sollen, können dies nur mit Hilfe einer ihnen zugeordneten Adresse; Bild 2.2.5 zeigt exemplarisch einen Speicher mit den Adress-Nr. 0000 bis 4095. In der Technik faßt man meist eine größere Menge Speicherzellen zu einem Bauteil (Chip bzw. Steckkarte) zusammen (4 k Bit, 64 k Bit, 256 k Bit, 1 M Bit, 4 M Bit).

Das Speichern und Entspeichern von Informationen in bzw. aus einem Speicher wird häufig als „Schreiben" in bzw. „Lesen" aus einem Speicher bezeichnet. Dabei muß in der Regel sichergestellt sein, daß durch das Lesen der Speicherinhalte nicht gelöscht wird, sondern dieser auch nach dem Lesen noch im Speicher vorhanden ist.

In Rechenanlagen unterscheidet man aus funktionalen und wirtschaftlichen Gründen zwischen sogenannten Hauptspeichern und externen oder Hintergrundspeichern eines Rechners. Der Hauptspeicher eines Rechners ist gekennzeichnet durch relativ hohe Arbeitsgeschwindigkeit (kurze Zugriffszeit) und relativ geringe Speicherkapazität. Er dient insbesondere zur aktuellen Datenverarbeitung eines Rechnersystems.

Speicher für hohe Arbeitsgeschwindigkeiten bedingen relativ kleine Speicherkapazitäten. Andererseits bedingen Speicher für große Datenmengen relativ lange Zugriffszeiten. In Rechenanlagen benötigt man beide Arten von Speichern, sowohl solche mit hohen Arbeitsgeschwindigkeit als auch solche zur Speicherung großer Datenmengen.

Die Datentechnik kennt eine Vielzahl prinzipiell unterschiedlicher Speicherarten, um diesen Forderungen gerecht zu werden. So werden oder wurden in Rechnern u.a. folgende Speicherarten angewandt:

- Halbleiter-,
- Magnetenkern-,
- Magnetplatten-,
- Magnetband-,
- Magnetkassetten-,
- Magnettrommel- und Magnetkartenspeicher und
- Laser-optische Speicher.

In den allerersten Rechnerprototypen – von Zuse u.a. – wurden mechanische Relais als Speicherelemente benutzt. Diese Rechner waren, gemessen an heutigen Rechnern, außerordentlich langsam und durch eine enorme Baugröße gekennzeichnet. In den Rechnern der folgenden Generation wurden bereits Magnetkernspeicher angewandt. Auch diese haben heute lediglich noch historische Bedeutung. Die wesentlichen Bauteile von Magnetkernspeichern waren kleine ringförmige Magnetkerne (Außendurchmesser 2,5 mm; Innendurchmesser 1,5 mm), deren Magnetisierungsrichtung sich durch elektrische Ströme umsteuern ließ; ein Kern konnte die Informationsmenge 1 Bit (0, 1) speichern.

Die Kerne und die durch diese geführten Drähte eines Kernspeichers waren matrixförmig angeordnet, wie dies Bild 2.2.6 schematisch zeigt.

Schickt man in einen solchen Speicher jeweils auf eine x- und eine y-Leitung einen elektrischen Strom der Stärke I/2, so addieren sich die magnetischen Wirkungen beider Ströme im jeweiligen Kreuzungspunkt so, daß der in diesem Kreu-

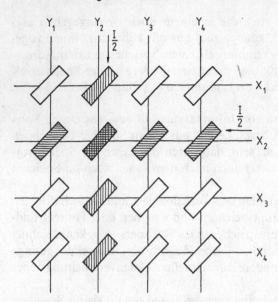

Bild 2.2.6. Matrix-Ausschnitt eines Magnetkernspeichers

zungspunkt befindliche Magnetkern in einer bestimmten Richtung magnetisiert wird. Durch Umkehrung beider Stromrichtungen kann diese Magnetisierungsrichtung wieder umgekehrt werden. Nach Abschalten des Stromes bleibt die eingespeicherte Information aufgrund der ferromagnetischen Eigenschaften des Kernwerkstoffes erhalten.

Will man diese so eingespeicherte Information wieder lesen, so schickt man durch die entsprechenden Spalten- und den entsprechenden Zeilendraht (y_2- und x_2-Draht) Ströme der Stärke $I/2$ in zur Schreibrichtung entgegengesetzter Richtung, so wird die Magnetisierungsrichtung des entsprechenden Ringkerns umgekehrt und durch die Umkehrung ein Strom in einem dritten, durch den Ringkern geführten Draht (Lese-Draht; in Bild 2.2.6 nicht gezeichnet), induziert und weitergeleitet. Durch diese Art des Lesevorganges wird die Information in dem betreffenden Ringkern gelöscht. Um diese Information jedoch auch weiterhin zu speichern, muß diese unmittelbar nach dem Lesevorgang wieder in den betreffenden Kern „hineingeschrieben" werden.

Bei späteren Rechnergenerationen wurden die Ringkernspeicher durch leistungsfähigere *Halbleiterspeicher* ersetzt. Sie werden mittels Transistoren und Dioden realisiert. Halbleiterspeicher unterscheidet man einerseits nach der Art ihrer elektrischen Schaltung und andererseits nach ihren Speicher- bzw. Benutzereigenschaften.

Den Grundbaustein einer Speicherschaltung bildet die sogenannte Kippstufe. Eine Kippstufe besteht aus zwei oder mehreren Transistoren. Entsprechend der unterschiedlichen Schaltungen und deren Eigenschaften bezeichnet man diese als *monostabile, bistabile* und *astabile* Kippstufen. Die monostabile Kippstufe, auch Monoflop genannt – strebt stets das 0-Ausgangssignal als stabile Vorzugsstellung an. Nur bei einem Eingangs-Spannungsimpuls nimmt sie für eine bestimmte Zeit T die Ausgangsstellung 1 an; danach fällt sie wieder in die 0-Stellung zurück. Die Zeitdauer T läßt sich nach Bedarf einstellen. Monostabile Kippstufen verwendet

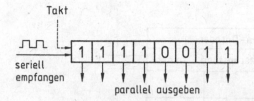

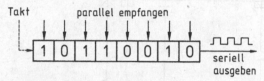

Bild 2.2.7. Wirkungsweise (Schema) von Schieberegistern bei der Seriell-Parallel bzw. Parallel-Seriell-Umwandlung digitaler Zeichen

man insbesondere zum „Auffrischen verstümmelter" Eingangsimpulse und zur Zeitverzögerung von Impulsen [61].

Die bistabilen Kippstufen („Flip-Flop") verfügen über zwei stabile Stellungen. Durch einen Eingangsimpuls werden sie jeweils von der einen Stellung in die jeweils andere Stellung überführt. Interpretiert man den jeweiligen Zustand des Ausgangssignals als 0 oder 1, so läßt sich diese Kippstufe als Speicher für die Informationsmenge 1 Bit benutzen. Eine wichtige Anwendung von Flip-Flop-Schaltungen ist der Bau verschiedener Registerarten. Register dienen der kurzzeitigen Speicherung eines Bytes oder eines Maschinenwortes. Dabei ist für jedes Binärzeichen eine eigene Flip-Flop-Schaltung vorgesehen. Eine Binärzeichenfolge kann beispielsweise taktweise durch ein Register hindurch geschoben werden. Ferner können Register (Schieberegister) auch dazu dienen, auf einer Leitung seriell ankommende Informationen seriell zu empfangen (aufnehmen), um sie anschließend parallel weiterzugeben (Seriell-Parallel-Umsetzer, Bild 2.2.7).

Andererseits ist es auch möglich, die ganze Information eines Wortes parallel (gleichzeitig) in ein Register zu speichern, um sie anschließend seriell (Parallel-Seriell-Umsetzer) oder parallel weiter zu geben. Solche Seriell-Parallel-Umsetzer können beispielsweise ein an einer Eingangsschnittstelle eintreffendes serielles Maschinen-Wort parallel weitergeben.

Die astabile Kippstufe hat keine stabile Vorzugsstellung, vielmehr pendelt die Ausgangsspannung – ohne eine Taktvorgabe von der Eingangsseite – ständig zwischen zwei Zuständen 0 und 1 hin und her. Man benutzt derartige Kippstufen als Taktgeber für Frequenzen bis zu 10^9 [Hz] [61].

Entsprechend ihrer Benutzereigenschaften unterscheidet man bei Halbleiterspeicher beliebig beschreib- und lesbare Speicher – Schreib-/Lesespeicher (RAM = Random Access Memory) und nur lesbare Speicher bzw. Festwertspeicher (ROM = Read Only Memory). Bei letzteren unterscheidet man noch verschiedene Unterarten, z. B.:

EPROM (= Eraseable Programmable ROM),
EAROM (= Electrically Alterable ROM) u. a.

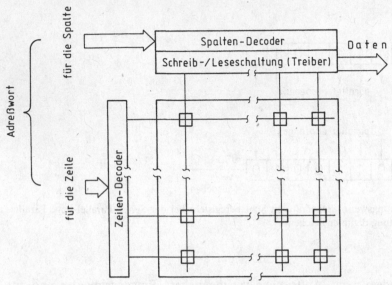

Bild 2.2.8. Schema einer Schreib-Lese-Halbleiterspeicherstruktur mit Zeilen- und Spaltendecoder [61]

Random Access oder zu deutsch wahlfreier Zugriff bedeutet, daß die in diesen Speicher geschriebenen Daten unabhängig von der Adresse oder Reihenfolge, in der sie abgespeichert wurden, gelesen werden können.

Auch Halbleiterspeicher sind matrixförmig strukturiert und lassen sich einzeln über jeweils einen x- und einen y-Draht (Zeilen- und Spalten-Draht) ansteuern, ähnlich wie Magnetkernspeicher. Bild 2.2.8 zeigt eine Schreib-Lese-Halbleiter-Speicherstruktur, mit einer Schreib-Lese-Steuerung sowie Zeilen- und Spalten-Decodierer. Die Decodierer können so ausgelegt sein, daß man mittels einer bestimmten Adresse einzelne Speicherelemente (Bits) oder gleichzeitig mehrere, z. B. 1 Byte (8 Bit) oder 1 Wort (16-, 32- oder 64 Bit), schreiben bzw. lesen kann. Die Adresse besteht jeweils aus einem Adreßteil für die Spalten- und einen Adreßteil für die Zeilenadressierung.

Bei Halbleiter-Schreib-Lesespeicher mit wahlfreiem Zugriff (RAM) gibt es ferner „statische und dynamische Speicher". Bei dynamischen RAM-Speichern (DRAM) wird die Information im Silizium-Bauteil als Ladung in einem Kondensator festgehalten und muß – damit die Ladung nicht allmählich verschwindet – regelmäßig wieder erneuert werden. Dieser Vorgang wird „Wiederauffrischen" oder „Refreshing" genannt. Statische RAM-Speicher halten Informationen hingegen „durch den Schaltzustand" von Transistoren bzw. Flip-Flop-Schaltungen fest. Dynamische Speicher arbeiten schneller als statische.

Bei „Nur-Lese-Speicher" (ROM) werden die Informationen während oder nach ihrer Herstellung fest einprogrammiert. Man kann diese Speicher zwar auch löschen und erneut Informationen einspeichern (PROM), dies bedarf aber eines besonderen technischen Aufwandes. Einige dieser Speicherarten sind beispielsweise durch Bestrahlung mit UV-Licht löschbar (EPROM). Das Einspeichern neuer Informationen kann durch eine gegenüber der Betriebsspannung erhöhte sogenannte „Programmierspannung" erfolgen. ROM-Speicher sind gegenüber RAM-Speichern deutlich billiger und haben eine höhere Packungsdichte. Halbleiter-Speicher lassen gegenüber den bis dahin bekannten Speicherarten wesentlich höhere Schreib-Lese-Geschwindigkeiten zu. Ferner war es in der Vergangenheit möglich, die Zahl der Logikfunktionen (Gatter) pro Bauteil enorm zu steigern und die Herstellkosten pro Bit wesentlich zu senken. Dies waren die Gründe für die enorme Verbreitung der Halbleiterspeicher beim Bau von Rechnern in den vergangenen Jahren. Es entstanden nacheinander 1, 16, 64, 256 KBit-Speicher-Chips; inzwischen werden bereits 1, 2 und 4 MBit-Speicher-Chips entwickelt und gebaut.

1 MBit-DRAM lassen sich derzeit beispielsweise auf einer Fläche von etwa 50 mm^2 unterbringen; mit Gehäuse haben derartige Bauelemente Abmessungen von etwa 8 mm Breite und 20 mm Länge. Die in der Entwicklung und im Bau befindlichen MBit-Speicher weisen Strukturen auf mit Abmessungen von weniger als einem Mikrometer. Die Halbleiterspeicher sind, infolge ihrer relativ hohen Arbeitsgeschwindigkeiten (schnellen Zugriffszeiten), die leistungsfähigste Speicherart. Man benutzt diese deshalb zuerst hauptsächlich für Rechner-Hauptspeicher. Die fortwährende Kostenreduzierung der Halbleiterspeicher ergibt in zunehmendem Maße die Möglichkeit, diese auch für externe Massenspeicher zu verwenden. Für Vergleichszwecke ist es zweckmäßig, als Kenngrößen von Speichern deren Kapazität, Zugriffsart, Arbeitsgeschwindigkeit, Packungsdichte und Kosten pro Speicherelement zu wählen.

Speicherkapazität: Die Speicherkapazität gibt das Aufnahmevermögen eines Speichers an. Diese wird in Bit, Bytes, Zeichen oder Maschinenworten angegeben. Für Vergleichszwecke ist es zweckmäßig, diese einheitlich auf Bit umzurechnen. Bei neueren Rechnerfamilien läßt sich die Speicherkapazität innerhalb einer Modellreihe stufenartig erweitern. Man kann so ein Rechnersystem zunehmenden Erfordernissen anpassen. Solche Ausbaustufen von Speicherkapazitäten sind beispielsweise: 64-, 256-KByte bzw. 1-, 4- usw. MByte. Faßt man zusammen, so ergibt sich für Halbleiterspeicher folgender Überblick [61]:

Speicherart	Zugriffsart L = Lesen S = Schreiben	Datenerhalt
DRAM	L/S: frei wählbar	Auffrischen
SRAM	löschfreies Lesen	kein Auffrischen
ROM	L: frei wählbar S: einmalig (Hersteller)	permanent, festgelegter Inhalt
PROM	L: frei wählbar S: einmalig (Kunde)	permanent, festgelegter Inhalt
EPROM	L: frei wählbar S: wiederholbar	permanent, mit UV löschbar
EAROM	L: frei wählbar S: selektiv	permanent, elektrisch änderbar

Zugriffsart: Die unterschiedlichen physikalischen Prinzipien, welche für den Bau von Datenspeichern genutzt werden, bedingen unterschiedliche Prozesse des Einspeicherns und Lesen von Daten. So ermöglichen z. B. Lochstreifen- oder Magnetbandgeräte nur eine serielle Datenspeicherung bzw. einen seriellen Datenzugriff. Daten lassen sich aus diesen Medien nur in derselben Reihenfolge abrufen, in der sie geschrieben wurden. Die Zugriffszeit für verschiedene Speicherbereiche ist unterschiedlich.

Wahlfreier Zugriff (RAM = Random Access Memory): In RAM-Speichern, d. h. beispielsweise Magnetkern- oder Halbleiterspeichern, können gespeicherte Informationen in beliebiger Reihenfolge abgerufen werden; die Zugriffszeit ist für alle Informationen (Zeilen, Spalten) gleich. Da RAM-Speicher beliebig gelesen, gelöscht und neu beschrieben werden können, besteht dadurch auch die Gefahr der ungewollten Löschung von Daten. Um sich hiervor zu schützen, besteht die Möglichkeit, „geschützte Speicherbereiche" (protected storage area) zu definieren; diese sind dann nur unter Beachtung besonderer Hinweise oder mit besonderem „Schlüssel" zugänglich.

Nur-Lese-Speicher (ROM = Read Only Memory): Diese Art von Speichern beinhalten bei der Herstellung oder vom Kunden eingespeicherte Programme, welche überhaupt nicht oder nur mit besonderem technischen Aufwand geändert werden können.

Löschendes Lesen: Es gibt physikalische Speicher, bei welchen der Speicherinhalt durch das Lesen nicht gelöscht wird und solche, bei denen der Lesevorgang das Löschen des Speicherinhaltes bedingt. Zur ersten Art zählen beispielsweise Magnetplatten, zur zweiten Art Halbleiterspeicher. Bei der zweiten Art von Speichern vermeidet man Löschen, indem man die gelesene Information unmittelbar beim oder nach dem Lesevorgang wieder in den Speicher hineinschreibt.

Zugriffszeit/Arbeitsgeschwindigkeit: Unter Zugriffszeit (access time) versteht man die Zeit, die von der Lese-Befehlserteilung durch das Leitwerk an das Adressregister bis zur Verfügungstellung der gelesenen Information im Lese-Register verstreicht. Ein Arbeitszyklus dauert beim Speichern mit löschendem Lesen länger, weil bei diesem noch Zeit für das Wiedereinspeichern hinzu kommt. Die Zugriffszeit bzw. Zykluszeit bestimmt maßgeblich die Arbeitsgeschwindigkeit eines Rechners. Die maximale Zahl an Zeichen oder Worten, die von einem Speicher pro Sekunde auf Abfrage abgegeben werden kann, ist ein weiteres Maß zur Beurteilung von Rechnerleistungen.

Permanenz: Für den Betrieb von Datenspeichern ist es außerdem wichtig zu wissen, ob bei einer bestimmten Speicherart dauernd, nur in periodischen Abständen oder keine Energie zuzuführen ist und ob durch eventuelle Stromausfälle die Speicherinhalte gelöscht werden. Es gibt Permanent-Speicher, in denen die Information auch bei Stromausfällen erhalten bleibt. Wird die Information in Speichern nur eine begrenzte Zeit erhalten, spricht man von temporären Speichern. Magnetspeicher sind permanente-, Halbleiterspeicher sind temporäre Speicher. Bei dynamischen Speichern müssen die Speicherinhalte periodisch regeneriert werden.

Magnetbandspeicher und Magnetbandkassetten: Magnetbandspeicher und -kassetten dienen bei Rechenanlagen hauptsächlich als externe Speicher großer Datenmenge (Massenspeicher). Magnetbänder und -kassetten sind sehr wirtschaftliche Speichermedien, sie haben Lochstreifen- und Lochkartenspeicher weitgehend abgelöst. Außerdem dienen sie als preisgünstige Massenspeicherung für die Datenablage (Datensicherung und -archivierung). Das Speichermedium „Magnetband" besteht aus einem nicht magnetisierbarem Kunststoffband (Träger), welches einseitig mit einer magnetisierbaren Schicht (Eisenoxyd) belegt ist. Die Banddicke beträgt ca. 50 μm (15 μm Eisenoxydschicht; 35 μm Kunststoffband). Das Schreiben und Löschen von Informationen erfolgt physikalisch durch Magnetisierung kleiner Schichtbereiche in der einen oder anderen magnetischen Richtung. Schreiben und Lesen erfolgt über sogenannte „Magnetköpfe". Sieben oder neun nebeneinander (parallel) angeordnete Magnetköpfe beschreiben oder lesen 7 oder 9 Spuren parallel. Eine Bandsprosse nimmt die Information eines Zeichens, bestehend aus 7 bzw. 9 Bit auf.

Magnetplattenspeicher: Magnetplattenspeicher bestehen im wesentlichen aus einem mit konstanter Drehzahl rotierenden Plattenstapel, einem Zugriff-Kamm und einem Steuerpult. Ein Plattenstapel hat üblicherweise mehrere – beispielsweise 10 – Speicherflächen und entsprechend viele Schreib-Leseköpfe (Bild 2.2.9). Die Magnetplatten bestehen meist aus Leichtmetall (2 mm dick) und sind beidseitig mit einer magnetisierbaren Schicht überzogen. Die Platten sind in konstantem

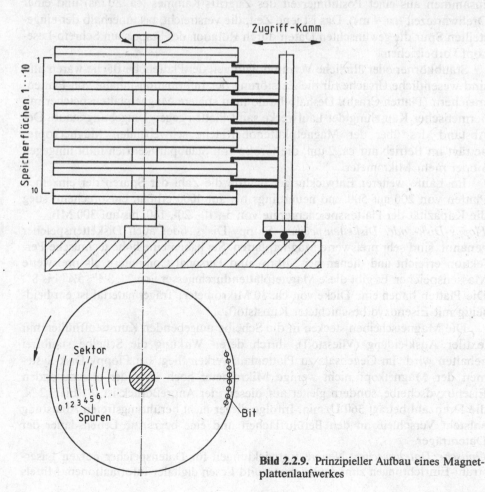

Bild 2.2.9. Prinzipieller Aufbau eines Magnetplattenlaufwerkes

Abstand übereinander angeordnet. Ein Plattenstapel kann fest montiert oder aus-
wechselbar sein (Festplatten-/Wechselplattenspeicher).

Die Lese-Schreibköpfe schweben im Betrieb auf einer dünnen Luftschicht
(Polster), in extrem geringen Abstand über der Plattenoberfläche. Sie können über
einen beweglichen Zugriffarm genau positioniert oder aber – in großer Zahl – fest
angeordnet sein, um so die Zugriffszeit zu reduzieren. Jede Speicherfläche (Plat-
tenfläche) enthält beispielsweise 200 Spuren und Reservespuren. Letztere werden
bei Defekten der Normalspuren automatisch genutzt. Die Datenspeicherung
erfolgt nicht wie bei Magnetbändern bit-parallel, sondern bit-seriell. Jede Spur hat
eine Kapazität von beispielsweise 3625 Bytes. Der Zugriff-Kamm muß jede der
203 Spuren ansteuern können. In jeder Position werden die durch die vielen
Schreib-Leseköpfe erreichbaren übereinanderliegenden Spuren gleichzeitig gelesen, verwaltet und beschrieben. Dieses „zylinderförmige" Beschreiben und Lesen
zusammengehöriger Daten reduziert die Zahl der Kammbewegungen und die
Zugriffszeiten. Die Identifizierung der Spuren erfolgt über Adressen auf den
jeweiligen Spuren. Die Zugriffsart solcher Plattenstapel ist nahezu wahlfrei, ähnlich wie in RAM-Speichern. Die Zugriffszeit, von beispielsweise 39 ms, setzt sich
zusammen aus einer Positionierzeit des Zugriffs-Kammes (ca. 30 ms) und einer
Drehwartezeit (ca. 9 ms). Das ist jene Zeit, die verstreicht, bis innerhalb der einge-
stellten Spur die gewünschten Daten durch Rotation des Stapels am Schreib-Lese-
kopf vorbeiziehen.

Staubkörner oder ähnliche Verunreinigungen der Plattenoberfläche waren und
sind wesentliche Ursache für die Zerstörung der Informationsinhalte von Plattenspeichern (Platten-Crash). Deshalb baute man spätere Magnetplattenspeicher mit
hermetischer Kapselung der Laufwerke samt Platten gegen Umgebungsstaub. Der
Abstand des über der Magnetplattenoberfläche schwebenden Magnetkopfes
beträgt im Betrieb nur ca. 2 μm, die Größe von Staubpartikelchen mißt hingegen
6 oder mehr Mikrometer.

Im Laufe weiterer Entwicklungen wurde die Zahl der Spuren der einzelnen
Platten von 200 auf 500 und neuerdings bis auf 1000 erhöht, entsprechend stieg
die Kapazität der Plattenspeichergeräte von 5-, 10-, 20-, 140- bis auf 300 MB.

Floppy-Disk- oder Diskettenspeicher: Floppy-Disks, oder auch Diskettenspeicher
genannt, sind sehr preiswerte Magnetplatten. Sie haben eine hohe technische Per-
fektion erreicht und dienen bei Mikro- und Personal Computern als preiswerte
Massenspeicher. Es gibt diese Magnetplattendurchmesser von 2″, 3½″, 5¼″ bis 8″.
Die Platten haben eine Dicke von ca. 80 Mikrometer; Trägermaterial ist ein beidseitig mit Eisenoxyd beschichteter Kunststoff.

Die Magnetscheiben stecken in die Scheibe umgebenden Kunststoffhüllen mit
textiler Auskleidung (Vliesstoff), durch deren Wirkung die Scheibe staubfrei
gehalten wird. Im Gegensatz zu Plattenlaufwerken fliegt bei Floppy-Disk-Syste-
men der Magnetkopf nicht wenige Mikrometer hoch über der abzutastenden
Eisenoxydscheibe, sondern gleitet auf dieser; der Anpreßdruck ist 0,1 bis 0,2 N,
die Drehzahl beträgt 360 U/min. Infolge dieser nicht berührungsfreien Abtastung
entsteht Verschleiß an den Berührflächen und eine begrenzte Lebensdauer der
Datenträger.

Optische Datenspeicher: Neuere Entwicklungen für Datenspeicher nutzen Laser-
strahl-Einrichtungen zum Aufzeichnen und Lesen digitaler Informationen. Mittels

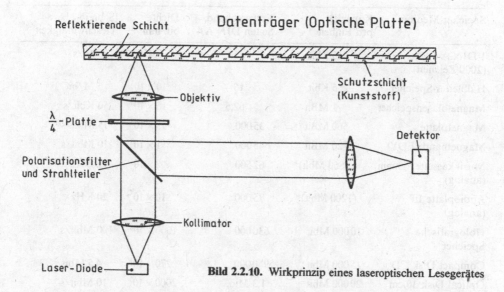

Bild 2.2.10. Wirkprinzip eines laseroptischen Lesegerätes

eines rasch steuerbaren Laserstrahles wird bei dieser Verfahrensart die Reflexions-
eigenschaft einer geeigneten Oberfläche verändert. Beim Lesen wird diese so ver-
änderte Oberfläche wiederum auf ihr Reflexionsvermögen abgetastet. Ein besonderer Vorteil dieses Verfahrens ist es, daß es berührungsfrei arbeiten kann. Die
Optik zur Fokussierung des Laserstrahls ist 1 bis 2 mm über dem Datenträger
angeordnet. Ferner ist dieses Verfahren noch durch eine enorm hohe Aufzeich-
nungsdichte gekennzeichnet. Man vermag auf einer einzigen Diskette Informationsinhalte bis zu ca. 1 bis 2 Millionen DIN A 4 Seiten abzuspeichern. Bei den
ersten Systemen dieser Art konnten die einmal eingespeicherten Informationen
nicht mehr gelöscht und neu beschrieben werden. Neuerdings gibt es bereits
Systeme mit optischen Speichern, die vom Benutzer gelöscht und wieder beschrieben werden können. Bild 2.2.10 zeigt das Prinzip eines Laseroptischen-Nur-Lese-
systems. Die auf einem Datenträger („optische Platte" bzw. „Optical Disk") aufge-
zeichneten Daten werden mittels eines monochromatischen Lichtbündels abgetastet. Diese digitalen Daten sind in Form „kleiner Beulen" auf einer Oberfläche
vorhanden.

Sie sind etwa 0,1 Mikrometer hoch und 0,5 Mikrometer breit. Der Abtaststrahl
wird von einer Laserdiode erzeugt, mittels eines Kollimators (Linse) gebündelt
und durch eine 2. Linse (Objektiv) auf die Abtaststelle fokussiert. Die kleinen
Erhebungen (Beulen bzw. Dellen), insbesondere deren Übergänge, reflektieren
bzw. streuen den Abtaststrahl unterschiedlich stark, so daß am Detektor entsprechend den abgetasteten Dellen, Lichtintensitätsschwankungen auftreten.

Mittels des Detektors und einer geeigneten Elektronik werden diese Hellig-
keitsschwankungen in entsprechende elektronische Signale gewandelt und weiterverarbeitet.

Untenstehend sind die verschiedenen Speichermedien und mit diesen derzeit
erreichbare Speicherkapazitäten, Packungsdichten und Schreib-Lesegeschwindig-
keiten vergleichsweise gegenübergestellt.

Speicher-Medium	Kapazität pro Einheit	Entsprechend Seiten DIN A 4	Dichte bit/mm^2	Schreib-/Lese-Geschwindigkeit
1 DIN A 4 Seite (2000 Zeichen)	16 Kbit	1	0,45	150 bit/s
Halbleiter-Speicher	256 Kbit	16	10×10^3	5 M/bit
Magnetblasenspeicher	1 MBit	62,5	15×10^3	50 Kbit/s
Magnetplatte	560 MBit	35 000	15×10^3	15 Mbit/s
Magnetband (EDV)	720 MBit	45 000	1×10^3	10 Mbit/s
Musikkassette, 60 min (analog)	(860 Mbit)*	62 500	2×10^3	15 KHz
Audioplatte LP (analog)	(1200 Mbit)*	75 000	10×10^3	20 KHz
Holografische Speicher	10 000 Mbit	630 000	1000×10^8	100 Mbit/s
Compact Disk CD	15 000 Mbit	940 000	270×10^3	4,5 Mbit/s
Optical Disk 30 cm (in Entwicklung)	20 000 Mbit	1,3 Mio.	2000×10^3	10 Mbit/s
Magneto-optische Platte 30 cm (in Entwicklung)	30 000 Mbit	1,9 Mio.	470×10^3	16 Mbit/s
Videoband (analog)	(150 000 Mbit)*	9,4 Mio.	120×10^3	8 MHz
Videoplatte VLP (analog)	(150 000 Mbit)*	9,4 Mio.	2700×10^3	10 MHz
Menschliches Gehirn	1 Mio. Mbit Langzeitspeicher	62,5 Mio.	$(10^9/cm^3)$	1 bit/s Langzeitgedächtnis 50 bit/s Kurzzeitgedächtnis

* Den Analogwerten entsprechende, für Vergleichszwecke umgerechnete Digitalwerte (A/D-Wandler); Quelle: Polygram und Siemens

3 Operations- und Befehlsarten von Rechnern

Neben den zu verarbeitenden Daten brauchen Rechenanlagen verschiedene Instruktionen (Anweisungen, Befehle, Durchführungsbestimmungen, Statements) um eine Datenverarbeitung durchführen zu können. Es wäre nicht wirtschaftlich, einer Datenverarbeitungsanlage jede einzelne Anweisung per Dialog, Schritt für Schritt, zugehen zulassen. Besser ist es, möglichst die gesamte Befehlsfolge eines komplexeren Datenverarbeitungsprozesses festzulegen und abzuspeichern. Eine solche Festlegung der Befehlsfolge nennt man „Programm". Das Programm wird hierbei jeweils vor Beginn des eigentlichen „Rechenlaufs" Anweisung für Anweisung in den Speicher eingelesen und dort präsent gehalten. Zur Durchführung von Datenverarbeitungsaufgaben müssen Rechner in der Lage sein, auf vereinbarte

Anweisungen hin, bestimmte Operationen auszuführen. Anlaufpunkt für solche Anweisungen oder Befehle ist in der Regel das Leitwerk eines Rechners, dieses „versteht" die einzelnen Befehle und veranlaßt die verschiedenen Tätigkeiten. Zur Aufnahme, Verarbeitung und Abgabe von Daten stehen verschiedene Arten von Operationen und Befehlen zur Verfügung, und zwar:

- arithmetische Operationen,
- logische Operationen,
- Steuerungs-Befehle,
- Ein-, Ausgabe-Befehle (I/0 Statements, Datentransfer-Befehle).

Arithmetische Operationen aller Rechnerarten sind die vier Grundrechenarten Addition, Subtraktion, Multiplikation und Division. Alle anderen arithmetischen Operationen, wie z. B. Quadrieren, Wurzelziehen, die von Rechnern auch oft auf einen Befehl hin ausgeführt werden können, werden bei Digital-Rechnern auf diese vier Grundrechenarten zurückgeführt und durch interne Mikroprogramme erledigt. Diesen Rechenoperationen entsprechend, verfügt ein Programmentwickler über Additions-, Subtraktions-, Multiplikations- und Divisions-Operationen. Neben den mathematischen Grundoperationen stellen höhere Programmiersprachen Benutzern ferner noch zahlreiche andere mathematische Funktionen so z. B. trigonometrische-, exponential- u. a. Funktionen zur Verfügung.

Rechner vermögen auch *logische Operationen* auszuführen. Logische Operationen sind beispielsweise Abfragen, ob eine Größe a größer (gleich oder kleiner) b ist. Ist die Bedingung erfüllt, wird das Programm an der Stelle A, andernfalls an der Stelle B fortgesetzt. Man nennt solche Stellen, an denen der weitere Programmablauf von einem bis dahin erreichten Zwischenergebnis abhängig verzweigt wird, „Programmverzweigungsstellen", „Programmweichen" oder auch „Entscheidungsstellen". Zur Veranschaulichung des Gesagten zeigt Bild 2.3.1 einen exemplarischen Programmablaufplan mit verschiedenen Operationen und Verzweigungsstellen.

Der Programmlauf beginnt mit bestimmten Daten eine Operation 1 und 2 auszuführen und prüft anhand dieser Ergebnisse eine Bedingung. Abhängig vom Ausgang der Prüfung dieser Bedingung und der entsprechenden „Entscheidung 1" läuft das Programm über den linken oder den rechten Zweig weiter, je nachdem, ob an dieser Programmverzweigungsstelle die Bedingung 1 erfüllt ist oder nicht. Die Entscheidung E2 hingegen bewirkt bei Nichterfüllung ein Zurückspringen auf den Anfang des Rechenlaufs; man nennt dies auch eine „Programmschleife".

Anschließend wird mit anderen Parameterwerten ein erneuter Rechenlauf durchgeführt. Ist die Bedingung an der Stelle E2 erfüllt, wird der Programmlauf beendet und die Ergebnisse ausgegeben.

Als Steuerungsoperationen zählen u. a. Sprungoperationen (GOTO), Unterbrechungen (STOP), Aufruf (CALL) eines Unterprogrammes etc.

Zu den Ein-, Ausgabebefehlen zählen u. a. Tätigkeiten des Einlesens (READ) von Daten oder des Übergebens von Daten aus der Eingabeeinheit an den Zentralspeicher, das Umspeichern von Daten von einem Speicher in einen anderen, das Ausgeben von Daten von der Zentraleinheit an die Ausgabeeinheit (PRINT, PLOT etc.).

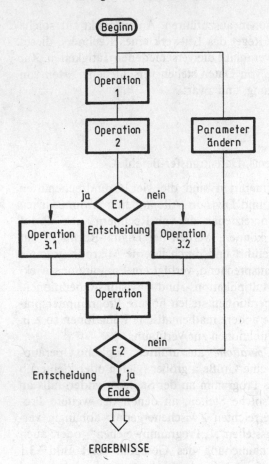

Bild 2.3.1. Beispiel eines Flußdiagramms (Ablaufplan) eines Programmes

Ein- und Zweiadreßbefehle: Damit ein Rechner eine der genannten oder eine andere Operation ausführen kann, muß ihm mit jedem Befehl bzw. Befehlswort grundsätzlich zweierlei mitgeteilt werden, und zwar:

- was getan werden soll, d.h. die auszuführende Operation, und
- mit welchen Operanden bzw. Daten dies geschehen soll.

Ein „Befehlswort" besteht entsprechend aus zwei Informationen, und zwar: der Operation und dem Operanden.

Häufig stehen in einem Befehlswort aber nicht unmittelbar die Daten des Operanden, sondern nur deren Adresse, wo diese zu finden sind. Entsprechend ist dieser Teil des Befehlswortes als Adressteil Ad zu bezeichnen. Ein Befehlswort besteht somit aus einem Operationsteil und einem Adressteil des 2. Operanden, s. Bild 2.3.2a. Man nennt Rechner mit einer derartigen Datenverarbeitung „Ein-Adressmaschinen". Hierbei wird der 1. Operand bereits in einem vorhergehenden Arbeitsschritt im Arbeitsregister (Arbeitsspeicher) gespeichert, so daß es im darauffolgenden Arbeitsschritt genügt, die Art der Operation und die Daten des 2. Operanden bzw. dessen Adresse mitzuteilen. Im Adressteil ist „Straße und Hausnummer" der Speicherzelle angegeben, wo der Rechner den 2. Operanden

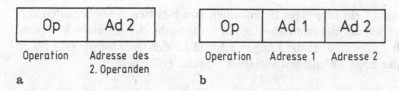

Operation   Adresse des   Operation   Adresse 1   Adresse 2
             2. Operanden

a   b

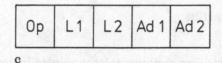

c

Bild 2.3.2 a–c. Strukturen von Datensätzen für Ein-Adreß-Rechner (**a**), Zwei-Adreß-Rechner (**b**) und Rechner mit variabler Wortlänge (**c**) [61]

findet. Der 1. Operand steht bereits im Register AX (Accumulator). In Kurzform läßt sich diese Operation wie folgt schreiben:

$$\langle AX \rangle := \langle AX \rangle + \langle 317 \rangle$$

In Worten: neuer Arbeitsspeicherinhalt AS ergibt sich aus altem AS-Inhalt plus Inhalt der Speicherzelle 317.

Neben Ein-Adreß-Rechnern gibt es auch sogenannte Zwei-Adreß-Rechner. Ein Befehlswort (Schema) eines Zwei-Adreß-Rechners zeigt Bild 2.3.2 b.

Eine Operation für Zwei-Adreß-Rechner läßt sich formal wie folgt schreiben:

$$\langle 620 \rangle := \langle 620 \rangle + \langle 312 \rangle$$

Dieses besagt, daß der Inhalt der Speicherzelle mit der Adresse 620 zu dem Inhalt der Speicherzelle 312 zu addieren, und das Ergebnis dieser Addition in die Speicherzelle „620" zu speichern ist.

Stellt man für den Operationsteil 1 Byte eines Codes bereit, so lassen sich mit 8-er Operations-Code $2^8 = 256$ unterschiedliche Operationen ausdrücken. Die Operation-Codes von Rechnern sind unterschiedlich, Mikrocomputer verwenden üblicherweise 6-er Code, Großrechner hingegen meist 8-er Code. Die einzelnen Befehlskürzel bzw. deren Zeichensynonyme sind meist nach mnemotechnischen Gesichtspunkten festgelegt.

Wort und Stellenmaschinen: Aus verwaltungstechnischen Gründen ist es notwendig, in Rechnern für Operationsbefehle und Operanden stets die gleiche Zahl von Bits bzw. gleiche Wortlänge zu deren Speicherung zur Verfügung zu stellen (z.B. 16-, 32-, 64 Bit). Befehle lassen sich auch stets durch gleiche Wortlängen ausdrücken, nicht so hingegen die Werte von Operanden. Diese können sehr unterschiedliche Wortlängen benötigen. Rechner, die Operanden in ihren Speichern stets mit Worten fester Länge speichern, nennt man „Wortmaschinen". Andere Rechner, welche die Möglichkeit bieten, Operanden-Werte unterschiedlicher Länge auch mit unterschiedlich langen Bitkombinationen, d.h. mit Bytes, Halbworten, Worten oder Doppelworten darzustellen, werden Stellen- oder auch Byte-Maschinen genannt. Letztere haben den Vorteil, die technische Speicherkapazität von Rechnern bei bestimmten Gegebenheiten besser auszunutzen als Wortmaschi-

nen; sie können auf ein unnötiges Bereitstellen von Bits bzw. Speicherzellen verzichten. Ein Befehl benötigt dann aber neben der Angabe der Adressen je Operation auch noch Angaben über die Längen L1 und L2 der Operanden. Bild 2.3.2c
zeigt die Struktur eines Befehls mit variabler Operandenlänge [61].

4 Rechner- und Betriebsarten

Rechner oder elektronische Datenverarbeitungsanlagen werden in der Praxis nach
verschiedenen Gesichtspunkten klassifiziert und geordnet. Nachdem die Technik
lange vor der Erfindung elektronischer Rechneranlagen im wesentlichen nur
mechanische Rechner kannte, unterschied man mit dem Aufkommen elektronischer Rechner (1960) zwischen mechanischen und elektronischen Rechnersystemen. Inzwischen haben die elektronischen Rechner und Rechneranlagen die
mechanischen Rechengeräte völlig abgelöst. Aus diesem Grunde ist diese Unterscheidung in neuerer Zeit praktisch gegenstandslos geworden.

Für elektronische Rechneranlagen gibt es zwei unterschiedliche Prinzipien,
Informationen bzw. Daten physikalisch zu realisieren, und zwar, durch analoge-
oder digitale physikalische Größen. Je nach der Darstellungsweise – ob digital
oder analog – unterscheidet man zwischen

- Analogrechner,
- Digitalrechnern und
- Hybridrechnern.

Hybridrechner bestehen aus analogen und digitalen Rechnerkomponenten.

In der Praxis gibt es Aufgabenbereiche, für welche sowohl die eine, wie auch
die andere der drei genannten Rechnerarten vorteilhaft eingesetzt werden kann. In
Analogrechnern wird die Information, wie beispielsweise der Amplitudenwert
einer Schwingung, mittels eines diesem Wert analogen elektrischen Spannungs-
wertes oder eines Stromwertes dargestellt. Bei Digitalrechnern hingegen werden
Informationen mittels Binärwerten einer elektrischen Spannung, einer Ladungs-
menge oder anderen physikalischen Größen realisiert.

Die weitaus größte wirtschaftliche Bedeutung haben Digital-Rechner erlangt.
Analog- und Hybrid-Rechner finden hauptsächlich für Aufgabenbereiche Anwen-
dung, in denen schnelle Lösungen von Differentialgleichungen eine wesentliche
Rolle spielen (Real-Time-Datenverarbeitung). Für die naturwissenschaftliche-,
technische- und kommerzielle Datenverarbeitung werden jedoch überwiegend
Digital-Rechner eingesetzt.

In der Vergangenheit baute man ausschließlich sequentiell arbeitende Digital-
rechner, d.h. Rechner, welche immer nur einen Arbeitsschritt pro Zeiteinheit
(Arbeitstakt) vollführen. Um die Leistungen von Rechnern noch weiter zu steigern, werden neuerdings auch Rechner mit paralleler Datenverarbeitung entwikkelt und eingesetzt. Entsprechend kann man Rechner des weiteren nach ihrer Ver-
arbeitungsart in

- sequentiell - und
- parallel arbeitende Rechner

gliedern. Bezüglich ihrer unterschiedlichen Einsatzgebiete differenziert man ferner zwischen

- Universal- und
- Prozeßrechnern.

Schließlich werden Rechner noch entsprechend ihres Leistungsvermögens in

- Mikrorechner (Taschenrechner, Personalcomputer),
- Mini- oder Kleinrechner (Workstations etc.) und
- Großrechner

gegliedert. Bild 2.1. zeigt die Rechenleistung in Millionen Instruktionen pro Sekunde (MIPS) der verschiedenen Rechnerklassen und deren Steigerung im Laufe ihrer Entwicklung. Die gestrichelten Linien zeigen prognostizierte Steigerungen über das Jahr 1987 hinaus.

Da die Leistungsfähigkeit eines Rechners nicht allein durch eine, sondern nur durch mehrere Kenngrößen beschrieben werden kann, ist ein Leistungsvergleich von Rechnern nur näherungsweise möglich. Als die Leistungsfähigkeit von Digitalrechnern im wesentlichen charakterisierenden Kriterien gelten:

- die Datenverarbeitungsgeschwindigkeit von Rechnern, gemessen in kilo-operationen pro Sekunde (KOPS) oder Million Instruktion pro Sekunde (MIPS),
- die Wortlänge (Bit) und
- die maximal nutzbare Hauptspeicherkapazität eines Rechners.

In der Vergangenheit sind die Leistungsdaten der einzelnen Rechnerklassen infolge der ständig zunehmenden Miniaturisierung elektronischer Schaltkreise und sinkender Herstellkosten enorm gestiegen. Rechner späterer Generation niedriger Leistungsklassen haben die Rechner vorangegangener Generation überholt. Weitere Miniaturisierung und neue Rechnerarchitekturen (Parallelverarbeitung, Parallelspeicher u. a.) werden in Zukunft weitere Leistungssteigerungen ermöglichen. Deshalb werden sich diese Steigerungen verschiedener Leistungsdaten von Rechnern auch in Zukunft noch fortsetzen, wie dies Bild 2.1 prognostiziert.

Das Zeichnen und Konstruieren mit Rechnern ist durch große Mengen zu verarbeitender Daten gekennzeichnet. Der CAD-Anwender wünscht sich und braucht CAD-Systeme mit kurzen Antwortzeiten, er braucht ferner „offene Systeme", welche durch eigene CAD-Programme ergänzt oder zu speziellen, firmenspezifischen Programmen ausgebaut werden können. Aufgrund dieser Forderungen konnten sich in der mittelständischen Industrie in der Vergangenheit weder Großrechnerkonzepte noch schlüsselfertige Systeme durchsetzen. Für die überwiegende Mehrheit der Anwender sind Mini-Rechner, und in neuerer Zeit Workstation-Konzepte mit „offenen CAD-Softwaresystemen", die in technischer und wirtschaftlicher Hinsicht günstigsten Lösungen. Diese bezüglich Rechnerleistung ausbaufähigen Systeme sind mehrbenutzerfähig und flexibel bezüglich anschließbarer CAD-Arbeitsplätze. CAD-Hardwaresysteme für kleine oder mittelständische Unternehmen bestehen meist aus folgenden Komponenten:

- Rechnereinheit mit 1 bis 4 MB Arbeitsspeicherkapazität;
- Magnetplatte 500 MB Speicherkapazität;
- Magnetbandgerät;
- DIN A0-Plotter;
- 1 bis 4 CAD-Arbeitsplätze;
- weitere alphanumerische Terminals;
- 1 Drucker.

Bild 2.2.2 zeigt exemplarisch einen solchen CAD-Arbeitsplatz mit Bildschirm, Tastatur und Tableau. Letzteres dient auch als Befehlstableau; ein Digitalisierungstableau (Digitizer) kann sowohl als Menuetableau, als auch als Digitalisierer genutzt werden.

Das Antwortzeitverhalten solcher CAD-Mini-Rechnersysteme sinkt mit der Zahl der Arbeitsplätze rasch ab.

In neuerer Zeit bietet die Industrie sogenannte CAD-Workstations an, eine sehr preiswerte Alternative zu o. g. CAD-Minirechner-Konzepten. Die Leistungsfähigkeit einer Workstation ist geringer als die eines Minirechnersystems. Eine Workstation ist ein selbständiges Ein-Platzsystem, bestehend aus einer Zentraleinheit, Magnetplatte, Diskette, graphischem Bildschirm und mit Anschlußmöglichkeiten für Menuetableau, Drucker, Plotter und an weitere Rechner bzw. Rechnernetze.

Da das Preis/Leistungsverhältnis von Workstations gegenüber Minicomputersystemen sehr günstig ist, bieten Workstations für viele Unternehmen sehr günstige Voraussetzungen zur Einführung von CAD-Systemen. Möglicherweise werden in Zukunft auch vernetzte Workstations-Systeme Bedeutung erlangen.

5 Betriebssysteme

Wie in einem Unternehmen, so müssen auch die Vorgänge in einem Rechner organisiert und gesteuert werden. Diese Organisation und Steuerung der rechnerinternen Abläufe übernimmt das sogenannte Betriebssystem. Es organisiert Tätigkeiten, von der Annahme eines eingetippten Befehls bis hin zu einzelnen Rechenoperationen oder physikalischen Speichervorgängen. Ähnlich wie bei Großunternehmen, so lassen sich auch bei Betriebssystemen hierarchisch unterschiedliche Organisations- bzw. Tätigkeitsebenen feststellen. „Oberste Kommandostelle" ist der Benutzer, „unterster Befehlsempfänger" sind einzelne Flip-Flop-Speicherzellen u. ä. Elemente. Betriebssysteme werden in Rechnersystemen teils mit Hilfe von Hardware, teils mittels Software realisiert.

Sinn und Zweck von Rechner-Betriebssystemen lassen sich sehr anschaulich anhand einfacher Benutzer-Beispiele verdeutlichen: Wenn jemand an der Tastatur eines Rechners den Befehl „Uhrzeit" eintippt, so erscheint die aktuelle Uhrzeit auf dem Bildschirm.

Wer nach der Uhrzeit fragt, hat sicherlich nicht das Gefühl, etwas sehr Schwieriges von einem Rechner zu verlangen. Dennoch setzt diese einfache Anfrage eine Folge vieler Aktivitäten in Gang, die zahlreiche Betriebsmittel der System-Soft-

und -Hardware in Aktion treten lassen. Verantwortlich für die folgerichtige Bereitstellung und Koordination der Vorgänge ist das Betriebssystem. Es stellt Mittel und Dienste zur Verfügung, wie sie zum Betrieb nahezu jeder Art von Anwendersoftware benötigt werden.

Was muß im einzelnen geschehen, um die Frage nach der Uhrzeit zu beantworten? Wenn ein Zeichen getippt ist, übermittelt die Tastatur einen Code an den Rechner, dort wird er von einem Schaltkreis empfangen, der eigens für die Kommunikation mit dem peripheren Gerät „Tastatur" eingerichtet ist. Der Schaltkreis speichert das angekommene Zeichen in einem Pufferspeicher und sendet seinerseits ein Zeichen an den Zentralprozessor. Der Zentralprozessor ruft und aktiviert seinerseits ein Programm zum Betrieb des Terminaltreibers, um mit diesem weitere Informationen zu erzeugen und übergeben (rückmelden) zu können. Dieser bestätigt zunächst das erhaltene Zeichen, indem es dieses wieder zurücksendet und es auf dessen Bildschirm erscheinen läßt. Der Benutzer weiß nun, daß der Rechner das eingetippte Zeichen empfangen hat.

Sobald der Rechner auch noch das Zeichen „Befehl-Ende" erhält, das ihm anzeigt, daß die Befehlseingabe abgeschlossen ist, aktiviert der Terminaltreiber ein weiteres Programm, welches die Wünsche des Benutzers aufzunehmen vermag. Dieses liest die einzelnen Zeichen des Wortes „Uhrzeit" aus dem Tastatur-Pufferspeicher, sucht auf einem Magnet-Plattenspeicher nach einem Programm Namens „Uhrzeit", lädt dieses Programm in den Arbeitsspeicher und startet es. Das Uhrzeitprogramm fragt nun einen in den Rechner eingebauten Uhrzeitgenerator (Uhr) ab, der zu einem bestimmten Zeitpunkt gestartet wurde und seither die Zeit zählt. Aus dieser Zeitdauer errechnet sich das Programm die aktuelle Uhrzeit, formuliert das Ergebnis in eine gebräuchliche Uhrzeit-Zeichenfolge um. Die Uhrzeit-Zeichenfolge wird dem Terminaltreiber-Programm übergeben. Dieses übermittelt den Binärcode für jedes Zeichen dem Terminal, so daß die Uhrzeit-Zeichenfolge schließlich auf dem Bildschirm erscheint.

Jeder der geschilderten Vorgänge ließe sich genaugenommen noch detaillierter beschreiben. So muß z.B. das „Wünsche annehmende Programm", bevor es das Uhrzeitprogramm laden kann, zuerst ein Programmverzeichnis durchsuchen, um herauszufinden, wo dieses Programm auf der Magnetplatte zu finden ist; und auch dieses Verzeichnis muß vorher von der Magnetplatte gelesen werden. Ferner ist der Lesekopf an die zu lesende Stelle der Platte zu „steuern". Dem gesuchten und gefundenen Programm ist ein Platz im Arbeitsspeicher zuzuweisen. Später muß der Programmplatz im Arbeitsspeicher wieder freigegeben werden.

Die Ereignisfolge ist dann noch wesentlich komplizierter, wenn in einem Rechner im Time-Sharing-Betrieb mehrere Programme gleichzeitig laufen. In diesen Betriebsfällen wird der Lauf eines Programmes zeitweilig unterbrochen, während der Zentralprozessor ein anderes Programm bearbeitet. Danach muß das erste Programm exakt an der Stelle weiterlaufen, an der es unterbrochen wurde u.a.m. [53].

Hierarchische Gliederung
Wie das vorhergehende Beispiel gezeigt hat, bedarf es zur Bewältigung einfacher Datenverarbeitungsprozesse bereits einer großen Zahl von Befehlen, Operationen und letztlich Aktivitäten vieler elektronischer Schaltelemente. In der Praxis kann

ein einzelnes Benutzer-Kommando mehrere Betriebssystem-Programme aufrufen, diese können ihrerseits tausende von Prozeduren und diese Millionen von Schaltkreis-Statusänderungen zur Folge haben. Um diese „Millionen von Arbeitern" bzw. Schaltkreise (Flip-Flop) Speicherzellen etc. eines Rechners sinnvoll zu steuern, bedarf es hierarchischer Organisationsformen, ähnlich jener, wie man sie zur Steuerung von Mitarbeitern großer Unternehmen kennt. Die Organisation und Steuerung der Arbeit mehrerer Sachbearbeiter eines Unternehmens legt man in die Hand eines Laborleiters, die Steuerung mehrerer Labors samt ihrer Leiter überträgt man einem Abteilungsleiter, die Arbeiten mehrere Abteilungen werden wiederum unter der Leitung eines Hauptabteilungsleiters usw., zusammengefaßt.

Betriebs-Programmsysteme, mit welchen der Benutzer seine Anweisungen dem Rechner ohne weitere Zwischenträger übergeben kann, gelten als solche höchster Hierarchiestufe.

Im Laufe der Entwicklung der Datenverarbeitungstechnik wurden Betriebssysteme mit immer mehr Hierarchieebene entwickelt. Während Rechner der 1. Generation nur wenige Hierarchiestufen hatten, verwenden neuere Rechner solche mit zwölf und mehr Hierarchiestufen (Bild 2.5.1). Je größer ein Unternehmen wird, desto größer wird auch die Zahl der notwendigen Hierarchiestufen zu dessen Verwaltung. Dies gilt analog auch für EDV-Systeme, wie die folgenden Ausführungen noch erläutern werden.

Die unterste bzw. *1. Hierarchiestufe* eines Betriebssystemes wird physikalisch durch einzelne Funktionselemente realisiert, wie z.B. Flip-Flop-Schaltkreise, Spei-

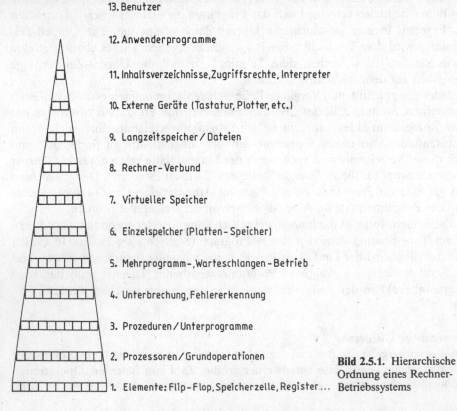

13. Benutzer

12. Anwenderprogramme

11. Inhaltsverzeichnisse, Zugriffsrechte, Interpreter

10. Externe Geräte (Tastatur, Plotter, etc.)

9. Langzeitspeicher / Dateien

8. Rechner-Verbund

7. Virtueller Speicher

6. Einzelspeicher (Platten-Speicher)

5. Mehrprogramm-, Warteschlangen-Betrieb

4. Unterbrechung, Fehlererkennung

3. Prozeduren / Unterprogramme

2. Prozessoren / Grundoperationen

1. Elemente: Flip-Flop, Speicherzelle, Register ...

Bild 2.5.1. Hierarchische Ordnung eines Rechner-Betriebssystems

cherzellen, Register (u. a.). Operationen dieser Hierarchiestufe sind z. B. das Beschreiben, Lesen oder Löschen einzelner oder bestimmter Gruppen von Elementen.

Die *2. Hierarchiestufe* besteht aus „Miniprogrammen" (Prozessoren) zur Steuerung einzelner oder Gruppen von Elektronik-Elementen, so daß mit diesen bestimmte Grundoperationen, wie z. B. Addieren, Subtrahieren, Vergleichen oder Speichern von Zahlenwerten, durchgeführt werden können. Prozessoren werden per Hardware realisiert.

Stufe 3 besteht im wesentlichen aus sogenannten Prozeduren, d. h. eigenständige, umfangreiche Unterprogramme, die von Benutzerprogrammen aufgerufen werden können und die Ausführung anschließend wieder an die Stelle des Benutzerprogrammes zurückgeben, von dem sie aufgerufen werden. Solche Unterprogramme können beispielsweise Programme zur Überprüfung, ob bestimmte Dateien vorhanden sind, zum Kopieren von Dateien oder Formatieren von Massenspeichern sein (u. a.).

Mit einem Betriebssystem, das nur aus den Stufen 1 bis 3 besteht, vermag man keinerlei Fehler bei der Datenverarbeitung festzustellen, auch können Programmläufe nicht unterbrochen werden. Will man Programmläufe bei auftreten von Fehlern unterbrechen und manuell eingreifen, einfache formale Fehler erkennen und melden, Prozessoren veranlassen, ihren augenblicklichen Prozeßstand zu sichern u. a. m., dann bedarf es einer weiteren *4. Hierarchiestufe*. Diese ist durch folgende wesentlichen Fähigkeiten gekennzeichnet:

- Erkennung einfacher formaler Fehler und Fehlerdiagnostik,
- Unterbrechung des Programmlaufs sowie Prozeßstandsicherung und
- manuelles Eingreifen ermöglichen.

Im Laufe ihrer Entwicklung wuchs die Leistungsfähigkeit der Rechner so enorm, daß es möglich wurde, Rechner an zwei oder mehreren Programmen „gleichzeitig" (simultan) arbeiten zu lassen. Vom Rechner im sogenannten „Time-Sharing-Betrieb" technisch mehrere Programme „gleichzeitig" bearbeiten zu lassen, bedarf es jedoch einer 5. Hierarchie- oder „Kommando-Ebene". In dieser *5. Stufe* sind zwei Steueraufgaben zu lösen, und zwar zum einen das beliebige Aussetzen eines Programmlaufs und dessen Wiederaktivieren, zum anderen das Synchronisieren von Prozessen. Damit man einen Prozeß an beliebiger Stelle aussetzen und an dieser Stelle später wieder fortsetzen kann, bedarf es einer Datenstruktur („Statuswort"), mit deren Hilfe man sämtliche Inhalte der Register im Zentralprozessor mit Hilfe einer Schaltoperation speichern kann. Wenn ein Programmlauf unterbrochen werden soll, werden mittels der Schaltoperation die Registerwerte ins „Statuswort" kopiert. Bei einer späteren Wiederaufnahme des Programmlaufes werden die Register auf ihre früheren Werte gesetzt und der Prozeß fortgesetzt.

Bei der Bearbeitung komplexerer Programme und paralleler Programmteilbearbeitung gibt es auch Prozeßteile, die voneinander abhängen, d. h. die Bearbeitung mancher Programmteile ist erst möglich, wenn bestimmte Resultate anderer Prozeßteile vorliegen. So kann z. B. ein Programm die Resultate zweier parallel vorhergehender Berechnungsvorgänge benötigen, welche beide unterschiedlich lang dauernder Rechenläufe bedürfen. Es muß für solche Fälle des Mehr-Prozeß-Betriebes Möglichkeiten geben, Teilprozesse zu synchronisieren bzw. ein Programm warten zu lassen, bis ein oder mehrere andere signalisieren, daß sie fertig sind. Hat man mehr als zwei Teilprozesse zu synchronisieren, so ist diese Aufgabe mit „Warten lassen" allein nicht zu lösen, vielmehr müssen die Resultate der einzelnen Teilprozesse in eine entsprechende „Warteschlange" gebracht, zu gegebener Zeit reihenfolgerichtig von dort abgerufen und der Prozeß fortgesetzt werden.

Zur Lösung dieses Warte- und Zuordnungsproblems hat man unter dem Begriff „Semaphor" ein System geschaffen, dessen Arbeitsweise einem Eisenbahnsignalsystem ähnelt. Man kann sich die Resultate der verschiedenen Prozeßteile auf unterschiedliche „Schienen" ankommend vorstellen. Diese haben „Signale" zu passieren, welche auf rot (warten) oder grün (passieren) stehen können. Zur Steuerung der einzelnen „Signale" bedarf es Instruktionen, welche festlegen, welches Teilergebnis zuerst und welches danach passieren darf, d.h. das „Tor" auf „Warten" oder „Passieren", schaltet [53].

Stufe 6 der Betriebssystem-Hierarchie organisiert den Zugriff zu den verschiedenen Speichermedien eines Rechnersystems. Hierzu zählen auch Programmsysteme zur Positionierung des Schreib-Lese-Kopfes eines Plattenspeichers. Programme höherer Hierarchiestufen geben an, wo sich ein bestimmter Datenblock auf der Platte befindet und ordnen mehrere Datenanforderungen in eine Warteschlange des Plattenspeichers.

Ein wesentlicher Fortschritt bei der Rechnerentwicklung war die Einführung des „virtuellen Speichers". Unter „virtuellen Speichern" versteht man die Erweiterung des Hauptspeichers eines Rechners mittels peripherer Speichergeräte, insbesondere mit Hilfe von Plattenspeichern. Reicht die Kapazität des Hauptspeichers für die Bearbeitung eines umfangreichen Programmsystems nicht aus, werden Programmteile, die selten oder momentan nicht benötigt werden, in den Plattenspeicher ausgelagert, um zu gegebener Zeit andere Teile auszulagern, um die erstgenannten Programmteile wieder in die Hauptspeicher einzubringen. Dies kann in der Praxis so rasch geschehen, daß der Benutzer die Verzögerungen nicht gewahr wird und den Eindruck gewinnt, einen entsprechend großen Hauptspeicher zur Verfügung zu haben.

Aufgabe der Programmsysteme der *7. Stufe* ist die Verwaltung des „virtuellen Speichers". Durch eine geschickte Verwaltung der Systeme Haupt- und periphere Speicher entsteht beim Benutzer der Eindruck, ein Hauptspeicher sei großgenug, ein Programmsystem und Datenmengen aufzunehmen, für welche dieser eigentlich viel zu klein ist. Die im Zusammenhang mit einer reibungslosen Virtuellen-Speicher-Verwaltung zu lösenden Detailaufgaben sind beachtlich, so kann die Zahl der Speicheradressen „nahezu beliebig groß" sein. Wenn zwei Programme gleichzeitig laufen, welche gleiche Speicheradressen benutzen, dürfen diese keine Konfusion im Rechensystem verursachen, das Betriebssystem übersetzt zu diesem Zweck jede virtuelle Adresse erst in eine Hardware-Adresse. Scheitert ein Datenverarbeitungsprozeß, weil hierzu notwendige Programmteile oder Informationen nicht im Hauptspeicher sind, muß das Betriebssystem der Stufe 7 die entsprechenden Teile aus dem Plattenspeicher in den Hauptspeicher holen. Zuvor muß es möglicherweise im Hauptspeicher erst Platz schaffen. Der angeforderte Prozeßteil muß so lange angehalten werden, bis die verlangten Informationen im Hauptspeicher vorhanden sind u.a.m.

Die Programmsysteme der *8. Stufe* dienen zur Steuerung der Kommunikation zwischen verschiedenen Rechnersystemen und Programmsystemen. Hilfsmittel zum Datenaustausch zwischen unterschiedlichen Systemen sind sogenannte Pipes (Röhren). Eine „Pipe" ist ein Speicher, in den von einer Seite Daten eingegeben, dort gespeichert werden können und diese von der anderen Seite wieder abgerufen werden können. Datenein- und -ausgang haben einen Datenzähler. Wird eine bestimmte Zahl von Daten abgerufen, geschieht dies erst, wenn tatsächlich alle Daten in der „Röhre" auch vorhanden sind. Mehrere Röhren in einem System bieten die Möglichkeit des „Rundum-Datenaustausches" (Rundrufeinrichtung). Für alpha-numerische Daten lassen sich solche Röhren relativ einfach realisieren, für den Austausch geometrischer Daten ist dieses mit erheblichen Problemen verbunden.

Der Betrieb und die Verwaltung von Langzeit-Datendokumentationen (Dateisysteme) benötigt eine weitere, *9. Hierarchiestufe*. Aufgabe der Programme der 9. Stufe ist es, sehr umfangreiche Dateien variabler Länge, welche möglicherweise über unzusammenhängende Plattensektoren oder unterschiedliche Speichermedien verteilt sind, anzulegen, Daten zu ordnen und wiederzufinden sowie zu untersuchen. Zur Untersuchung von Daten müssen diese in den virtuellen Speicher kopiert werden.

Programme der *Hierarchiestufe 10* steuern die Zugriffe auf externe Datengeräte, wie Ein-Ausgabegeräte, Bildschirm, Drucker, Zeichengeräte u. a. Zur Bewältigung dieser Aufgabe können Unterprogramme des Typ „Pipe" (Stufe 8) genutzt werden.

Stufe 11 verwaltet die Hierarchie der Inhaltsverzeichnisse, in denen alle Soft- und Hardware-Objekte katalogisiert sind, die zu einem Betriebssystem gehören, wie externe Geräte, Speicherzellen, Grundoperationen, die Inhaltsverzeichnisse selbst und vieles andere mehr. Im wesentlichen bestehen diese Programme der *Stufe 11* aus einem Ordnungs- und Suchsystem bzw. einer Tabelle, welche dem externen Benutzer-Namen eines Objektes einen internen Namen (Ordnungsschema) zuweist, der vom Betriebssystem zum Ordnen und Suchen benutzt wird. Die Stufe 11 eignet sich auch besonders zur Anlage des „Daten-Schließfachsystems". Deshalb finden sich in dieser Ebene die Regelungen, „wer auf welche Daten zugreifen darf und wer nicht", „welche Daten von wem gelöscht werden dürfen" usw.

Stufe 12 repräsentiert die Ebene der Anwenderprogramme. Anwender- oder Benutzerprogramme sind in höheren Programmiersprachen geschrieben. Diese müssen zu ihrer weiteren Bearbeitung durch den Rechner für diesen interpretiert werden. Interpreter höherer Programmiersprachen übermitteln die Vorstellungen (Anweisungen) des Benutzers an das übrige Betriebs- bzw. Rechnersystem. Zur „obersten Stufe" zählen auch die „Wünsche entgegennehmenden Programme", welche die Befehle der Tastatur bzw. Mensch-Maschine-Schnittstellen verstehen und alle weiteren notwendigen Verbindungen zu anderen Systemen herstellen [53].

Auf der obersten Stufe „steht der Benutzer". Er braucht im Idealfall das Wissen über das Betriebssystem nicht zu haben, um sich ausschließlich seinen Programmentwicklungsproblemen zu widmen. Jedes Programm einer höheren Stufe kann Programme niedriger Hierarchiestufen aufrufen und sich deren Dienste bedienen.

Bild 2.5.1 soll diese unterschiedlichen „Kommando-Ebenen" eines Betriebssystems noch veranschaulichen.

6 Mathematische Grundlagen

Für das Verständnis der Datenverarbeitung in Rechnern sind einige mathematische Grundlagenkenntnisse sehr wichtig. Hierzu zählen die Kenntnisse über verschiedene Zahlensysteme und die Rechentechnik von Datenverarbeitungsanlagen. Diese sollen für den wenig geübten Leser im folgenden zusammengefaßt werden, der kundige Leser mag dieses Kapitel überschlagen.

Zahlensysteme

Wie bereits in vorangegangenen Kapiteln ausgeführt, vermögen Digital-Rechner Daten nur numerisch zu verarbeiten. Aus diesem Grunde spielen Zahlensysteme eine wichtige Rolle für das Verständnis der Arbeitsweise von Rechnern. Von besonderem Interesse sind in diesem Zusammenhang das dezimale- und das duale Zahlensystem. Vielleicht gibt es in Zukunft neben Rechnern mit dualen bzw. binären auch solche mit drei oder mehr diskreten Speicherzuständen, dann würden auch trinäre oder höherwertige Zahlensysteme noch von Interesse sein.

Wie kann man mit Zahlensystemen operieren, wie lassen sie sich ineinander überführen, wie lassen sich mit ihnen die verschiedenen Grundrechenarten durchführen? Diese Fragen sollen im folgenden behandelt werden.

Dezimalsystem

Für ein generelles Verständnis unterschiedlicher Zahlensysteme ist es vorteilhaft, zunächst das geläufigste, das dezimale Zahlensystem zu betrachten, um von diesem ausgehend Analogien zu anderen Systemen zu erkennen. Das Dezimalsystem benutzt die Basis $B = 10$. Eine Besonderheit von Stellenwertsystemen ist ihre einfach handhabbare Stellenschreibweise. Bekanntlich bedeutet die Schreibweise 4708 im Dezimalsystem:

$$4708 = 4 \times 1000 + 7 \times 100 + 0 \times 10 + 8 \times 1$$

Der Wert der Ziffern hängt von ihrer Stellung innerhalb der Zahl ab. Ihr Wert nimmt von links nach rechts von Stelle zu Stelle um den Faktor 10 zu. Man kann zwischen zwei Schreibweisen von Zahlen unterscheiden, und zwar: einer Stellen- und einer Potenzschreibweise

Stellenschreibweise   Potenzschreibweise
4708 $4 \times 10^3 + 7 \times 10^2 + 0 \times 10^1 + 8 \times 10^0$

Numeriert man also die Stellenzahl von rechts nach links mit 0, 1, 2, ... n, so gibt der Exponent der 10-er Potenz die Stelle der Ziffer an, die vor dieser Zehner-Potenz steht. So besagt beispielsweise die Schreibweise 4×10^3, die Ziffer 4 steht an Stelle Nr. 3 der Stellenschreibweise einer Zahl.

Entsprechend läßt sich allgemeiner formulieren: Eine beliebige ganze Dezimalzahl z mit $n + 1$ Stellen lautet in Stellenschreibweise:

$$z = b_n \, b_n - 1 \ldots b_2 \, b_1 \, b_0$$

und in der Potenzschreibweise

$$z = b_n \, 10^n + b_n - 1^{10^{n-1}} \ldots b_1 \, 10^1 + b_0 \, 10^0$$

Hierbei ist b_0 bis b_n jeweils eine der Ziffern 0 bis 9 des Dezimalsystems.

Dual-System und andere Zahlensysteme

In der Schule lernen und im Alltag und benutzen wir fast ausschließlich das dezimale Zahlensystem. Maß-, Gewichts-, Währungs- und Werkzeugsysteme sind in den meisten Ländern Dezimalsysteme. Neben dem dezimalen Zahlensystem gibt es noch einige andere Zahlensysteme, welche für bestimmte Aufgaben besser geeignet sind. Da sich aufgrund physikalischer Gegebenheiten binäre Datenspeicherelemente besonders vorteilhaft realisieren lassen, ist es naheliegend, in EDV-Anlagen mit dem dualen Zahlensystem zu arbeiten. Der Begriff „Binär-System" ist als Oberbegriff zu verstehen, der sich auf die Darstellungsweise und nicht auf den Aufbau eines Zahlensystems bezieht. Zahlensysteme werden jeweils entsprechend ihrer Basiszahl B benannt, so z. B.:

B = 2 Dual-System	B = 8 Oktal-System
B = 3 Trinär-System	B = 10 Dezimal-System
B = 5 Quinär-System	B = 16 Hexadezimal-System

Die Dualzahl 1101 würde in Potenzschreibweise lauten:

$$Z_{(2)} = 1101 = 1 \times 2^3 + 1 \times 2^2 + 0 \times 2^1 + 1 \times 2^0$$

Diese Dualzahl entspricht der Dezimalzahl 13. Die Dezimalzahl 13 als Oktalzahl geschrieben lautet:

$$Z_{(8)} = 15 = 1 \times 8^1 + 5 \times 8^0$$

Dezimal-System			Dual-System					Oktal-System		Hexa-Dezimal-System	
10^2	10^1	10^0	2^4	2^3	2^2	2^1	2^0	8^1	8^0	16^1	16^0
		0					0		0		0
		1					1		1		1
		2				1	0		2		2
		3				1	1		3		3
		4			1	0	0		4		4
		5			1	0	1		5		5
		6			1	1	0		6		6
		7			1	1	1		7		7
		8		1	0	0	0	1	0		8
		9		1	0	0	1	1	1		9
	1	0		1	0	1	0				A
	1	1		1	0	1	1	1	2		B
	1	2		1	1	0	0	1	3		C
	1	3		1	1	0	1	1	4		D
	1	4		1	1	1	0	1	5		E
	1	5		1	1	1	1	1	6		F
	1	6	1	0	0	0	0	1	7	1	0
	1	7	1	0	0	0	1	2	0	1	1
	1	8	1	0	0	1	0	2	1	1	2
	1	9	1	0	0	1	1	2	2	1	3
.	.	.	.	.	.	.	.	.	.	.	.
.	.	.	.	.	.	.	.	.	.	.	.
.	.	.	.	.	.	.	.	.	.	.	.

In der Tabelle (S. 43) sind die Dezimalzahlen 1 bis 19 aufgeführt, wie diese in dualen und hexadezimalen Zahlensystemen darzustellen sind. Im Zusammenhang mit dem Digital-Rechner gewannen das duale und das hexadezimale Zahlensystem an Bedeutung. Das hexadezimale baut auf der Basis B = 16 auf.

Das Hexadezimal-Alphabet muß man sich aus 16 unterschiedlichen Ziffernzeichen gebildet denken. Da wir vom dezimalen Zahlensystem nur zehn Ziffern kennen, wurden in der nebenstehenden Tabelle noch 6 weitere (A, B, C, D, E, F) für die Ziffern (10, 11, 12, 13, 14, 15) „dazu erfunden", diese haben sinngemäß nichts mit den Buchstaben A, B ... usw. zu tun. Hexadezimale-Zahlensysteme sind deshalb für die Rechneranwendung von besonderem Vorteil, weil man mit 4 Bit insgesamt $2^4 = 16$ unterschiedliche Zeichen darstellen kann, und Rechner-Wortstrukturen meist aus einer Anzahl von Bits gebildet werden, die ein Mehrfaches von 16 sind (16-, 32-, 64 bit); so können Leer- oder Pseudozeichen vermieden werden. Das Dual-Alphabet hat nur 2 Zeichen, die Null (0) und die Eins (1).

Beachtet man in der obenstehenden Tabelle die Dualdarstellungen der Dezimalzahlen 2, 4, 8, 16, so stellt man fest, daß eine Verschiebung einer Dualzahl um eine Stelle nach links oder nach rechts jeweils eine Verdopplung bzw. Halbierung der Ausgangszahl bewirkt.

Eine Verschiebung einer Dualzahl um i Stellen nach links oder rechts bedeutet eine Multiplikation bzw. Division mit der Zahl 2^i. In Rechnern können somit einfache Verschiebebefehle Multiplikationen bzw. Divisionen mit Faktor 2 bewirken. Beispielsweise geschieht die Multiplikation mit der Zahl 4 ($= 2^2$) durch Verschieben um i = 2 Stellen nach links

dezimal: $8 \times 4 \quad = 32$
dual: $1000 \times 100 = 100\,000$.

Das Dual-System ist ein Zahlensystem mit der Basis B = 2. Die einzelnen Stellen einer dualen Zahl können in Potenzschreibweise mittels 2-er Potenzen gebildet werden.

Sind beispielsweise die Dezimalzahlen 7 und 5 zu addieren, so läßt sich die Addition dieser beiden Zahlen im Dualsystem wie folgt durchführen

0 111   (7)
0 101   (5)
1 100   (12)

Die Additionsregeln für Zahlen in dualer Schreibweise lauten:

$0+0 = 0$; $0+1 = 1$; $1+0 = 1$; $1+1 = 0$ und Übertrag 1.

In Form einer Wertetafel geschrieben lautet dieser Sachverhalt:

A	B	S	Ü
0	0	0	0
0	1	1	0
1	0	1	0
1	1	0	1

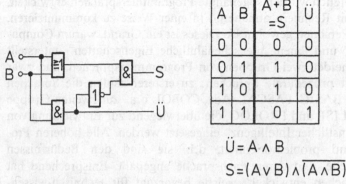

A	B	A+B =S	Ü
0	0	0	0
0	1	1	0
1	0	1	0
1	1	0	1

$$Ü = A \wedge B$$
$$S = (A \vee B) \wedge \overline{(A \wedge B)}$$

Bild 2.6.1. Logik-Schaltung eines Halb-Addierers für duale Zahlen

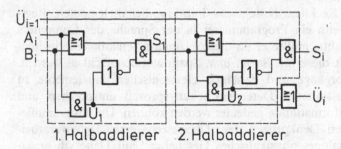

1. Halbaddierer   2. Halbaddierer

Bild 2.6.2. Logik-Schaltung eines Voll-Addierers für duale Zahlen

Mit A bzw. B sollen hierbei die zu addierenden Ziffern, mit S die Summe dieser Ziffernwerte und mit Ü der Übertragswert bezeichnet werden.

Aus dieser Wertetafel lassen sich für die Addition dualer Ziffern folgende logische Funktionen für S und Ü angeben:

$$S = (A \vee B) \wedge \overline{(A \wedge B)}$$
$$Ü = A \wedge B$$

Die entsprechende logische Schaltung eines Teil-Addierers (1. Halbaddierer) zeigt Bild 2.6.1.

Man benötigt die gleiche Stufe nochmals, um einen Übertrag, der aus einer vorangehenden Ziffernaddition herrührt, hinzuaddieren zu können. Ein Übertrag kann aus der vorhergehenden „1. Zahlenadditionsstelle" oder aus dem 1. Halbaddierer der 2. Additionsstelle kommen. Bild 2.6.2 zeigt eine vollständige Schaltung zur Addition von zwei einstelligen Dualziffern.

7 Programmiersprachen

Mit Rechnern in deren Sprache zu verkehren, ist sehr mühsam, weil diese nur Zeichen verstehen, welche aus „Nullen und Einsen" zusammengesetzt sind. Die Sprache eines Rechners muß aus diesem und anderen Gründen anders sein, als eine natürliche Sprache. Folglich wurden sogenannte Programmiersprachen entwickelt, die es ermöglichen, mit Rechnern annähernd in einer Weise zu kommunizieren, wie man es zwischen Personen gewohnt ist. Dieses ist ein Grund, warum Computer oft „personifiziert" und ihnen „menschenähnliche Eigenschaften" unterstellt werden. Man unterscheidet zwei Gruppen von Programmiersprachen, und zwar prozedurale und nicht prozedurale Sprachen; zu ersterer zählen die Sprachen ALGOL, FORTRAN, BASIC, PASCAL, Ada, COBOL u. a., zur zweiten Gruppe zählen beispielsweise LISP und PROLOG, die überwiegend zur Entwicklung von Programmen mit „Künstlicher Intelligenz" eingesetzt werden. Alle höheren Programmiersprachen sind problemorientiert, d.h. sie sind den Bedürfnissen bestimmter Fachbereiche, und deren Fachsprache angepaßt. Entsprechend hat man Programmiersprachen entwickelt, welche bevorzugt für technisch-wissenschaftliche Aufgaben und solche welche besser für kommerzielle Datenverarbeitungsaufgaben geeignet sind.

Die Hardware eines Rechners besteht aus Flip-Flop-Schaltelementen, Registern, Addierern usw. Wenn ein Programmierer in der Sprache des Computers mit diesem verkehren wollte, müßte er an diese Elemente Schaltbefehle in logischer Folge geben, damit diese mit Strom bzw. Spannung beaufschlagt werden, um so physikalische Vorgänge und Zustände elektronischer Bauelemente zu erzeugen, die einem bestimmten Datenverarbeitungsprozeß entsprechen und letztlich als bestimmte Informationen gedeutet werden können. Um Programmierern diesen anstrengenden Denkprozeß des „Übersetzens eines Datenverarbeitungsprozesses in ein analoges physikalisches Geschehen" auf Dauer zu ersparen, hat man Programmiersprachen unterschiedlicher Hierarchieebenen entwickelt, welche diese Art von „Übersetzungsarbeit" zwischen Mensch und Maschine automatisch durchführen können. Die sogenannten „höheren Programmiersprachen" ermöglichen dem Programmentwickler, in seinen Kategorien und nicht in jenen des Rechners zu denken. Weil man dieses Übersetzen von Informationen der Form, wie sie der Mensch benutzt, in jene Form, wie sie von Rechnern verstanden werden, wegen der Anpassung an unterschiedliche Rechnertechniken nicht in einem Schritt durchzuführen vermag, benötigt man zwischen der Sprachebene des Menschen und jener der Maschine meist noch eine weitere technische Sprachebene (Assembler-Sprachebene). Systeme, die diese Übersetzungsarbeiten zu leisten vermögen, weden „Assembler" (Programme zur Übersetzung einer symbolischen Maschinensprache in eine binäre maschinenspezifische Darstellung) genannt.

Die Zahl der Programmiersprachen und ihrer Dialekte geht in die Hunderte, die Zahl der natürlichen Sprachen und ihrer Dialekte ist noch größer. Jede Programmiersprache hat nicht nur ihre eigene, charakteristische Grammatik und Syntax, sondern auch ihre eigene Art, Informationen auszudrücken. Der Grund für die Vielzahl von üblichen Programmiersprachen liegt darin, daß man Aufgaben aus unterschiedlichen Fachgebieten, wie beispielsweise wissenschaftliche Berechnungen der Mechanik oder des kaufmännischen Bereiches mit unterschiedlichen, der jeweiligen Problematik speziell angepaßten Sprachen sehr viel günstiger lösen kann, als mit einer für alle Aufgaben geeigneten, universellen Programmiersprache. Analoges gilt ja auch für natürliche Sprachen, man denke beispielsweise an die Sprache der Poesie und jene der Mathematik. Entsprechend wird verständlich, daß sich mit unterschiedlichen Programmiersprachen aus ein und demselben Rechner, Rechner mit sehr unterschiedlichen Eigenschaften machen lassen.

Im Prinzip wäre es mit jeder Programmiersprache möglich, die Mehrzahl von Aufgaben für Rechner zu formulieren. Eine bestimmte Aufgabe läßt sich jedoch mit der einen Sprache bequemer und mit einer anderen nur sehr viel umständlicher programmieren. Im folgenden soll auf die Entwicklung von Programmiersprachen eingegangen und bekannte Programmiersprachen kurz vorgestellt werden.

Entwicklung von Programmen und Programmiersprachen

Betrachtet man zunächst eine einfache Aufgabe, so z.B. die Entwicklung eines Programmes zum Zeichnen eines 6-Ecks. Um einem Rechner (mit Zeichengerät) in die Lage zu versetzen, ein 6-Eck zu zeichnen, müßte man ihm beispielsweise folgende Einzelanweisungen geben bzw. folgende erste Programmversion vermitteln:

- bringe in Position (gemeint ist ein Zeichenstift)
- senke ab
- marschiere 100 links 60
- marschiere 100 links 60
- marschiere 100 links 60
- marschiere 100 links 60
- marschiere 100 links 60
- marschiere 100 links 60
- hebe ab

Das so entstandene Programm besteht gänzlich aus Befehlen zur Steuerung eines Zeichengerätes. Nach der Anweisung den Zeichenstift in eine bestimmte Startposition zu bringen und den Stift auf das Papier abzusenken, folgen 6-mal nacheinander die Kommandos „marschiere 100 vor, links- schwenk 60°". Das heißt, der Zeichenstift läuft jeweils 100 mm gerade aus und ändert dann an jeder Ecke des entstehenden 6-Ecks seine Laufrichtung um 60° im Gegenuhrzeigersinn.

Programmieren wäre noch schwieriger, als es ohnehin ist, müßte man einem Rechner seine Absichten so oder noch detaillierter mitteilen. Tatsächlich entwickelte man nach und nach immer „intelligentere" Programmiersprachen, welche eine Vielzahl von Möglichkeiten bieten, mehrere sinnvoll zusammengehörige Einzelanweisungen mittels eines einfachen, knappen Befehls und allgemeingültiger zu vermitteln. Im vorliegenden Beispiel betrifft dies insbesondere die 6-fache Wiederholung der Anweisung „gehe um 100 mm und ändere dann die Richtung um 60° im Gegenuhrzeigersinn", die offensichtlich einer Vereinfachung bedarf. Wo immer möglich, sollte man beim Programmieren Wiederholung vermeiden, und zwar nicht nur wegen der Schreibarbeit. Je kleiner ein Programm ist, desto weniger Speicherplatz benötigt es. Ferner birgt eine umfangreichere Schreibarbeit auch ein Mehr an Fehlermöglichkeiten beim Eintippen und insbesondere beim Überarbeiten des Programms.

Die o.g. Wiederholungen lassen sich vermeiden, wenn man die erstgenannte „primitive" Programmiersprache um einen Befehl der Art „wiederhole 6-mal" erweitert.

Noch besser ist es, einen solchen Befehl nicht speziell, sondern allgemeingültig der Gestalt, „wiederhole n-mal", wobei n eine von Fall zu Fall veränderlich vorgebbare, ganze Zahl sein kann.

Entwickelt man die erstgenannte Programmiersprache des weiteren auch noch bezüglich der Größen 100 mm und 60° so um, und ersetzt diese speziellen Werte durch allgemeine Parameter a und b, so läßt sich mit dieser neuen, weiterentwickelten Programmiersprache ein wesentlich universeller nutzbares Programm folgender Art schreiben

- bringe in Position;
- senke ab;
- wiederhole n [marschiere a links b]
- hebe an;

Möchte man nun beispielsweise mit diesem Programm ein 12-Eck mit einer Seitenlänge von 50 mm zeichnen lassen, dann würde man dies durch eine Anweisung „Wiederhole 12 [marschiere 50 links 30]" erreichen.

Vielecke lassen sich offensichtlich mit Programmen gleicher Struktur zeichnen. Für die Entwicklung einer Programmiersprache, welche besonders vorteilhaft zum Zeichnen von Vielecken und anderen geometrischen Gebilden geeignet ist, ist es sinnvoll, dieses kleine Programm noch weiter zu „verdichten" und es als eine Prozedur dieser Sprache zu definieren, in der die Anzahl der Ecken, die Vielecks und die Seitenlänge als variable Größen angegeben werden. In dieser weiterentwickelten Sprache könnte z.B. ein Wort „zu" Prozedurdefinitionen einleiten. Der Ausdruck „zu Vieleck" gibt also an, daß die nachfolgenden Anweisungen als Methode zum Zeichnen von Vielecken zusammengefaßt abgespeichert werden sollen. Des weiteren wird „Vieleck" als Befehl der Sprache definiert und kann genauso wie andere Grundbefehle dieser Sprache benutzt werden.

Die Variablen oder Parameter in der Prozedur „Vieleck" werden zum Zeitpunkt ihres Aufrufes an die Prozedur übergeben. Als Parameter braucht nur die Zahl der Ecken und die Seitenlänge eingegeben zu werden, der Schwenkwinkel x liegt damit eindeutig fest und kann von dem Prozedur-Unterprogrammen selbst ermittelt werden. Zur Kenntlichmachung, wann eine Anweisung beginnt und wann sie zu Ende ist, benutzen Programmiersprachen häufig das Satzzeichen „Strichpunkt". Die einzelnen Anweisungen lassen sich somit programmtechnisch wie folgt schreiben:

zu Vieleck; Ecken; Länge

Schreibt man nun folgendes Programm:

Vieleck; 3; 50

so wird gleichzeitig dem Parameter „Ecken" der Wert 3 und dem Parameter „Länge" der Wert 50 mm zugewiesen und mit diesem Programm ein gleichseitiges Dreieck mit 50 Einheiten Seitenlänge gezeichnet.

Die Prozedur „Vieleck" kann und muß für den praktischen Einsatz noch weiter verbessert werden. In umfangreichen Programmsystemen kann diese Prozedur „Vieleck" vom Benutzer oder von anderen Programmteilen (Prozeduren) aufgerufen und benutzt werden. Dabei kann nicht ausgeschlossen werden, daß diese Prozedur auch unsinnige Parameterwerte übergeben werden, wie beispielsweise das Zeichen eines Vielecks mit nur einer oder zwei Ecken oder einer Seitenlänge Null. Um Schwierigkeiten zu vermeiden, fügt man in das Programm noch entsprechende „Sicherungen". Man prüft beispielsweise, ob der Wert „Ecken" größer oder kleiner 2 ist und gibt danach geeignete „if-Anweisungen" („Wenn-Dann-Anweisungen"), welche das Programm veranlassen, nur dann einen Zeichenbefehl weiterzuleiten, wenn bestimmte Bedingungen erfüllt sind [220].

Höhere Programmiersprachen bestehen aus definierten „kurzen Befehlen bzw. Tätigkeitsanweisungen". Diese „kurzen Befehle" sind für bestimmte Tätigkeitsbereiche geschickte Zusammenfassungen einzelner Elementartätigkeiten. So wird verständlich, daß es für unterschiedliche Tätigkeitsbereiche (Branchen) unterschiedlich geeignete Programmiersprachen geben muß.

Syntax von Programmiersprachen

Programmiersprachen haben oberflächlich betrachtet gewisse Ähnlichkeiten mit natürlichen Sprachen. Sie verfügen über ein bestimmtes Vokabular an Wörtern, Zahlen und anderen Zeichen (Sprachelemente/Grundsymbole/Tokens), die zu satzähnlichen Gebilden zusammengefaßt werden können. Einige dieser Sprachelemente haben eine feste, unveränderliche Bedeutung, andere werden vom Programmierer erst festgelegt. Einige Wörter fungieren als Verben, andere als Substantiv, wieder andere als Konjunktionen oder Satzzeichen. Die Kombination der Grundsymbole hat nach festen Regeln einer Satzlehre (Grammatik) zu erfolgen.

Sätze und Wörter einer Programmiersprache haben entweder die Bedeutung einer

- Vereinbarung oder einer
- Anweisung bzw. Befehl einer Operation.

Eine Vereinbarung legt fest, was etwas ist, was es bedeutet oder welche Prozedur bzw. welches Unterprogramm hierunter zu verstehen ist [220]. In dem vorangegangenen Programmbeispiel ist das Wort „zu" ein Hinweis auf eine Prozedur, „Vieleck" ist der Name sowie „Ecken" und „Länge" sind die variablen Parameter dieser Prozedur.

Eine Anweisung bzw. ein Befehl beschreibt hingegen üblicherweise eine bestimmte auszuführende Tätigkeit.

Die Anweisung beginnt in der Regel mit einem Verb, dem ein Adverb und/ oder Objekt folgt. So z. B.

wiederhole 6 [marschiere 50 links 30];

In dieser Anweisung ist „wiederhole" das Verb, die Zahl 6 das Adverb und der Ausdruck in der Klammer das Objekt des Verbs. Das Semikolon zeigt an, daß eine Anweisung zu Ende ist.

Wenn besondere Steueranweisungen fehlen, wird ein Programm Anweisung für Anweisung sequentiell durchlaufen und Befehl für Befehl ausgeführt; der Rechner liest ein Programm Zeile für Zeile von „Anfang bis Ende", so daß jede Anweisung nur einmal ausgeführt wird.

Programmelemente, die in Programmabläufe eingreifen und diese verändern können sind z. B. Anweisungen wie

- **For-Schleife:** Die Anweisung: **for** Zählvariable **:=** Anfangswert **to** Endwert **do** (Anweisungsblock); erlaubt, einen bestimmten Anweisungsblock (unbedingt) eine vorbestimmte Anzahl von Malen auszuführen. Bei jedem Durchlauf wird dabei die Zählvariable, vom Anfangswert ausgehend, um 1 erhöht, bis der Endwert erreicht ist, d.h. die letzte Ausführung des Anweisungsblockes erfolgt mit dem Endwert.
- **Repeat-Schleife:** die Anweisung: **repeat** (Anweisungsblock) **until** (Bedingung); ist eine von verschiedenen Möglichkeiten zur Wiederholung eines Blockes von Anweisungen, die solange durchgeführt wird, bis die Bedingung - ein logischer Ausdruck - erfüllt, d.h. wahr (true) ist. Die Anzahl der Schleifendurchläufe (Wiederholungen) ist dabei nicht durch Angabe eines Endwertes festgelegt, vielmehr wird zur Beendigung der Schleife eine Bedingung, die sogenannte Abbruchbedingung, herangezogen.
- **If-Anweisung:** Eine Anweisung wie: **if** (Bedingung) **then** (Anweisungsblock); ist in jeder Programmiersprache zur Steuerung von Programmverzweigungen in Abhängigkeit von Zwischenergebnissen erforderlich. Ist die logische Bedingung erfüllt, so wird der Anweisungsblock ausgeführt, im anderen Falle wird dieses Statement übergangen.

Programmiersprachen haben meist nur eine relativ kleine Menge von Grundelementen (Grundsymbolen). Ein wesentliches Element bei der Entwicklung artverwandter Programme ist das Definieren neuer Prozeduren, welche möglichst häufig gebraucht werden können. Mit der Definition von Prozeduren geht stets eine Verallgemeinerung der Algorithmen zur Lösung der betreffenden Teilaufgaben einher. Eine Prozedur braucht nur einmal definiert und abgespeichert zu werden und kann dann von verschiedenen Stellen eines Programms aufgerufen und auch von anderen Programmen benutzt werden. Einmal geleistete Arbeit läßt sich beliebig oft nutzen. Prozeduren kann man sich als kleine komplette Programme vorstellen, welche bestimmte Aufgaben zu lösen vermögen. Mit dem Aufruf einer bestimmten Prozedur werden dieser auch die Parameterwerte übermittelt, die diese benötigt, um ein Ergebnis zu berechnen. So erhält beispielsweise eine aufgerufene Prozedur $\sin(x)$ gleich den Winkelwert mitgeteilt, um den Sinus des Winkels als Ergebnis zu liefern [220].

Unterschiedliche Programmiersprachen
Im Laufe der Entwicklung der Datenverarbeitungstechnik wurden viele Hunderte von Programmiersprachen entwickelt. Ähnlich, wie im Bereich der natürlichen Sprachen für verschiedene Branchen spezielle Fachsprachen entstanden sind, so ist es vorteilhaft, auch auf dem Gebiet der Programmiersprachen den jeweiligen Fachgebieten, wie beispielsweise Ingenieurswesen oder Verkaufswesen, angepaßte Rechnersprachen zu haben.

Es wäre theoretisch möglich, eine Programmiersprache zu entwickeln - ein „ESPERANTO der Datenverarbeitungstechnik" - mit welcher die Aufgaben aus allen Branchen der Datenverarbeitungstechnik programmiert werden könnten. Diese Sprache wäre aber für einen Großteil der Aufgaben sehr umständlich zu handhaben, weil es keine Programmiersprache geben kann, die für jede Art von Problemen optimal ist. Deshalb ist es sinnvoller, für bestimmte Branchen bzw. Aufgabenbereiche spezielle Programmiersprachen zu entwickeln, wie dies in der Vergangenheit auch geschehen ist. Von den vielen Programmiersprachen, die im Laufe der Zeit entstanden sind, haben nur wenige eine breitere Anwendung gefunden. Zu diesen zählen die Sprachen FORTRAN, PASCAL, RPG, COBOL, ALGOL und möglicherweise in Zukunft Ada. Neuere Programmiersprachen bieten dem Benutzer insgesamt einige hundert unterschiedliche Operationen, Befehle und Deklarationsmöglichkeiten.

8 Datenstrukturen

„Struktur" ist ein sehr abstrakter Begriff. Mit „Struktur" bezeichnet man üblicherweise die wesentlichen Zusammenhänge (Relationen, Verbindungen etc.) irgendwelcher materieller oder immaterieller „Elemente". So spricht man beispielsweise von der Struktur eines Atoms, einer chemischen Verbindung, der Funktions- und/ oder Gestaltstruktur eines technischen Gebildes (s. Kap. V, 1.1), der Struktur von Informationen, Daten u. a. m. Datenstrukturen haben den Zweck, Daten nach bestimmten Regeln zu ordnen. Daten sind Symbole bestimmter Informationen und sie dienen u. a. dem Zweck Informationen zu speichern. Beschreibungen über Informationen technischer Systeme umfassen neben anderen auch Informationen über die Struktur der Gestalt des betreffenden Gebildes. Die Beschreibung der Gestaltstruktur eines technischen Gebildes kann mit einer Datenstruktur erfolgen, welche zur beschreibenden Struktur analog oder nicht analog ist. Datenstruktur und zu beschreibende Struktur können analog sein, sie müssen es nicht sein. Wie die Praxis lehrt, kann man zur Beschreibung einer Gestaltstruktur auch jede andere „Form" von Datenstruktur benutzen. Für das Verständnis und zur Reduzierung des Beschreibungsaufwandes bieten jedoch analoge Datenstrukturen gegenüber nicht analogen wesentliche Vorteile. Zum besseren Verständnis und Anschauung sollen im folgenden Daten- und Gestaltstrukturen nebeneinander betrachtet werden.

Deshalb soll im folgenden zunächst auf die ein technisches Gebilde beschreibenden Informationen (Parameter) kurz eingegangen werden.

Bauteile und Baugruppen werden in technischen Zeichnungen teilweise durch Bilder (Ansichten, Schnitte, Perspektiven), teilweise mittels Symbolen (Bauteil-, Baugruppensymbole, Texte, Zahlen) dargestellt und dokumentiert. Will man diese Informationen technischer Gebilde in Rechnern speichern und verarbeiten, so ist dies mit Texten und Zahlen relativ einfach möglich. Schwieriger hingegen ist es, Ansichten, Schnitt-, perspektivische und Symboldarstellungen in Rechnern zu speichern, zu ändern, zu ergänzen und weiterzuverarbeiten. Um mit Rechnern Modell- und Bildverarbeitung machen zu können, bedarf es u. a. geeigneter Datenstrukturen und Algorithmen, auf welche im folgenden näher eingegangen werden soll.

Betrachtet man die makroskopische Gestalt eines Bauteils, so läßt sich feststellen, daß diese durch Teiloberflächen gebildet wird. Teiloberflächen sind die

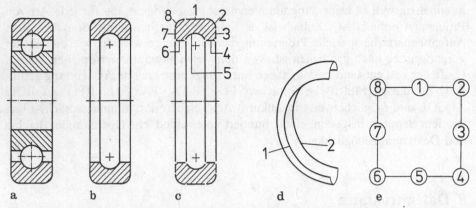

Bild 2.8.1a–e. Die Gestaltstruktur eines Bauteils (Außenring eines Wälzlagers). Wälzlager (a), Außenring (b), Teiloberflächen (1 bis 8) des Außenringes (c), Berandungen bzw. Kanten (1, 2) der Teiloberfläche-Nr.5 (d), abstrakte Darstellung (mittels „Graph") der Gestaltstruktur der Teiloberflächen des Außenringes (e)

Gestaltelemente eines Bauteils oder Körpers. Ein Bauteil oder Körper besteht aus einer bestimmten Zahl von Teiloberflächen; die Teiloberflächen haben jeweils eine Form, bestimmte Abmessungen, eine bestimmte Anordnungs- und Verbindungsstruktur zueinander (s. Bild 2.8.1a, b, c). Eine Fläche kann man sich ihrerseits durch Linien gebildet („aufgespannt") denken (Bild 2.8.1d).

Die Gestaltelemente einer Fläche sind die sie bildenden Linien. Linien haben eine Form und sie haben Abmessungen. Eine Fläche wird ferner durch eine bestimmte Zahl von Linien begrenzt (berandet). Die Linien haben eine Anordnungs- und eine Verbindungsstruktur (vgl. hierzu Kapitel V 1.1).

Eine Linie kann man sich durch Punkte gebildet („aufgespannt") denken. Anfang und Ende einer Linie werden durch Punkte festgelegt. Die eine Linie bestimmende Zahl von Punkten kann verschieden sein. Zu einer bestimmten Punkteanordnung gibt es mehrere unterschiedliche Verbindungsstrukturen (s. Bild 5.2.2.1c; Kap.V).

Um ein Bauteil vollkommen und eindeutig zu beschreiben, bedarf es neben der Beschreibung der makroskopischen Gestalt noch der Beschreibung der mikroskopischen Gestalt der einzelnen Teiloberflächen. Hierzu zählen Beschreibungen der Rauhigkeit, der Rillenrichtung und anderer Eigenschaften der Teiloberflächen des Bauteils.

Des weiteren gehören zu einer vollständigen Beschreibung eines Bauteils Angaben über die Benutzungseigenschaften (Funktion, zulässige Belastung u.a.m.), Art des Werkstoffes, aus dem dieses besteht, und eventuell auch noch Informationen bezüglich der Herstellung (Fertigungsdaten) des betreffenden Bauteils. Die Beschreibung eines Bauteils besteht demzufolge aus Informationen bzw. Daten über die Benutzungseigenschaften (Funktion, zulässige Belastung u.a. physikalische und/oder chemische Eigenschaftsangaben), die Makrogeometrie-, Mikrogeometrie-, die Werkstoffdaten und erforderlichenfalls Angaben bezüglich dessen Fertigung und Anwendung.

ASP-Datenstrukturen

Die Informationen über die Makrogestalt eines Bauteils bestehen im wesentlichen aus Informationen über die Abmessungen, Formen, Zahl, Lage und Struktur dessen Teiloberflächen, sowie Gestaltinformationen über Kanten, Linien und Punkte dieser Teiloberflächen. Unter Struktur sind in diesem Zusammenhang Informationen darüber zu verstehen, „welche Punkte welchen Linien angehören, welche Linien welchen Flächen angehören oder in welcher Reihenfolge Punkte längs einer Linie angeordnet sind u.a.m. Die ein Bauteil beschreibende Gestalt und andere Informationen sind in einem Rechner nachzubilden. Wie die Praxis zeigt, kann man die einem Bauteil oder einer Baugruppe eigene Gestaltstruktur mittels Datenstrukturen in Rechnern vollkommen oder unvollkommen nachbilden.

Datenstrukturen und Prozeduren (Algorithmen) sind die Bausteine, aus welchen CAD-Programme im wesentlichen aufgebaut sind. Das Betriebssystem eines Rechners liefert die Datenverwaltung, es legt Daten in Speichern geordnet (strukturiert) ab, findet sie wieder und liefert sie dort hin, wo sie benötigt werden. Das einfachste geometrische Element, das es gilt mittels CAD-Systemen zu verarbeiten, ist ein „Punkt". Einen Punkt P_1 in einem Koordinatensystem (x_1, y_1, z_1) zu beschreiben, ihn unter einer bestimmten Adresse zu speichern und ihn anhand dieser Adresse wieder zu finden, ist relativ einfach. Auch noch relativ einfach ist

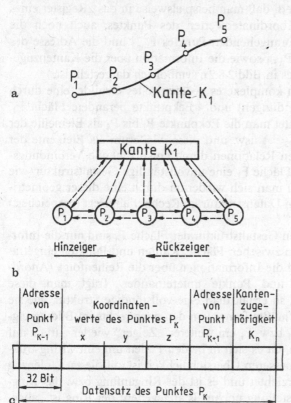

Bild 2.8.2 a–c. Darstellung einer Kante bzw. Linie mit Punkten P_1 bis P_5 (**a**); Datenstruktur und Relationen der verschiedenen Gestaltelemente o.g. Gebildes (**b**); Schema eines Datensatzes eines Punktes P_k (**c**)

es, ein geometrisches Gebilde bestehend aus mehreren Punkten, welche durch Geraden miteinander verbunden sind, in einem Rechner zu speichern und zu verarbeiten. Hierzu bedarf es der Verwaltung folgender Informationen, nämlich (s. Bild 2.8.2 a)

- der Koordinatenwerte der Punkte P_1 bis P_n,
- der Angabe der Reihenfolge der Punkte bzw. der Angabe, welcher Punkt mit welchem anderen Punkt unmittelbar zu verbinden ist und
- der Angabe der Form der Verbindungslinie.

Dieses einfache Gebilde aus Punkten und diese verbindenden Linien hat bereits eine Gestaltstruktur; abstrakt läßt sich diese Struktur so darstellen, wie es Bild 2.8.2 b zeigt. Die Pfeile in dieser Darstellung symbolisieren Hinweise (Informationen) auf die Zugehörigkeit der Punkte P_1 bis P_5 zu einer bestimmten Linie bzw. Kante K_1 (ausgezogene Pfeile), die gestrichelt gezeichneten Pfeile symbolisieren Hinweise auf die Reihenfolge der Punkte bzw. Hinweise auf den einem Punkt vorangegangen und auf den nachfolgenden Punkt. Dieses ist notwendig, weil man mehrere Punkte P_1 bis P_n auch in anderen Reihenfolgen miteinander verbinden kann, wie man sich leicht überlegen kann. Physikalisch wird das Niederschreiben solcher Informationen so realisiert, daß man beispielsweise in das „Register eines Punktes" (Wort), außer den Koordinatenwerten des Punktes, auch noch die Adresse des diesem Punkt P_n vorangehenden Punktes P_{n-1} und die Adresse des diesem nachfolgenden Punktes P_{n+1} sowie die Information über die Kantenzugehörigkeit hinein schreibt, wie dies in Bild 2.8.2 c symbolisch dargestellt ist.

Betrachten wir nun ein noch komplexeres geometrisches Gebilde, eine durch 4 Kanten (Flächenkanten, Berandungen) und 4 Eckpunkte berandete Fläche F_1, wie sie Bild 2.8.3 a zeigt. Betrachtet man die Eckpunkte P_1 bis P_4 als Elemente der entsprechenden Kanten K_{12}, K_{23} ... usw. und diese wiederum als Elemente der Fläche F_1 und symbolisiert deren Relationen durch entsprechende Verbindungsstriche, so erhält man für diese Fläche F_1 eine unvollständige Gestaltstruktur, wie sie Bild 2.8.3 b zeigt. Diese kann man sich wiederum durch eine dieser geometrischen Strukturen entsprechenden Datenstruktur im Rechner abgelegt (gespeichert) denken.

In der in Bild 2.8.3 b gezeigten Gestaltstruktur der Fläche F_1 sind nur die Informationen über die Korrelationen zwischen Fläche, Kanten und Punkten eingetragen, noch nicht eingetragen sind die Informationen über die Reihenfolge (Anordnung) der einzelnen Kanten und Punkte untereinander. Trägt man diese Information ebenfalls noch ein, so erhält man eine vollständige Struktur, wie sie Bild 2.8.4 b zeigt. In Bild 2.8.4 b müßte ferner von den ganz rechts im Bild gezeigten Gestaltelementsymbolen K_{41} bzw. P_1 ein weiterer „Zeiger" wieder zurück auf die Symbole K_{12} bzw. P_2 weisen, da es sich in beiden Fällen um eine „Ringstruktur" handelt. Aus Gründen der besseren Übersichtlichkeit ist auf diesen Linienzug in dieser Darstellung jedoch verzichtet und es ist der Ringanfang bzw. das Ringende am rechten Rand der Darstellung nochmals angegeben; der Ring ist „abgewickelt" dargestellt. In Bild 2.8.5 ist die Gestaltstruktur derselben Fläche F_1 mit Hilfe einer sogenannten ASP-Datenstruktur modelliert worden. Die in dieser Darstellung gezeigten dreieck- und kreisförmigen Gebilde („Ringanfang" und „Asso-

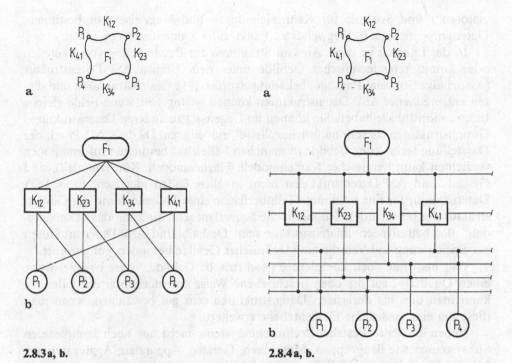

2.8.3a, b.   **2.8.4a, b.**

Bild 2.8.3a, b. Darstellung einer Fläche F_1 mit Berandungen K und Eckpunkten P (a); eine die Gestaltstruktur o. g. Fläche nur teilweise beschreibende Datenstruktur (b) - es werden nicht alle Gestaltelement-Relationen wiedergegeben

Bild 2.8.4a, b. Darstellung einer Fläche F_1 mit Berandungen K und Eckpunkten P (a); Gestalt- bzw. Datenstruktur der Fläche F_1 (b)

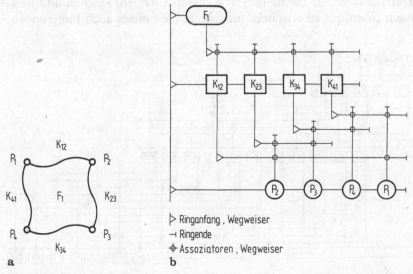

▷ Ringanfang , Wegweiser

⊣ Ringende

⊕ Assoziatoren , Wegweiser

Bild 2.8.5a, b. Darstellung einer Fläche F_1 mit Berandungen K und Eckpunkten P (a); ASP-Datenstruktur der Fläche F_1 (b)

ziatoren") sind Symbole für Kennzeichnungen und Wegweiser auf bestimmte Datengruppen wie z. B. Wegweiser zu Punkt- oder Kantendaten etc.

In der Literatur ist diese Art von Strukturen zur Beschreibung von Bauteilen oder komplexerer technischer Gebilde unter dem Namen ASP-Datenstruktur (**A**ssociative **S**tructure **P**ackage) bekannt geworden [91]. Gestaltstrukturen und diesen entsprechende ASP-Datenstrukturen können analog sein, wenn beide gleiche Informationsinhalte haben. Sie können im Gegensatz zu anderen Datenstrukturen Gestaltstrukturen „in sehr natürlicher Weise" modellieren. Da die CAD-Praxis der Darstellung technischer Gebilde in manchen Fällen auf bestimmte Informationen verzichten kann (vergleiche: Kantenmodell, Flächenmodell, Körpermodell), sind Gestalt- und ASP-Datenstrukturen nicht in allen Fällen identisch. Eine ASP-Datenstruktur für eine bestimmte Teiloberfläche eines Bauteiles kann der Gestaltstruktur der betreffenden Teiloberfläche äquivalent sein. Sie kann das „Datenmodell" der betreffenden Bauteilstruktur sein. Deshalb sind ASP-Datenstrukturen zur Speicherung und Verarbeitung technischer Gebilde besonders gut geeignet.

Will man nun doch komplexere geometrische Gebilde, – wie beispielsweise einen Quader –, auf die oben beschriebene Weise datentechnisch darstellen, so kann man dies mit derartigen Datenstrukturen sehr gut bewältigen, wenn man diese um eine zusätzliche Elementebene erweitert.

Neben Bauteilen bestehen technische Systeme meist aus noch komplexeren Subsystemen wie Baugruppen, Maschinen, Geräten, Apparaten, Aggregaten etc. Mit der Darstellung von Teiloberflächen und Bauteilen in Rechnern ist es deshalb noch nicht genug. Vielmehr müssen Datenstrukturen von CAD-Systemen auch geeignet sein, noch entsprechend komplexere Gebilde, als es Bauteile sind, zu speichern und zu verwalten. Mehrere Bauteile bilden in technischen Systemen eine Baugruppe, mehrere Baugruppen eine Maschine usw. Technische Systeme bilden hierarchische Strukturen, wie sie mit Hilfe der o.g. ASP-Datenstruktur vorzüglich nachgebildet werden können. Dies bedeutet, daß man die eingangs erläuterte ASP-Datenstruktur zur Darstellung von Punkten, Linien, Flächen und Bauteilen nur nach „obenhin" zu erweitern braucht, um mit dieser auch Baugruppen,

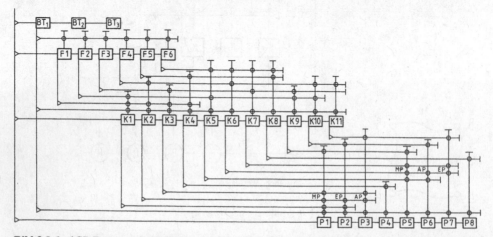

Bild 2.8.6. ASP-Datenstruktur eines technischen Gebildes (Baugruppe), bestehend aus Punkten P, Kanten K, Flächen F und Bauteilen BT

Maschinen und noch komplexere Systeme speichern zu können. Bild 2.8.6 zeigt exemplarisch eine so erweiterte Datenstruktur.

Wie dieses Beispiel auch zeigt, kann man bei den ein Bauteil beschreibenden Informationen zwischen zwei Arten von Informationen unterscheiden, und zwar den:

- Informationen, die die verschiedenen Gestaltelemente und
- Informationen, die die Relationen zwischen diesen Elementen

beschreiben.

Die Relationen zwischen Elementen (z.B. Relationen zwischen Punkten und einer Linie, d.h. - Punkte liegen auf dieser Linie) lassen sich durch entsprechende, analoge Datenstrukturen in Rechnern darstellen; Datenstrukturen können „Modelle" bestimmter, realer Relationen zwischen Gestaltelementen sein.

Kehren wir zurück zur Darstellung eines Bauteils, so ist noch zu bemerken, daß ein Bauteil oder auch komplexere technische Gebilde durch ihre Gestaltstruktur nicht vollständig beschrieben sind. Gehen wir davon aus, daß den Informationen über die Gestaltstruktur auch die Informationen über die Zahl, Form, Abmessung und Lage der Teiloberflächen eines Bauteils hinzugefügt sind, so daß mit dieser erweiterten Beschreibung die Makrogestalt eines Bauteils vollständig beschrieben ist, so fehlen aber zur vollständigen Beschreibung noch Informationen über Benutzereigenschaften, die Mikrogestalt und den Werkstoff eines Bauteils. Um den Informationen der Makrogestalt eines Bauteils weitere Informationen über Benutzereigenschaften, Werkstoffart und Mikrogestalt hinzuzufügen, ist es zweckmäßig, die ASP-Datenstruktur der Bauteil-Makrogestalt noch so zu erweitern, daß man die zu den einzelnen Gestaltelementen gehörenden Informationen noch zuordnen kann, so z.B. einer bestimmten Teiloberfläche eines Bauteils die Zuordnung der Information ihrer zulässigen Oberflächenrauhigkeit oder einem bestimmten Bauteil die Information des Werkstoffes, aus welchem dieses bestehen soll, usw.

Den Informationen über die Benutzungseigenschaften, die Gestalt und den Werkstoff eines Bauteils kann man an geeigneter Stelle noch weitere Informationen hinzufügen, wie z.B. Informationen über die Fertigung des Bauteils, dessen Namen, Stücklisten-Nummer u.a.m. Das heißt, daß man sich in jedem „Knoten (Kästchen)" einer Datenstruktur noch Informationen verschiedener Art „angehängt" denken kann. Jedes Kästchen kann neben der Hauptinformation, so z.B. der Information über die Abmessungen einer bestimmten Teiloberfläche eines Bauteiles, auch noch sogenannte „Attribute" beinhalten. Eine „Attribut-Information" kann beispielsweise eine Angabe über die „zulässige Rauhigkeit" der betreffenden Teiloberfläche sein. ASP-Datenstrukturen lassen sich relativ einfach um solche „Hinzufügungen" erweitern. Auch deshalb sind sie für die CAD-Datenverarbeitung vorzüglich geeignet. Die Frage der „vollständigen Beschreibung eines technischen Gebildes" wird in Kap. VI, 1.1 noch ausführlich behandelt.

Nach der vorausgegangenen exemplarischen Entwicklung einer Datenstruktur zur Speicherung geometrischer Gebilde sollen im Folgenden die grundsätzlichen Möglichkeiten der Konstruktion von Datenstrukturen und deren Anwendung betrachtet werden.

Basisdatenstrukturen: Array, Record, Set

Arrays (Feld, Reihe), Records (Verbund) und Sets (Mengen) werden Basisstrukturarten genannt. In Programmiersprachen hat man sogenannte Datentypen definiert. In den gängigen Programmiersprachen sind meist folgende Datentypen verfügbar: ganze Zahlen, Dezimalzahlen, Mengen, Schriftzeichen und Zeichenfolgen. In den meisten Rechnern werden einem Schriftzeichen 8 Bits, also 1 Byte, zugeordnet. Andere Datenarten, wie beispielsweise Maßzahlen von Bauteilabmessungen, beanspruchen demgegenüber 2, 4 oder 8 Bytes. Durch die Programmiersprache PASCAL wurde der Begriff des Datentyps dadurch wesentlich erweitert, daß bei dieser einfache Datenstrukturen (Basisstrukturen) mit in das Datentyp-Konzept einbezogen wurden. Es werden strukturierte Variable definiert. Eine strukturierte Variable besteht aus bestimmten Komponenten; dennoch kann auf sie als Einheit Bezug genommen werden. Bei einer Bemaßung eines Bauteils zum Beispiel spielt das Datum eine Rolle, bestehend aus Maßzahl, Toleranz und Einheit. Die drei Komponenten werden unter dem Typ „Maß" zu einer Einheit zusammengefaßt. Die Vereinbarung einer strukturierten Variablen legt die Anzahl der Komponenten fest, die den Wert einer Variablen ausmachen. Dieses Definieren einer solchen Variablen ermöglicht es, dem Compiler einen „abgepaßten Speicherplatz" zuzuweisen und sie gibt Aufschluß über die beabsichtigte Auswahl und Zugriff zu bestimmten Komponenten. Sind in einer so vereinbarten Variablen alle Komponenten vom gleichen Typ (Art), so nennt man den zusammengesetzten Typ homogen und er wird als „Array" bezeichnet [232]. Die Variablen „Baureihen-Typ" haben zum Beispiel 6 unterschiedliche Größen (Typen) der Bezeichnungen 1, 2 ... bis 6. Zur Speicherung der gesamten Daten des jeweiligen Typs seien jeweils 4 Bytes erforderlich. Jeder Typ kann mit einem einfach berechenbaren Index identifiziert werden und dessen Adresse ist ohne großen Aufwand bestimm-

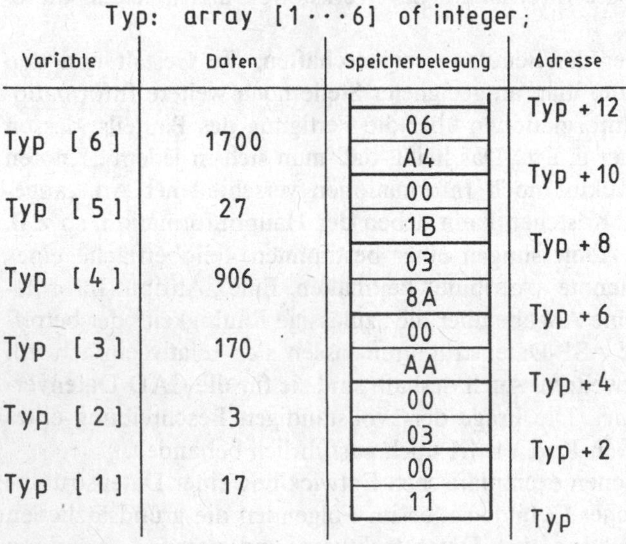

Typ: array [1···6] of integer;

Variable	Daten	Speicherbelegung	Adresse
			Typ + 12
Typ [6]	1700	06	
		A4	Typ + 10
		00	
Typ [5]	27	1B	
		03	Typ + 8
		8A	
Typ [4]	906	00	Typ + 6
		AA	
Typ [3]	170	00	Typ + 4
		03	
Typ [2]	3	00	Typ + 2
		11	
Typ [1]	17		Typ

Bild 2.8.7. Schema einer Datenstruktur des Typs „ARRAY", bestehend aus einer jeweils gleichen (konstanten) Anzahl von Elementen [232]

```
Bauteil :record
            Name :array [0..7] of char;
            Laenge, Breite, Hoehe  :real;
            Gewicht : integer;
        end;
```

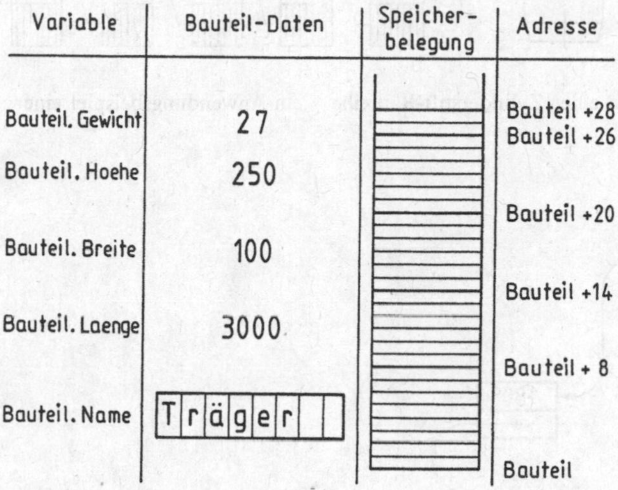

Variable	Bauteil-Daten	Speicher-belegung	Adresse
Bauteil. Gewicht	27		Bauteil +28 Bauteil +26
Bauteil. Hoehe	250		
			Bauteil +20
Bauteil. Breite	100		
			Bauteil +14
Bauteil. Laenge	3000		
			Bauteil + 8
Bauteil. Name	Träger		
			Bauteil

Bild 2.8.8. Schema und Beispiel einer Datenstruktur des Typs „RECORD", bestehend aus unterschiedlichen Elementmengen [232]

bar. Die Adresse des i-ten Typs ist die Basisadresse plus i-mal die Größe (Byte) des Speicherplatzes pro Typ (s. Bild 2.8.7).

Wenn die einzelnen Komponenten zur Beschreibung eines Bauteils von unterschiedlicher Art (Typ), (Bedeutung) und folglich Größe sind, geht diese einfache Zugriffsberechnung verloren. Es besteht dann auch nicht das Bedürfnis nach einer Indexberechnung. Statt dessen muß jedem Element (z.B. Bauteil) eine eigene Kennzeichnung (Bezeichnung) zugeordnet werden, entsprechend derer dieses wiedergefunden werden kann. Eine solche Basisstruktur wird ein „Record" genannt [232]. Ein „Record" ist analog einem „Formular". Ein Record (Formular) für ein einfacheres Bauteil (Träger), welches durch einen Namen, Länge, Breite, Höhe und Gewicht beschrieben werden soll, zeigt Bild 2.8.8.

Die Felder eines Record's sind der Notwendigkeit der einzelnen Datenart entsprechend unterschiedlich groß. Die einzelnen Felder werden mit Name, Länge usw. (s. Bild 2.8.8) bezeichnet.

Kettenstrukturen

Array und Record sind spezielle kettenförmige Datenstrukturen; ihre Daten-Komponenten werden entsprechend einer bestimmten Gesetzmäßigkeit „kettenförmig" aneinandergereiht. Werden Informationen in irgendeiner Weise aneinandergereiht (ohne Gesetzmäßigkeit), wie beispielsweise in einer Stückliste einer technischen Zeichnung, so kann man derartige Strukturen allgemein als „Kettenstrukturen" bezeichnen. Jede Art von Liste oder Aufzählung etc. kann als eine kettenförmige

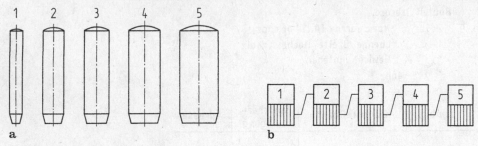

Bild 2.8.9. Speicherung der Daten einer Zylinderstift-Baureihe - ein Anwendungsbeispiel einer kettenförmigen Datenstruktur

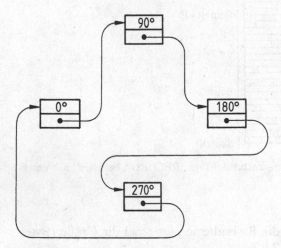

Bild 2.8.10. Die Speicherung der Winkelwerte einer Kreisteilung mit „Vor- und Rückzeiger" in jedem Datensatz - ein Anwendungsbeispiel einer ringförmigen Datenstruktur

Datenstruktur in Rechnern gespeichert und verwaltet werden. Bild 2.8.9 zeigt das Schema einer kettenförmigen Datenstruktur, wie man sie beispielsweise zur Speicherung der Daten von Paßstiften anwenden könnte. Die alphabetisch geordneten Namen in einem Telefonverzeichnis können ebenfalls als Beispiel einer kettenförmigen Datenstruktur gelten.

Ringstrukturen

Wie die Entwicklung von Strukturen zur Speicherung und Verarbeitung von Daten geometrischer Gebilde bereits gezeigt hat, ist es für diese und andere Fälle zweckmäßig, ringförmige Datenstrukturen zu benutzen. Will man beispielsweise die Zusammengehörigkeit und Korrelation von vier Eckpunkten oder Seiten eines Quadrates beschreiben, so kann man deren Gestaltstruktur vorteilhaft mit einer ringförmigen Datenstruktur nachbilden. Mit einer ringförmigen Datenstruktur läßt sich beispielsweise auch die Reihenfolge eines zyklischen Abmessungswechsels (0°, 90°, 180°, 270°, 0°) - s. Bild 2.8.10 - oder die Reihenfolge der Wochentage vorteilhaft beschreiben.

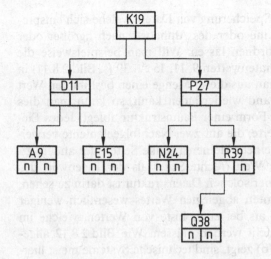

Bild 2.8.11. Schema einer baumförmigen Datenstruktur [232]

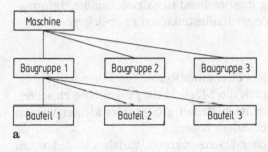

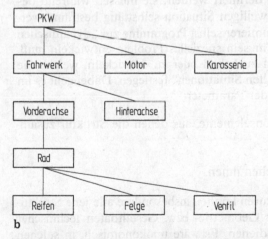

Bild 2.8.12a, b. Hierarchische Ordnung und Speicherung der Daten von Komponenten technischer Systeme (Maschine a; PKW-Komponenten b) mittels baumförmiger Datenstrukturen (Beispiele)

Baumstrukturen

Eine weitere, für bestimmte Anwendungsfälle zweckmäßige Form von Datenstrukturen kann eine baumförmige sein, wie Bild 2.8.11 schematisch zeigt. Baumstrukturen eignen sich besonders zur Speicherung von Daten, welche sich entsprechend der Gesetzmäßigkeit einer Reihe oder des Alphabets nach „größer oder kleiner" bzw. „vorne oder hinten" ordnen lassen. Will man beispielsweise die Punkte einer Linie mit den x-Koordinatenwerten 9, 11, 15 ... 39 (s. Bild 2.8.11) in einer Form (Struktur) ablegen, daß man aus dieser Menge einen bestimmten Wert mit einem geringst möglichen Aufwand wiederfinden kann, so kann man dies dadurch erreichen, daß man diese in Form einer Baumstruktur ablegt. Jedes Element dieser Struktur enthält Zeigerwerte, die auf zwei Nachfolgeelemente verweisen; der eine zu einem Element mit einem kleineren (linke Seite), der andere zu einem Element mit einem größerem Wert (rechte Seite) als der Eigenwert des betreffenden Elements. Der Vorteil einer solchen Datenstruktur ist darin zu sehen, daß das Wiederfinden eines bestimmten abgelegten Wertes wesentlich weniger Vergleichsoperationen (2^n:2n) bedarf als bei einer Liste von Werten, welche im Gegensatz hierzu sequentiell durchsucht werden müssen. Wie Bild 2.8.12 allgemein (a) und anhand eines Beispiels (b) zeigt, sind technische Systeme meist hierarchisch gegliedert. Dieser Gliederung entsprechend ist es zweckmäßig, Informationen über diese Systeme mittels analoger Baumstrukturen zu speichern.

Statische und dynamische Strukturen

Während die Datenstruktur eines Arrays oder eines Records in Form und Größe stets gleich bleiben, gibt es daneben auch die Möglichkeit, Programme zu schreiben, deren Datenstrukturen im Betrieb nach Bedarf größer oder kleiner werden und/oder diese sogar in ihrer Form verändern lassen.

Weil Form und Umfang dynamischer Datenstrukturen variabel sind, können sie nicht durch feste Vereinbarungen definiert werden; sie müssen während des Programmlaufes abhängig von der jeweiligen Situation selbsttätig bestimmt werden. Dieses bedeutet, daß der Programmierer selbst Programme zur „dynamischen Konstruktion" von Datenstrukturen für sein spezielles Problem entwickeln muß. Dazu ist es erforderlich, Algorithmen zu haben oder zu entwickeln, welche die „Spielregel" der Strukturbildung in „allen Situationen" festlegen. Dabei geht es im einzelnen um die Verarbeitung folgender Parameter:

- den oder die Typen der Informationselemente, aus denen die Struktur zusammengesezt ist
- die Anzahl der Elemente und
- die Verbindung (Korrelation) zwischen ihnen.

Als Beispiel dynamischer Datenstrukturen können insbesondere alle jene Strukturen dienen, die der Speicherung der Geometrie- bzw. Gestaltdaten technischer Gebilde (Bauteile, Baugruppen etc.) dienen. Es wäre unökonomisch, in solchen Fällen einen festen Speicherplatz einer „Datenstruktur für das größte vorkommende technische System" festzulegen. Besser ist es, diese von Fall zu Fall entsprechend der zu speichernden Datenmenge aufzubauen, zu erweitern oder zu verkleinern.

Beim Arbeiten mit dynamischen Datenstrukturen muß demnach das Programm selbst für die einzelnen Informationselemente Speicherzuweisungen vornehmen können, eine Tätigkeit, die ansonsten von Compilern (ohne Zutun des

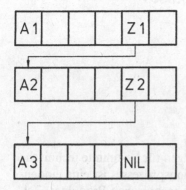

Bild 2.8.13. Schematische Darstellung einiger Datensätze mit „Zeigerinformationen"

Programmerstellers) erledigt wird. Dadurch entfällt die Prüfung dieser Tätigkeit durch den Compiler; dieses ist ein Nachteil dynamischer Datenstrukturen.

Geht man davon aus, daß im konkreten Fall der Typ oder die Typen der Elemente, welche in einer solchen Struktur vorkommen, bekannt und konstant sind, so können diese von Anfang an fest vereinbart werden. Die Typen, aus welchen dynamische Strukturen gebildet werden, liegen dann fest. Danach können während eines Prolgrammlaufs nur noch die Anzahl der Elemente und die Verbindungen (Form der Struktur) verändert werden.

Eine häufig angewandte dynamische Struktur ist eine einfache „Kette" (Liste) von Elementen. Jedes Element dieser Kette kann selbst wiederum als ARRAY oder RECORD etc. strukturiert sein.

Die Verbindungen zwischen Informationselementen werden durch sogenannte Zeiger (Hinweise) dargestellt.

Jedes Element kann selbst ein umfangreicher Datenverbund mit jeweils einem Feld- bzw. Zeigerwert, welcher zum Nachfolgeelement verweist, sein. Das entsprechende Feld des letzten Elementes hat den Wert NIL (Nichts). Um an eine solche „Kette" ein weiteres „Glied" anzufügen, muß das letzte „Glied" (Element) so beschaffen sein, daß es stets noch einen weiteren leeren Speicherplatz „reservieren läßt" und mit seinem Zeigerfeld auf diesen „letzten Platz" verweist.

Wenn dem letzten Zeigerfeld anstatt NIL stets der Verweis zum ersten Element zugeordnet wird, entsteht aus einer ketten- eine ringförmige Struktur. Weist man dem letzten Element stets oder entsprechend irgendwelcher Kriterien Doppelzeiger zu, so entstehen auf diese Weise baumförmige Strukturen.

Eine „Zeigerinformation" kann eine Angabe einer Adresse an bestimmter Stelle eines Datenverbundes (Record, Array) sein; der Datenverbund enthält einen Zeiger (Hinweis) auf einen anderen Datenverbund. In Bild 2.8.13 ist die Information „Zeiger" exemplarisch dargestellt.

Einen Zeiger kann man dadurch erzeugen, daß man eine Adreßinformation an einer bestimmten Stelle eines Datenverbundes hineinschreibt; ein Zeiger ist ein Verweis von Datensatz zu Datensatz. Manche Programmiersprachen benutzen den Datentyp ZEIGER und definieren diesen als Variable [232].

III Automatisierung des Zeichenprozesses

Mit Hilfe von Konstruktionsprozessen werden Lösungen für bestimmte technische Aufgaben entwickelt. Das Ergebnis eines Konstruktionsprozesses ist eine eindeutige und vollständige Beschreibung des zu bauenden technischen Produktes. Zeichenprozesse haben den Zweck, Konstruktionsergebnisse so eindeutig und vollständig zu dokumentieren (niederzulegen), daß die zu bauenden Maschinen in allen Einzelheiten identisch sind, unabhängig von wem diese gebaut werden. Unter dem Begriff „Zeichnen" sollen im folgenden nur die manuellen Tätigkeiten des Zeichnens verstanden werden. Es sollen hierunter nicht die zum Dokumentieren auch noch notwendigen „intelligenten Tätigkeiten" verstanden werden, welche beispielsweise festlegen, ob ein Strich „durchgezogen" oder „gestrichelt" bzw. eine Kante sichtbar oder unsichtbar zu zeichnen ist. Will man das Dokumentieren von Konstruktionsergebnissen automatisieren, so stellt sich die Frage nach der Art der in einer Zeichnung zu dokumentierenden Informationen und deren symbolischer Darstellung (Symbolik).

1 Informations- und Symbolarten zur Beschreibung technischer Gebilde – Symbol-Bibliotheken

Ein Konstruktionsergebnis wird üblicherweise in Form von Zusammenstellungs- und Einzelteilzeichnungen vollständig beschrieben und dokumentiert. Die in solchen Zeichnungen niedergelegten Informationen technischer Produkte lassen sich gliedern in Informationen über

- die Gestalt eines Bauteils oder einer Baugruppe, d.h. über Abmessungen, Abstände und Neigungen, Form, Zahl, Lage und Verbindungsstruktur der ein Bauteil bildenden Gestaltelemente,
- die Genauigkeit der Gestalt eines Bauteils, festgelegt durch die Maß-, Form- und Lagetoleranzen (DIN 7182 und 7184) von Teiloberflächen eines Bauteils,
- die Oberflächenbeschaffenheit einzelner Teiloberflächen eines Bauteils, d.s. Rauhigkeit, Rillenrichtung, Oberflächenbehandlungen (Wärmebehandlungen, Beschichtungen etc.), Art des Fertigungsverfahrens zur Herstellung einer Teiloberfläche u.a.m. und
- den Werkstoff oder die Werkstoffe, aus dem/denen ein Bauteil gefertigt werden soll.

Neben diesen explizit in einer Zeichnung genannten Informationen enthält diese meist noch eine Vielzahl anderer ex- oder impliziter Informationen, auf die in den Kapiteln V1.4 und VI 1 noch ausführlich eingegangen wird.

Implizite Informationen einer Zeichnung sind solche, welche nicht genannt sind, aber aus den expliziten Informationen einer Zeichnung gewonnen werden können. So lassen sich in bestimmten Fällen beispielsweise aus einer Zeichnung Informationen über Funktion und Fertigungsverfahren eines dort dargestellten Bauteiles gewinnen, obgleich diese nicht explizit angegeben sind.

Die expliziten Informationen einer Zeichnung werden durch eine Vielzahl unterschiedlicher Symbole dargestellt, und zwar teils mittels

- üblicher Schriftzeichen bzw. Texte, d.h. mittels Buchstaben, Ziffern und Satzzeichen,
- spezieller technischer Zeichen wie z.B. Durchmesser-, Schweiß- oder Oberflächenzeichen,
- Bilder, d.s. Ansichten, Schnitte und/oder Perspektiven.

Entsprechend kann man zwischen folgenden Symbolarten zur Dokumentation technischer Produkte unterscheiden:

- Schriftzeichen,
- Technikzeichen und
- Bilddarstellungen.

Unterschiedliche Informationen können durch Symbole unterschiedlicher

- Gestalt,
- Punktsymbole und Linienarten (dick, dünn, durchgezogen, gestrichelt etc.) und
- Farbe

zum Ausdruck gebracht werden (s. Bild 3.1.1).

Punkte und Linien sind die „Grundbausteine", aus welchen Bilder und Symbole zusammengesetzt werden; sie sollen deshalb auch so bezeichnet werden. Da Punkte und Linien die Dimension null bzw. eins haben, kann man sie auch als „0- bzw. 1D-Grundbausteine" bezeichnen. Später wird noch von Grundbausteinen höherer Dimension zu sprechen sein.

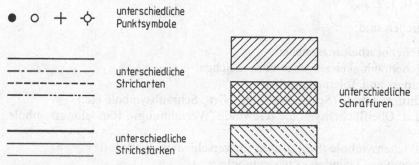

Bild 3.1.1. Unterschiedlich aussehende Punkt-, Strich- und Schraffursymbole – ein Mittel zur Darstellung und Dokumentation unterschiedlicher Informationsinhalte

Mehrdeutigkeit und Vielfalt von Symbolen: Ein Punkt oder eine Linie kann unterschiedliche Informationen symbolisieren. So kann beispielsweise ein Punkt in einem Text das Ende eines Satzes, in einer Bauteil-Ansicht hingegen einen Kreismittelpunkt symbolisieren. Eine Linie in einer Zeichnung kann eine Kante oder die Kontur eines Körpers symbolisieren. Zum Verständnis eines Informationsinhaltes eines Symbols bedarf es deshalb stets noch einer Interpretation oder Interpretationsvorschrift. Symbol plus Interpretation ergeben erst eine bestimmte Information.

Im einzelnen lassen sich die zur Dokumentation technischer Gebilde benötigten Symbole in sogenannte Grundsymbole (Grundbausteine) und zusammengesetzte Symbole gliedern. Grundsymbole zur Zeichen- und Bilderzeugung lassen sich gliedern in

- Punkte und
- Linien unterschiedlicher Form und Abmessungen (Gestalt).

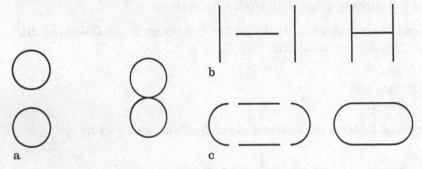

Bild 3.1.2. Zusammensetzen von Symbol-Elementen (Strecken, Kreise, Kreisbögen) zu komplexeren Symbolen, wie Zeichen, Buchstaben, Bildern u. a.

Aus diesen Grundbausteinen werden Schrift- und Technikzeichen sowie Bilder (Ansichten, Schnitte, Perspektiven) zusammengesetzt. Bild 3.1.2 zeigt exemplarisch einige Zusammensetzungen von Linien zu Symbolen bzw. Figuren.
Schriftzeichen sind:

- Buchstaben: a, b, c ...
- Satzzeichen: ? ! - ...
- Ziffern: 0, 1, 2, 3 ... 9

Technikzeichen sind:

- Oberflächenbearbeitungszeichen
- Oberflächenrauhigkeitsangaben bzw. -zeichen
- Bemaßungs- und Toleranzangaben
- Verbindungssymbole (Schweißzeichen, Niet-, Schraubsymbole etc.)
- Wirk- u. a. Oberflächensymbole (Gewinde-, Verzahnungs-, Rändelungssymbole etc.)
- Schnittflächensymbole (Schraffuren für verschiedene Werkstoffe)
- Körpersymbole (Zylinder-, Kugelsymbole etc.)
- Bauteilsymbole (Schrauben-, Federn-, Nietensymbole etc.)

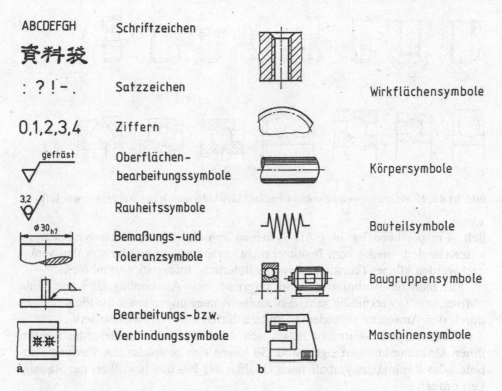

Bild 3.1.3. Verschiedene Arten von Symbolen: Schriftsymbole, Satzzeichen, Ziffern, technische Symbole, wie Oberflächenbearbeitungssymbole, Rauheits-, Bemaßungs- und Toleranzsymbole u. a. m.

- Baugruppensymbole (Wälzlager-, Motor-, Getriebesymbole etc.)
- Maschinen-, Geräte-, Apparatesymbole u. a.

Bild 3.1.3 zeigt einige Symbole der genannten Arten. In der Praxis gibt es für jedes der genannten Symbole eine große Menge artgleicher Symbole, so z. B. gibt es eine Vielzahl unterschiedlicher Symbole für Schweißzeichen oder für Schrauben, Muttern, Wälzlager, Trägerprofile, Federn, elektrische-, elektronische-, hydraulische Bauelemente, Einrichtungsgegenstände (Schränke, Herde, Waschbecken etc.) oder viele andere mehr. Um diese Vielfalt artgleicher Symbole zu verdeutlichen, zeigt Bild 3.1.4 exemplarisch einige Schrauben- und Wälzlagersymbol-Familien. Die Praxis kennt darüber hinaus noch wesentlich mehr Symbolvarianten als hier dargestellt. Für die Entwicklung und Nutzung von CAD-Zeichensystemen ist es notwendig, die für ein bestimmtes Fachgebiet erforderlichen Symbole zu speichern und sie dem Benutzer nach Bedarf zur Verfügung zu stellen.

Konstante und Veränderliche Symbole: Bei der Handhabung von Symbolen mit Rechnern ist zu beachten, daß bestimmte Symbole in ihren Abmessungen in Zeichnungen stets unverändert angewandt werden (Schweißzeichen, Oberflächenbearbeitungszeichen u. a.). Andere müssen in ihren Abmessungen dem Bauteil, in dem sie als Informationssymbol „dienen", angepaßt werden. So ist z. B. bei Gewindesymbolen eine maßliche Anpassung an das betreffende Bauteil erforder-

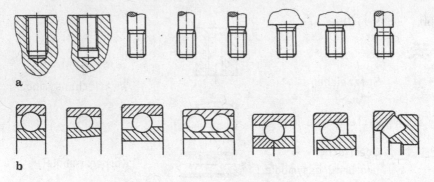

a

b

Bild 3.1.4a, b. Beispiele zweier Symbol-Familien: Gewindesymbole (**a**), Wälzlagersymbole (**b**)

lich. Entsprechend ist in CAD-Systemen zwischen Informationssymbolen zu unterscheiden, welche vom Benutzer nicht verändert und welche von ihm verändert werden können (konstante bzw. veränderliche Informationssymbole).

Für manche Symbolarten kann aufgrund ihrer Anwendungsfälle auch eine „Mischform" zweckmäßig sein, d.h. einige Abmessungen eines Symbols müssen durch den Anwender veränderbar, andere dürfen nicht veränderbar sein.

Manche Symbol-Familien lassen sich dann noch weiter unterordnen, wenn ihnen Ordnungskriterien eigen sind. So lassen sich beispielsweise Passungssymbole oder Rauhigkeitssymbole nach Qualität der Passung bzw. Wert der Rauhigkeit ordnen.

Symbol-Bibliotheken: In der Praxis wird auf Ordnungen von artgleichen Symbolen oft verzichtet, statt dessen werden dem Benutzer diese als „Bilder-Menü" zur Auswahl angeboten; der Benutzer kann sich dann ein bestimmtes Symbol beispielsweise durch „Picken auf ein Menü-Blatt" wählen. CAD-Systeme verfügen über derartige Symbolbibliotheken. So kann der Benutzer das erforderliche Symbol beispielsweise über ein Tableau bzw. Menü-Blatt wählen und in die Zeichnung einbringen. Bild 3.1.5 zeigt einen Ausschnitt aus einem solchen „Symbol-Menü".

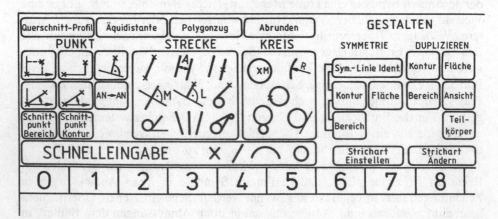

Bild 3.1.5. Ausschnitt aus einem CAD-Tableau zur Eingabe und zum Zusammensetzen von Symbol-Elementen zu komplexeren Gebilden (RUKON)

CAD-Darstellungssysteme können das Erstellen von Zeichnungen wesentlich erleichtern, wenn sie möglichst über alle zur Dokumentation von Produkten notwendigen Symbole verfügen und das Zusammensetzen zu Symbolen und Zeichnungen einfach ermöglichen. Symbol-Bibliotheken können dem Konstrukteur wesentlich mehr „Komfort" bieten als die früher zu gleichen Zwecken benutzten Zeichenschablonen. Symbol-Bibliotheken können analog als „elektronische Zeichenschablonen" angesehen werden.

Da die Gesamtzahl der in der Technik üblichen Informationssymbole sehr groß ist, wäre deren vollständige Handhabung in einem CAD-System sehr aufwendig. Aus praktischen Gründen ist dies auch nicht notwendig, da ein bestimmter CAD-Anwender zur Dokumentation der branchenüblichen Produkte auch nur eine bestimmte Teilmenge aller Symbole benötigt, nämlich nur jene, welche für das jeweilige Produktspektrum benötigt werden. Es genügt deshalb, jedem Anwender die für seine Produktepalette üblichen Informationssymbole in seinem CAD-System zur Verfügung zu stellen.

2 0- und 1D-Grundbausteine zur Symbol- und Bilderzeugung und deren mathematische Beschreibungen

Grundbausteine (Elemente) der Symbol- und Bilderzeugung sind

- Punkte und
- Linien unterschiedlicher Form und Abmessungen,

hierzu zählen im einzelnen

- Gerade, Strecke;
- Kreis, Kreisbogen;
- Parabelstücke;
- Ellipse, Ellipsenstücke;
- Hyperbelstücke;
- interpolierende und approximierende Splines.

Die Erzeugung von Symbolen und Bildern kann ausschließlich mittels

- Punkten oder
- Geraden- oder auch
- andersförmiger Linienstücke

erfolgen. Die Beschreibung der Gestalt technischer Gebilde ist nicht in allen Fällen mittels analytisch geschlossen beschreibbarer mathematischer Funktionen möglich; in manchen Fällen muß man sich mit näherungsweisen Beschreibungen mittels Punkten, Geradenstücken oder Stücken anderer mathematischer Funktionen (Kegelschnitte, Polynome etc.) begnügen. Die näherungsweise Beschreibung der Gestalt technischer Gebilde mittels vieler Punkte oder Geradenstücke ist zwar theoretisch sehr einfach, aber gegenüber jenen mittels geschlossen beschreibbarer mathematischer Funktionen stets mit der Verarbeitung und Verwaltung größerer

Datenmengen verbunden. Man wendet diese einfache aber nur näherungsweise Beschreibung der Gestalt von Symbolen oder Bildern deshalb meist nur in jenen Fällen an, wo eine Beschreibung mittels mathematischer Funktionen nicht möglich ist.

Im folgenden sollen die wesentlichen Grundlagen zur Beschreibung dieser Grundbausteine kurz zusammengefaßt werden.

Koordinatensysteme: Zur Beschreibung geometrischer Gebilde bedarf es von Fall zu Fall unterschiedlicher Koordinatensysteme. Solche können sein:

- Kartesische-,
- Polar-,
- Zylinder- und
- Kugelkoordinatensysteme

Zum bequemen Arbeiten mit CAD-Systemen ist es ferner notwendig, in solchen Systemen neben absoluten, beliebig viele relative Koordinatensysteme anwenden (definieren) zu können und „Automatismen" zu haben, um Punkt- und Liniengebilde von einem Koordinatensystem in ein anderes transformieren (umrechnen) zu können (s. Kap. IV 1).

Punkt-Beschreibungen: Die Beschreibung eines Punktes in einer Ebene kann (u.a.) durch Angabe seines x- und y-Wertes oder durch Angabe seines Abstandes vom Koordinatenursprung r und dem Winkel φ eines Strahles vom Koordinatenursprung zu diesem Punkt und den Koordinatenachsen (s. Bild 3.2.1) erfolgen.

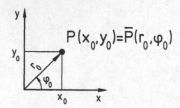

Bild 3.2.1. Beschreibung eines Punktes in der Ebene mittels kartesischer- oder mittels Polarkoordinaten

Linien- bzw. Kurven-Beschreibungen: Die Beschreibung beliebig in einer Ebene liegender Kurven (Linien) kann mittels Koordinatentransformation bzw. mit Hilfe relativer Koordinatensysteme stets in ihre Ursprungsform zurückgeführt werden. Deshalb genügt es hier nur diese Form zu betrachten:

Kegelschnitt: $ax^2 + 2bxy + cy^2 + 2dx + 2ey + f = 0$ (allgemein)

Gerade: $ax + by + c = 0$ (allgemeine Form)

$$\frac{x - x_1}{y - y_1} = \frac{x_2 - x_1}{y_2 - y_1}$$ (2-Punkte-Form)

Kreis: $x^2 + y^2 = r^2$ (Achsenform)

$x = r \cdot \cos(t)$ (Parameterform)
$y = r \cdot \sin(t)$

Ellipse: $\dfrac{x^2}{a^2}+\dfrac{y^2}{b^2}=1$ (Achsenform)

$x=a\cdot\cos(t)$ (Parameterform)
$y=b\cdot\sin(t)$

Hyperbel: $\dfrac{x^2}{a^2}-\dfrac{y^2}{b^2}=1$ (Achsenform)

$x=a\cdot\cosh(t)$ (Parameterform)
$y=b\cdot\sinh(t)$

Parabel: $y=\pm\sqrt{2px}$ (Achsenform)

$x=t^2$ (Parameterform)
$y=p\cdot t$

Bild 3.2.2 zeigt eine Ellipse, eine Hyperbel und eine Parabel. Weitergehende Ausführungen über Kegelschnitte finden sich in der Literatur unter [12, 104, 149].

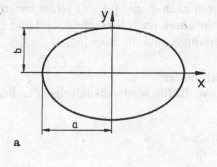

a

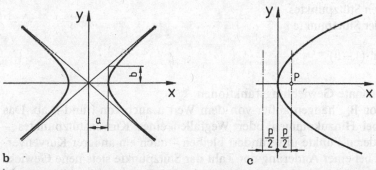

b

c

Bild 3.2.2 a–c. Verschiedene Kegelschnitte: Ellipse (**a**), Hyperbel (**b**), Parabel (**c**)

Splines

Bei der Gestaltung bestimmter Maschinenbauteile – wie beispielsweise Turbinenschaufeln, Rückleuchten von Fahrzeugen, Karosserieteilen von PKW's u.a. sind Formen von Bauteiloberflächen erforderlich, welche durch analytisch geschlossen beschreibbare Flächen *nicht* beschrieben werden können. Zur Konstruktion derartiger Bauteiloberflächen werden allgemeinere, sogenannte „Freiformflächen" benötigt. In der Praxis ist eine solche Aufgabe zur Konstruktion derartiger Flächen meist in der Weise gegeben, daß einige Punkte (=Stützpunkte), inclusive Berandung, dieser Fläche vorgegeben sind. Zu konstruieren ist eine stetige Fläche (Freiformfläche) durch die vorgegebenen Stützpunkte. Die Konstruktion von Flächen wird durch die Konstruktion stetiger Linienzüge durch die vorgegebenen Stützpunkte realisiert. Es ergibt sich somit die Aufgabe, durch vorgegebene Stützpunkte stetige Linienzüge zu legen. Mit den sonst im Maschinenbau üblichen analytisch geschlossen beschreibbaren Linienformen können diese Aufgaben meist nicht zufriedenstellend gelöst werden; Näherungen durch Geradenstücke sind in vielen Fällen nicht exakt genug. Zur Lösung solcher Aufgaben haben sich in der Praxis sogenannte „Spline-Funktionen" als vorteilhaft erwiesen. Mit „approximierenden oder interpolierenden Spline-Funktionen" lassen sich durch beliebig in einer Ebene oder im Raum liegende Punkte (Stützpunkte) stetige Linienzüge legen.

Zur Erzeugung von Splines haben sich in der Praxis folgende drei Verfahren bewährt:

- ein approximierendes Verfahren nach Bezier [23, 24], ferner ein sogenanntes
- approximierendes B-Spline-Verfahren nach Riesenfeld [180] und ein
- interpolierendes B-Spline-Verfahren nach de Boor [51].

Approximierendes Verfahren nach Bezier
Eine Bezier-Approximationskurve BZ(u) wird mittels folgender Beziehung definiert:

$$BZ(u) = \sum_{i=0}^{n} B_{i,n}(u) \cdot p_i \qquad \text{mit: } 0 \leqslant u \leqslant 1$$

es bedeuten:
p_i = Wert des i-ten Stützpunktes
$n+1$ = Anzahl der Stützpunkte

$$B_{i,n}(u) = \binom{n}{i} u^i \cdot (1-u)^{n-i}$$

$B_{i,n}(u)$ sind sogenannte Gewichtungsfunktionen.

Die Werte von $B_{i,n}$ hängen außer von dem Wert u auch von i und n ab. Das bedeutet, daß bei Hinzukommen oder Wegfallen eines Kurvenstützpunktes - obgleich alle anderen Punkte unverändert bleiben - auch ein anderer Kurvenverlauf entsteht, da bei einer Änderung der Zahl der Stützpunkte stets neue Gewichtungsfunktionen ermittelt werden müssen und jeder Stützpunkt über diese Funktionen Einfluß auf den Verlauf der gesamten Kurve besitzt. Jedem Wert des Parameters u entspricht *ein* bestimmter Punkt der Bezier-Kurve. Zur Bestimmung eines Wertes der Bezier-Kurve sind stets *alle* Gewichtungsfunktionen für den betreffenden Parameterwert u zu berechnen und mit den jeweiligen Stützpunktwerten zu multiplizieren. Durch Summation der so errechneten Einzelwerte erhält man schließlich den gewünschten Bezier-Kurvenwert.

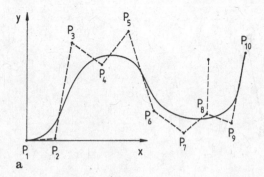

a

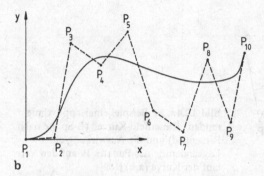

b

Bild 3.2.3 a, b. Beispiel einer approximierenden „Bezier-Kurve" („Bezier-Spline") (a); Veränderung des Verlaufes der Bezier-Kurve aufgrund der Lageänderung des Punktes P_8 (a, b) [169]

Bei Änderung der Stützpunktkoordinaten wird durch eine Bezier-Funktion stets der gesamte Kurvenverlauf – ausgenommen Anfangs- und Endpunkt – verändert. Bild 3.2.3 zeigt einen Bezier-Kurvenverlauf vor (a) und nach (b) Änderung der Lage des Stützpunktes P_8. Nachteilig bei dieser Funktionsart ist, daß die Ordnung der Polynome und mithin die „Schwingungsneigung" proportional zur Anzahl der Stützpunkte zunimmt [169].

Approximierendes B-Spline-Verfahren nach Riesenfeld
Durch Zusammensetzen von Spline-Funktionen lassen sich Polynomfunktionen stückweise nachbilden. Das aufgrund dieser Möglichkeit von Riesenfeld entwickelte Verfahren zur Erzeugung stetiger Kurven durch beliebig vorgegebene „Stützpunkte" wird als Basis-Spline-Verfahren (B-Spline-Verfahren) bezeichnet [180]. Es ist von ähnlicher Art wie jenes von Bezier entwickelte Verfahren. Auch bei dem Verfahren von Riesenfeld wird jedem Stützpunkt eine Gewichtungsfunktion zugeordnet. Die Gewichtungsfunktionen werden jedoch so gewählt, daß diese nur in der Nähe der jeweiligen Stützpunkte von Null verschieden sind. Dieses hat zur Folge, daß die Gewichtungsfunktionen und somit alle Stützpunkte nur in einem relativ kleinen Bereich des Splines Einfluß auf dessen Verlauf ausüben können. Die Folgen einer Änderung der Stützpunkte sind entsprechend geringer.

Derartige Approximationsfunktionen BS(u) werden mathematisch wie folgt beschrieben:

$$BS(u) = \sum_{i=1}^{n} B_{i,k}(u) \cdot p_i; \qquad u \in [0, n+k-2]$$

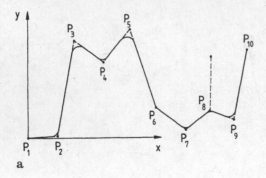

a

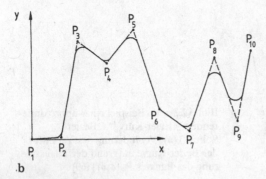

.b

Bild 3.2.4 a, b. Beispiel einer approximierenden „Riesenfeld-Kurve" (B-Spline nach Riesenfeld) und die Auswirkung einer Lageänderung des Punktes P_8 auf den Verlauf der Kurve (**a, b**) [169]

mit: $p_i = $ i-ter Stützpunkt

$\quad\quad n = $ Anzahl der Stützpunkte

$B_{i,l}(u) = 1$, wenn $u_i < u < u_{i+1}$, sonst $B_{i,e}(u) = 0$

$$B_{i,k}(u) = \frac{(u - u_i)\, B_{i,k-1}(u)}{u_{i+k-1} - u_i} + \frac{(u_{i+k} - u)\cdot B_{i+1,k-1}(u)}{u_{i+k} - u_{i+1}}$$

$B_{i,k}(u)$ ist der i-te B-Spline der Ordnung k.

Da eine Gewichtungsfunktion $B_{i,k}(u)$ nur auf einer Länge von k Parameter-Intervallen ungleich Null ist, hat ein Stützpunkt nur einen lokal begrenzten Einfluß auf den Kurvenverlauf einer approximierten BS-Kurve (s. Bild 3.2.4).

Im Gegensatz zum Verfahren nach Bezier werden bei diesem Verfahren nicht alle Gewichtungsfunktionen und Stützpunkte zur Bestimmung eines B-Spline-Kurvenwertes benutzt, sondern nur jene, in deren Parameterintervall der betreffende Punkt liegt. Bild 3.2.4 zeigt ein Beispiel einer B-Spline-Kurvenberechnung vor (a) und nach (b) Verlegung des Stützpunktes P_8 [169].

Durch Vergrößern oder Verkleinern der Ordnung von k kann der Einflußbereich eines Stützpunktes vergrößert oder verkleinert werden.

Interpolierendes B-Spline-Verfahren nach de Boor

Zur Erzeugung stetiger Funktionen, welche durch vorgegebene Stützpunkte (p_i) hindurchgehen, diese also nicht nur annähern, entwickelte de Boor ein „interpolierendes B-Spline-Verfahren". Die interpolierende Basis-Spline-Funktion wird dazu wie folgt angegeben:

$$BSI(u) = \sum_{i=1}^{n} B_{i,k}(u) \cdot a_i; \qquad u \in [0, n+k-2]$$

Für $B_{i,l}(u)$ und $B_{i,k}(u)$ gelten die gleichen Beziehungen wie für das vorgenannte approximierende B-Spline-Verfahren.

Um die zu erzeugende stetige B-Spline-Kurve exakt durch die Stützpunkte gehen zu lassen, definiert man einen Lösungsvektor a, der durch folgendes Gleichungssystem bestimmt werden kann:

$$\begin{pmatrix} p_1 \\ p_2 \\ \vdots \\ p_n \end{pmatrix}^T \cdot \begin{pmatrix} B_1(u_1), B_1(u_2), \ldots\ldots, B_1(u_n) \\ B_2(u_1), B_2(u_2), \ldots\ldots, B_2(u_n) \\ \vdots \\ B_n(u_1), B_n(u_2), \ldots\ldots, B_n(u_n) \end{pmatrix}^{-1} = \begin{pmatrix} a_1 \\ a_2 \\ \vdots \\ a_n \end{pmatrix}^T$$

Die Zahl der Gleichungen dieses Systems wächst proportional mit der Zahl der Stützpunkte. Nachteil dieses Verfahrens ist lediglich die zeitaufwendige Lösung sehr umfangreicher Gleichungssysteme, falls die Zahl der Stützpunkte relativ groß ist. Bild 3.2.5 zeigt ein Beispiel für eine so berechnete BSI-Kurve. Schließlich zeigt Bild 3.2.6 noch fünf vorgegebene Stützpunkte P_1 bis P_5 und die mittels der Verfahren von Bezier (1), Riesenfeld (2) und de Boor (3) berechneten Splines zu Vergleichszwecken.

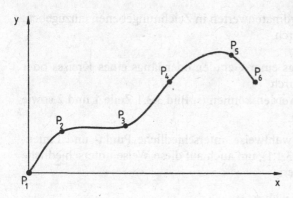

Bild 3.2.5. Beispiel eines interpolierenden B-Splines nach de Boor [169]

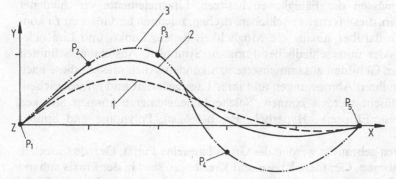

Bild 3.2.6. Vergleich des Verlaufs von Kurven nach Bezier (1), Riesenfeld (2) und de Boor (3) bei 5 vorgegebenen Punkten [169]

3 Eingeben, Erzeugen und Zusammensetzen von 0- und 1D-Grundbausteinen zu Symbolen und Bildern

Zur Erzeugung von Informationssymbolen (Zeichen, Ziffern etc.), und Bildern (Ansichten, Schnitte) sind „0- und 1D-Grundbausteine" erforderlich, aus welchen komplexere Symbole zusammengesetzt werden können. Solche „Grundbausteine" sind Punkte, Kreise, Kreisbögen und sonstige Kegelschnitte und Stücke von Kegelschnitten, sowie Polynome, interpolierende und approximierende Splines.

Das Erzeugen und Zusammensetzen von Grundbausteinen zu Symbolen, Ansichten und Schnitten ist eine wesentliche Fähigkeit von CAD-Zeichensystemen. Zu diesen Fähigkeiten zählen im einzelnen,

- die Bereitstellung absoluter und relativer kartesischer und polarer Koordinatensysteme;
- das Erzeugen von Punktsymbolen und Linienelementen unterschiedlicher Strichart, Strichdicke und Strichfarbe;
- das Zusammensetzen o. g. Grundbausteine zu komplexen Gebilden sowie
- das Löschen und Ändern dieser Elemente.

Erzeugen und Zusammensetzen von Punkten
CAD-Zeichensysteme müssen die Möglichkeit bieten,

- Punkte durch Angabe von Koordinatenwerten in Zeichnungebenen einzugeben. Ferner müssen diese Punkte durch
- Schneiden von Kurven,
- Vervielfachen von Punkten längs einer Geraden oder längs eines Kreises oder anderer Kurvenformen, oder durch
- Spiegeln von Punkten erzeugt werden können (s. Bild 3.3.1 Zeile 1 und 2 sowie Bild 3.3.3 Zeile 1).

Außerdem sollten CAD-Systeme wahlweise unterschiedliche Punkt- und Liniensymbole zeichnen können (s. Bild 3.1.1), um auch auf diese Weise unterschiedliche Informationen darstellen zu können.

Zusammensetzen von Punkt- und Linienelementen
CAD-Systeme müssen die Fähigkeiten besitzen, Linienelemente verschiedener Form zu erzeugen, diese ferner verschieben, drehen, zeichnen und löschen zu können. Sie müssen darüber hinaus die Möglichkeit bieten, Punkt- und Linienelemente gleicher oder unterschiedlicher Form zu Symbolen, Ansichten, Schnitten u. a. komplexeren Gebilden zusammensetzen zu können. Auch müssen diese nach Eingabe noch in ihren Abmessungen und ihrer Lage geändert und erforderlichenfalls wieder gelöscht werden können. Solche Linienelemente können Strecken (Geraden), Kreis-, Ellipsen-, Hyperbel-, Parabelbögen, Polynome und Splines sein.

Am häufigsten gebraucht werden die Grundbausteine Punkt, Gerade (Strecke), Kreis und Kreisbogen. Geraden, Kreise und Kreisbögen sind in der Praxis anhand sehr unterschiedlicher Vorgaben zu konstruieren. So sind z. B. Geraden oder Strecken zu konstruieren

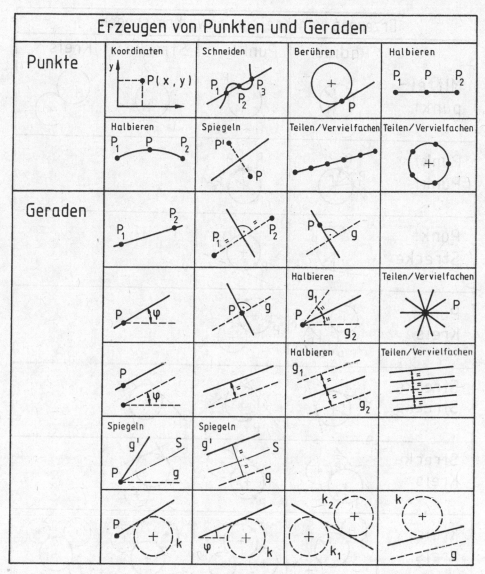

Bild 3.3.1. Erzeugung von Punkten und Geraden anhand unterschiedlicher Vorgaben (Auswahl)

- durch zwei vorgegebene Punkte P_1, P_2. (Bild 3.3.1, Zeile 3 von oben, Spalte 2),
- als Mittelsenkrechte der Verbindung zweier Punkte P_1, P_2 (Bild 3.3.1, Zeile 3, Spalte 3),
- als Senkrechte auf einer anderen Geraden g, durch einen Punkt P, der nicht auf g liegt (Bild 3.3.1, Zeile 3, Spalte 4),
- unter einem Winkel φ zu einer anderen Geraden und durch einen bestimmten Punkt P (Bild 3.3.1, Zeile 4, Spalte 2),
- als Senkrechte durch einen Punkt P einer anderen Geraden (Bild 3.3.1, Zeile 4, Spalte 3),

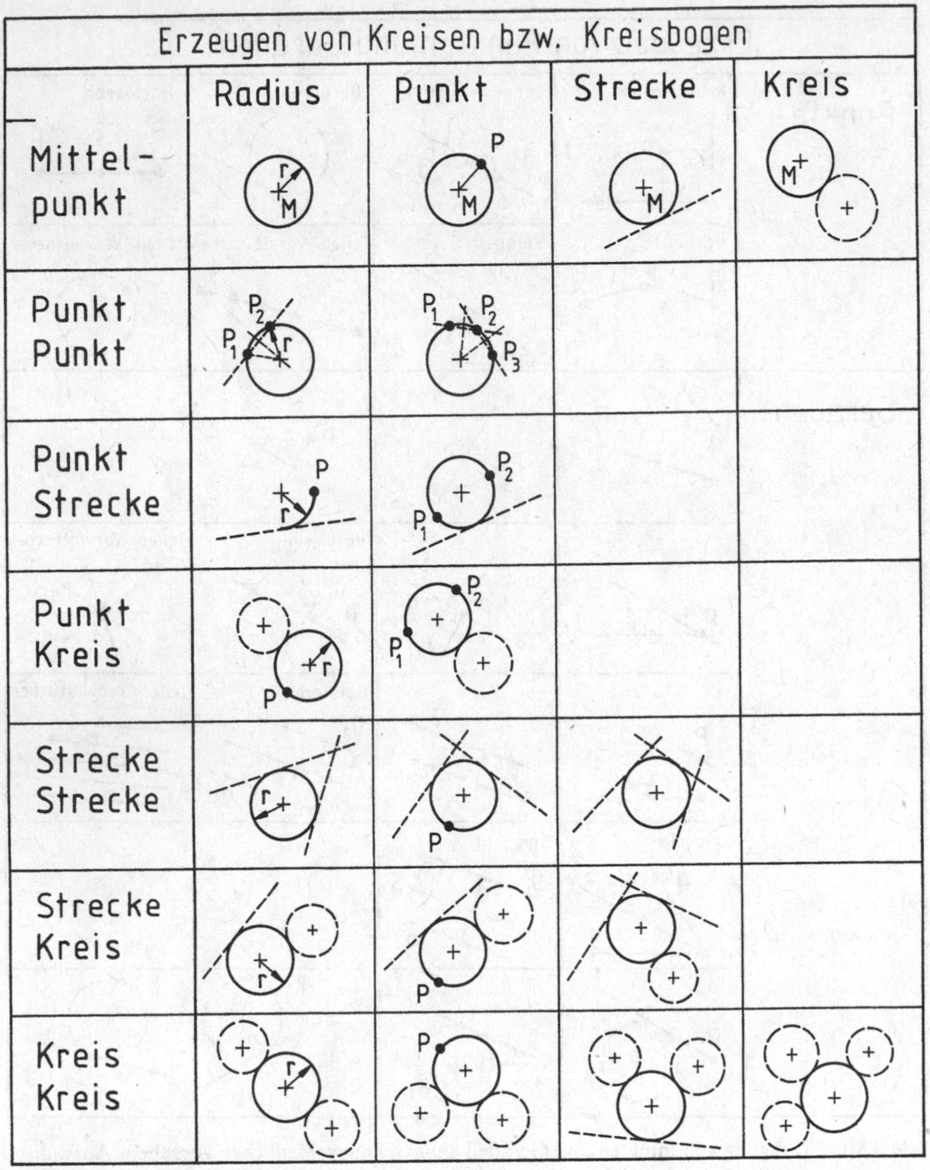

Bild 3.3.2. Erzeugen von Kreisen und Kreisbögen aufgrund unterschiedlicher Vorgaben (Auswahl)

- als Winkelhalbierende eines Winkels zweier anderer Geraden und durch deren Schnittpunkt P (s. Bild 3.3.1, Zeile 4, Spalte 4),
- durch gleichmäßiges Teilen oder Vervielfachen eines bestimmten Winkel- oder Bogenmaßes (Bild 3.3.1, Zeile 4, Spalte 5),
- unter einem bestimmten Winkel φ zu einer anderen Geraden und durch einen bestimmten Punkt P (s. Bild 3.3.1, Zeile 5, Spalte 2),
- als Parallele und in einem bestimmten Abstand von einer anderen Geraden (s. Bild 3.3.1, Zeile 5, Spalte 3),

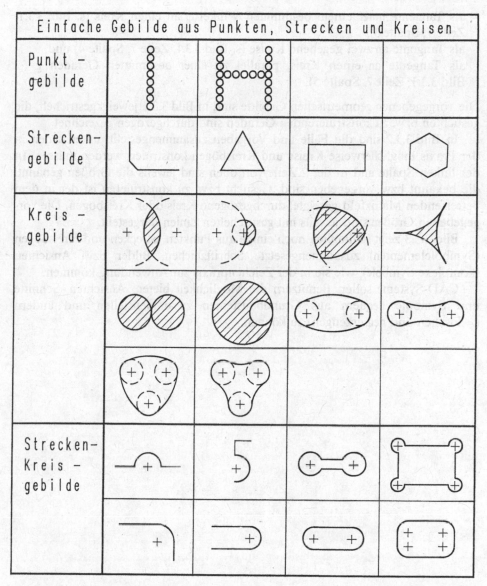

Bild 3.3.3. Aus Symbol-Elementen zusammengesetzte Makro-Symbole (Beispiele)

- als Abstandhalbierende zwischen zwei anderen parallelen Geraden (s. Bild 3.3.1, Zeile 5, Spalte 4),
- als Abstandteilende oder -vervielfachende Geraden zu zwei vorgegebenen parallelen Geraden (s. Bild 3.3.1, Zeile 5, Spalte 5),
- durch Spiegeln um eine bestimmte Spiegelachse (s. Bild 3.3.1, Zeile 6, Spalte 2 und 3).

Des weiteren können Geraden oder Strecken zu konstruieren sein

- als Tangente von einem bestimmten Punkt P aus an einen Kreis (s. Bild 3.3.1, Zeile 7, Spalte 2),

- als Tangente unter einem bestimmten Winkel φ an einen Kreis (s. Bild 3.3.1, Zeile 7, Spalte 3),
- als Tangente an zwei gegebene Kreise (s. Bild 3.3.1, Zeile 7, Spalte 4) und
- als Tangente an einen Kreis, parallel zu einer bestimmten Geraden g (s. Bild 3.3.1, Zeile 7, Spalte 5).

Die vorgegebenen geometrischen Gebilde sind in Bild 3.3.1 jeweils gestrichelt, die gesuchten bzw. zu konstruierenden Geraden sind durchgezogen gezeichnet.

In Bild 3.3.2 sind die Fälle und Vorgaben zusammengestellt, unter denen in der Praxis möglicherweise Kreise und Kreisbögen konstruiert werden müssen. In der linken Spalte und in der 2. Zeile von oben sind jeweils die Größen genannt, die bekannt bzw. vorgegeben sind. Gesucht bzw. zu konstruieren ist der in dem betreffenden Matrixfeld gezeigte, durchgezogene Kreis oder Kreisbogen. Die vorgegebenen Größen sind jeweils mit gestrichelten Linien dargestellt.

Bild 3.3.3 zeigt schließlich noch einige aus Punkten, Strecken und Kreisbögen (Symbolelementen) zusammengesetzte Schriftzeichen, Bilder bzw. Ansichten (komplexe Symbole), wie sie in der Zeichenpraxis zur Anwendung kommen.

CAD-Systeme sollen Benutzern die Möglichkeit bieten, Ansichten, Schnitte und Symbole bequem aus Grundbausteinen zusammenstellen und ändern (= löschen und neu erzeugen) zu können.

IV Automatisierung des Darstellungsprozesses

Unter dem Oberbegriff „Darstellen" sollen unter anderem die Tätigkeiten „Modellieren" und „Abbilden" verstanden werden. Mit „Modellieren" sollen jene Tätigkeiten bezeichnet werden, welche erforderlich sind, um aus Ansichten und Schnittdarstellungen eines Bauteils ein 3-dimensionales Modell zu entwickeln. Unter „Abbilden" sollen hingegen jene Tätigkeiten verstanden werden, welche erforderlich sind, um aus 3-dimensionalen Modellinformationen Bilder, d.h. Ansichten und Schnitte eines Bauteils zu erzeugen. Abbilden ist die inverse Tätigkeit des Modellierens.

Zur Erinnerung zeigt Bild 4.1 exemplarisch das Ergebnis eines Abbildungsprozesses. Beim Abbilden eines technischen Gebildes auf dem Reißbrett leistet der Mensch die gesamte Denkarbeit, die zur Erzeugung von Bildern (technischer Zeichnungen) notwendig ist, um ein in Wirklichkeit 3-dimensionales technisches Gebilde in 2-dimensionalen Ansichts- und Schnittzeichnungen darzustellen. Die inverse Denkarbeit leistet ein Mensch dann, wenn er eine technische Zeichnung liest und sich anhand der in der Zeichnung dargestellten Ansichten und Schnitte das räumliche Aussehen des betreffenden technischen Gebildes gedanklich erarbeitet. Für den geübten Fachmann ist das gedankliche Umsetzen von Ansichts- und Schnittdarstellungen in eine dreidimensionale Modellvorstellung des betreffenden Bauteiles ein relativ einfacher Prozeß. Wie komplex dieser Prozeß jedoch wirklich ist, wird dann besonders deutlich, wenn man die Schwierigkeiten sieht,

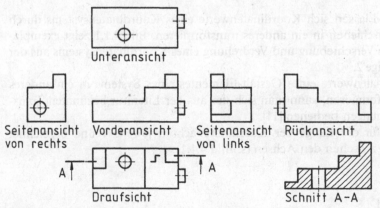

Bild 4.1. Darstellung eines Bauteiles in verschiedenen Ansichten und einer Schnittdarstellung. Beispiel für senkrechte Parallelprojektion nach DIN 6

welche Anfänger haben, wenn sie diese Umsetzungsprozesse erstmals zu lösen haben. Diese geistige Leistung wird auch dann deutlich, wenn man Programmsysteme entwickelt, welche diese Tätigkeiten automatisch erledigen sollen.

1 Grundbausteine zur Bauteil-Modellerzeugung und deren mathematische Beschreibung

Die Gestalt eines Bauteils (Körpers) wird gebildet aus Ecken, Kanten und Teiloberflächen. In einem Bauteilmodell (Daten-Modell oder auch „Rechnerinternes Modell" genannt) lassen sich die realen Gestaltelemente eines Bauteils durch die entsprechenden „Darstellungselemente" Punkt, Linie und Fläche modellieren. Punkte, Linien und Flächen unterschiedlicher Form und Abmessungen sind die Grundbausteine zum Bau von Bauteile-Modellen. Da Ecken, Kanten und Teiloberflächen eines Bauteils im allgemeinen beliebig in einem 3D-Raum angeordnet sein können, sind zu deren Beschreibung 3D-Funktionen erforderlich. Im folgenden sollen diese kurz zusammengefaßt werden. Zur Beschreibung von Grundbausteinen und Modellen ist es ferner vorteilhaft, kartesische, Zylinder- und Kugelkoordinatensysteme alternativ zur Verfügung zu haben. Außerdem müssen CAD-Systeme die Möglichkeit bieten, Grundbausteine und Modelle eines Koordiantensystems in ein anderes zu transformieren.

Koordinaten-Transformationen

Beim Arbeiten mit CAD-Systemen, insbesondere zur Eingabe von Gestaltdaten, ist es vorteilhaft, neben einem absoluten auch relative Koordinatensysteme zu haben. Ferner stellt sich häufig die Aufgabe, Punkte, Linien und andere Modellbauteile von einem Koordinatensystem in ein anderes zu transformieren. Zur Lösung dieser Aufgabe ist es wichtig zu wissen, daß sich beliebig im Raum liegende Koordinatensysteme durch Verschiebung und Drehung ineinander überführen lassen.

Entsprechend lassen sich Koordinatenwerte eines Koordinatensystems durch Drehen und Verschieben in ein anderes transformieren. Bild 4.1.1 zeigt exemplarisch eine solche Verschiebung und Verdrehung eines Koordinatensystems aus der Lage 1 in die Lage 2.

Um Koordinatenwerte eines Gestalt-Elementes eines Systems in ein anderes System zu transformieren, kann man sich der aus der Literatur bekannten Transformationsgleichungen bedienen [11].

Wählt man für die Länge der Koordinatenachsen jeweils 1 und bezeichnet man die Winkel zwischen den Achsen (s. Bild 4.1.1):

x', x'' mit α_1
y', x'' mit β_1
z', x'' mit γ_1 und

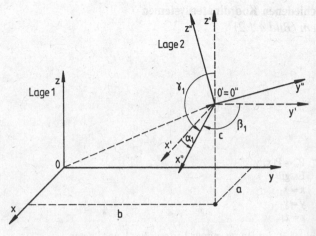

Bild 4.1.1. Koordinatensysteme und Koordinatentransformation

x', y'' mit α_2
y', y'' mit β_2
z', y'' mit γ_2 und

x', z'' mit α_3
y', z'' mit β_3
z', z'' mit γ_3

und benutzt für den Cosinuswert dieser Winkel die Abkürzungen:

$l_i = \cos\alpha_i$
$m_i = \cos\beta_i$
$n_i = \cos\gamma_i,$

so gilt für die Transformation eines Punktes von einem Koordinatensystem in ein anderes, d.h.

$P(x, y, z) \rightarrow P(x'', y'', z'')$:
$x'' = l_1 \cdot (x-a) + m_1 \cdot (y-b) + n_1 \cdot (z-c)$
$y'' = l_2 \cdot (x-a) + m_2 \cdot (y-b) + n_2 \cdot (z-c)$
$z'' = l_3 \cdot (x-a) + m_3 \cdot (y-b) + n_3 \cdot (z-c)$

Hierin sind die x-, y- und z-Komponenten des Verschiebevektors mit a, b und c bezeichnet.

Für die Inversion einer solchen Koordinatentransformation, d.h.

$P(x'', y'', z'') \rightarrow P(x, y, z)$ gilt:
$x = l_1 x'' + l_2 y'' + l_3 z'' + a$
$y = m_1 x'' + m_2 y'' + m_3 z'' + b$
$z = n_1 x'' + n_2 y'' + n_3 z'' + c$

Punkt-Beschreibungen in verschiedenen Koordinatensystemen
Kartesisches Koordinatensystem (Bild 4.1.2)

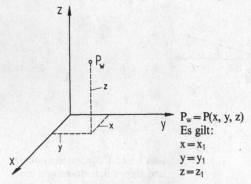

$P_w = P(x, y, z)$
Es gilt:
$x = x_1$
$y = y_1$
$z = z_1$

Bild 4.1.2. Beschreibung eines Punktes P_w im Raum mittels kartesischer Koordinaten

Zylinder-Koordinatensystem (Bild 4.1.3)

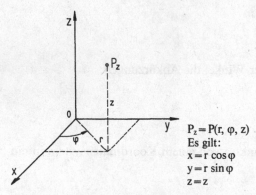

$P_z = P(r, \varphi, z)$
Es gilt:
$x = r \cos \varphi$
$y = r \sin \varphi$
$z = z$

Bild 4.1.3. Beschreibung eines Punktes P_z im Raum mittels Zylinder-Koordinaten

Kugel-Koordinatensystem (Bild 4.1.4)

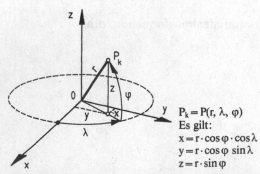

$P_k = P(r, \lambda, \varphi)$
Es gilt:
$x = r \cdot \cos \varphi \cdot \cos \lambda$
$y = r \cdot \cos \varphi \sin \lambda$
$z = r \cdot \sin \varphi$

Bild 4.1.4. Beschreibung eines Punktes P_k im Raum mittels Kugel-Koordinaten

Die folgenden Ausführungen über Beschreibungsmöglichkeiten von Grundbausteinen, Modellen und Koordinatentransformationen beschränken sich auf das in der Praxis meist verwendete, kartesische Koordiantensystem.

Linien- bzw. Kurven-Beschreibungen

Für die mathematische Beschreibung von Linien (Kurven) wie Geraden und sonstigen Kegelschnitten (Kreis, Ellipse, Hyperbel, Parabel) sind aus der betreffenden Fachliteratur [11, 12, 104, 149] eine Reihe von Methoden bekannt, von denen einige hier kurz wiedergegeben werden sollen.

Eine häufig gebrauchte und für CAD-Systeme besonders geeignete Beschreibungsart ist die Darstellung von mathematischen Relationen in geeigneter Parameter-Form bzw. mittels Hilfsvariablen. Auf diese Weise lassen sich solche Relationen in die eindeutigen Funktionen

$$x = g\,(t)$$
$$y = h\,(t)$$
$$z = r\,(t)$$

überführen. In seinem Definitionsbereich entspricht jedem Wert des Parameters t nur ein x-, y- und z-Wert. Die Anwendung der Parameterform erweist sich immer dann als besonders vorteilhaft, wenn beispielsweise zu einem x- oder y-Wert mehrere mögliche z-Werte existieren und die Lösung bzw. Werte nicht eindeutig zugeordnet werden können.

Gerade, Strecke

In CAD-Systemen werden Geraden zumeist durch folgende Methoden beschrieben:

2-Punkte-Form: zwei Raumpunkte definieren eindeutig die Lage der Geraden (Bild 4.1.5).

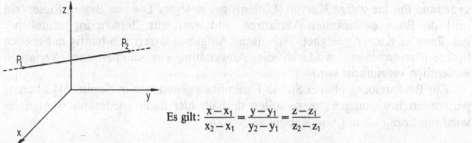

Es gilt: $\dfrac{x-x_1}{x_2-x_1} = \dfrac{y-y_1}{y_2-y_1} = \dfrac{z-z_1}{z_2-z_1}$

Bild 4.1.5. Beschreibung einer Geraden bzw. Strecke im Raum mittels zweier Punkte P_1, P_2

Punkt-Richtungs-Form: Die Strecke der Länge u ist definiert durch einen Ortsvek-
(Parameterform)   tor sowie einen Richtungsvektor (Bild 4.1.6). Vektoren
                      sind durch „fett gedruckte" Buchstaben gekennzeichnet.

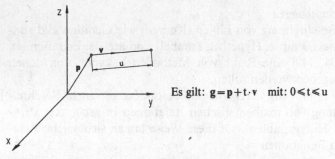

Es gilt: $g = p + t \cdot v$ mit: $0 \leqslant t \leqslant u$

Bild 4.1.6. Beschreibung einer Strecke im Raum in Parameterform

Kurven-Beschreibungen (Kegelschnitte)

Kegelschnitte – d.s. Ellipsen, Hyperbeln, Parabeln, Kreise und in Sonderheit
Geraden – in beliebiger räumlicher Lage in einem absoluten Koordinatensystem
lassen sich durch die Wahl eines geeigneten relativen Koordinatensystems und
durch Koordinatentransformation stets in eine Ebene legen und als „ebenes Problem" behandeln. Deshalb kann man sich bei der Beschreibung von Ellipsen,
Hyperbeln und Parabeln auf deren Beschreibung in der x-y-Ebene beschränken.
Ebene Kegelschnitte wurden bereits in Kapitel III.2 beschrieben und sollen deshalb hier nicht nochmals behandelt werden.

Spline-Beschreibungen

Approximierende und interpolierende Spline-Funktionen dienen dazu, durch vorgegebene Punkte stetige Kurven (Linienzüge) zu legen. Die von Bezier, Riesenfeld
und de Boor entwickelten Verfahren sind auch zur Berechnung räumlicher
gekrümmter Kurven geeignet. Technische Aufgaben lassen sich häufig mit ebenen
Spline-Kurven lösen, wodurch die Anwendung o.g. numerischer Verfahren
wesentlich vereinfacht wird.

Zur Beschreibung ebener Spline-Funktionen gelten jene in Kapitel III.2 bereits
genannten Beziehungen; diese sollen deshalb hier nicht wiederholt werden; es
wird diesbezüglich auf v.g. Kapitel verwiesen.

Flächen-Beschreibungen

Ist ein Bauteil eines technischen Systems neu zu gestalten (ohne Kenntnis von
Vorbildern), so entwickelt ein Konstrukteur Teiloberfläche für Teiloberfläche und
setzt diese nach und nach zu Bauteilen zusammen; Bauteile bzw. Bauteilmodelle
sind aus Teiloberflächen zusammengesetzt. Flächen bzw. Teiloberflächen sind
ebenfalls „Grundbausteine" von Bauteilen. Zur Differenzierung von anderen
Grundbausteinen kann man diese auch als 2D-Grundbausteine bezeichnen. Weil
diese zur Konstruktion von technischen Gebilden erforderlich sind, sollen deren
mathematische Beschreibungen im folgenden kurz behandelt werden.

Die zur Beschreibung von technischen Bauteiloberflächen erforderlichen Flächenformen werden aufgrund ihrer grundsätzlich unterschiedlichen mathematischen Beschreibungsmöglichkeiten in sogenannte

- analytisch geschlossen beschreibbare- und
- analytisch nicht geschlossen beschreibbare Flächen

gegliedert. Zur ersten Gruppe zählen die Flächenformen:

- Ebene
- Zylinder-
- Kegel-
- Kugel- und
- Torusflächen
- Hyperboloidfläche
- Paraboloid- und
- Ellipsoidfläche

Die zweitgenannten Flächenarten werten auch als „allgemeine Flächen" oder als „Freiformflächen" bezeichnet. Zur Beschreibung von Freiformflächen sind in der Literatur verschiedene Verfahren bekannt geworden.

Anzumerken ist, daß bei analytisch geschlossen beschreibbaren Flächen die Form der mit einem bestimmten Verfahren beschriebenen Flächen unabhängig von der gewählten mathematischen Beschreibung ist. Bei der Beschreibung von Freiformflächen hängt die genaue Form dieser Fläche hingegen - wenn auch nur geringfügig - von dem gewählten Verfahren ab.

Zur Beschreibung analytisch geschlossen beschreibbarer Flächen und Freiformflächen sind für die CAD-Praxis folgende mathematische Funktionen besonders geeignet:

Ebene: $(x - p_e) \cdot n_e = 0$ (Vektorform)

   x = Vektor vom Koordinatenursprung zu einem beliebigen Punkt der Ebene

   p_e = Vektor vom Koordinatenursprung zum Fußpunkt des Normalenvektors auf der Ebene

   n_e = Stellungsvektor des senkrecht auf der Ebene stehenden Normalenvektors der Länge 1 (siehe Bild 4.1.7 a).

   $x(u, v) = p_e + u \cdot a + v \cdot b$ (Parameterform)

   $u, v\ [-\infty, +\infty]$

   a, b sind zwei linear unabhängige in einer Ebene liegende Vektoren (s. Bild 4.1.7 b).

   $Ax + By + Cz + D = 0$ (Allgemeine Form)

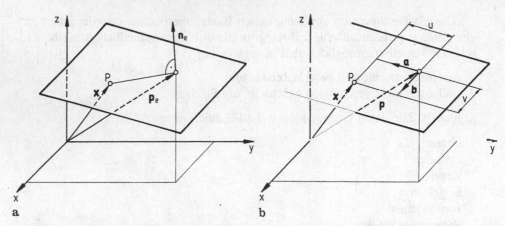

a   b

Bild 4.1.7 a, b. Beschreibung einer Ebene im Raum in Vektorform (a), in Parameterform (b)

Zylinder: $|(x - p_z) \times n_z| - R = 0$ (Vektorform)

p_z = Vektor vom Koordinatenursprung zu einem Punkt der Zylinderachse

x = Vektor vom Koordinatenursprung zu einem beliebigen anderen Punkt der Zylinderoberfläche

n_z = Achsvektor des Zylinders der Länge 1

R = Radius des Zylinders (s. Bild 4.1.8 a)

$x(\varphi, v) = p + v \cdot n + R(a \sin(\varphi) + b \cos(\varphi))$ (Parameterform)

n = Richtungsvektor der Zylinderachse

p = Vektor vom Koordinatenursprung zu einem Punkt der Zylinderachse

a, b, n = orthogonale Einheitsvektoren

R = Zylinderradius (s. Bild 4.1.8)

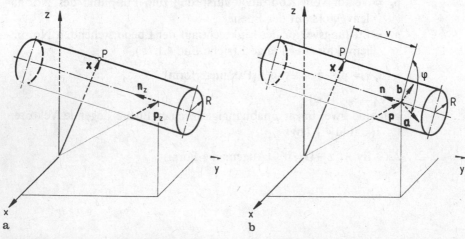

a   b

Bild 4.1.8 a, b. Beschreibung eines Zylinders im Raum in Vektorform (a), in Parameterform (b)

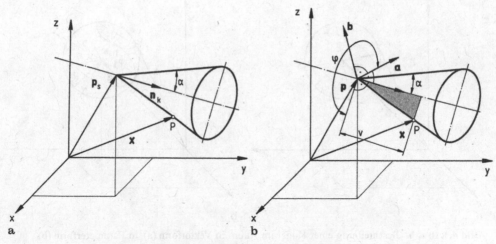

Bild 4.1.9 a, b. Beschreibung eines Kegels im Raum in Vektorform (a), in Parameterform (b)

Kegel: $(x - p_s) \cdot n_k = |(x - p_s)| \cdot \cos(\alpha)$ (Vektorform)

p_s = Vektor vom Koordinatenursprung zum Punkt der Kegelspitze

x = Vektor vom Koordiantenursprung zu einem beliebigen Punkt der Kegeloberfläche

n_k = Achsvektor des Kegels

α = halber Kegelöffnungswinkel ($\alpha < 90°$) - s. Bild 4.1.9 a

$x(\alpha, \varphi, v) = p + v n_k + v \tan(\alpha) \cdot (a \sin(\varphi) + b \cos(\varphi))$ (Parameterform)

n_k = Richtungsvektor der Kegelachse

p = Vektor vom Koordinatenursprung zur Kegelspitze

a, b, n = orthogonale Einheitsvektoren

v = Abstand der Kegelspitze zur Projektion eines beliebigen Kegelflächenpunktes auf die Kegelachse (s. Bild 4.1.9 b)

Kugel: $|x - p_k| - R = 0$ (Vektorform)

p_k = Vektor vom Koordinatenursprung zum Kugelmittelpunkt

x = Vektor vom Koordinatenursprung zu einem beliebigen Punkt der Kugeloberfläche

R = Kugelradius (s. Bild 4.1.10 a)

$x(\varphi, v) = p + v \cdot n + \sqrt{(R - v)^2} \cdot (a \sin(\varphi) + b \cos(\varphi))$ (Parameterform)

n = Richtungsvektor einer Kugelachse

p = Vektor vom Koordinatenursprung zum Kugelmittelpunkt

v = Abstand vom Kugelmittelpunkt zur Projektion eines beliebigen Kugelflächenpunktes auf die Kugelachse

R = Kugelradius

a, b, n = orthogonale Einheitsvektoren (s. Bild 4.1.10 b)

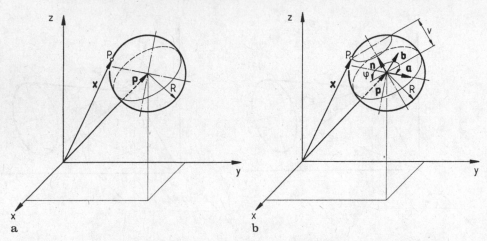

Bild 4.1.10 a, b. Beschreibung einer Kugel im Raum in Vektorform (**a**), in Parameterform (**b**)

Torus: $\mathbf{x}(\vartheta, \varphi) = \mathbf{p}_z + R_1(\mathbf{a}\sin(\varphi) + \mathbf{b}\cos(\varphi))$
$\qquad\qquad + R_2(\mathbf{c}\sin(\vartheta) + \mathbf{d}\cos(\vartheta))$ (Parameterform)

$\mathbf{x}$ = Vektor vom Koordinatenursprung zu einem beliebigen Punkt der Torusoberfläche

$\mathbf{p}_z$ = Vektor vom Koordinatenursprung zum Torusmittelpunkt

R_1 = Rotationsradius des Torus

R_2 = Querschnittsradius

$\mathbf{a}, \mathbf{b}$ = orthogonale Einheitsvektoren senkrecht zur Rotationsachse des Torus

$\mathbf{c}, \mathbf{d}$ = orthogonale Einheitsvektoren in der Querschnittsebene (s. Bild 4.1.11)

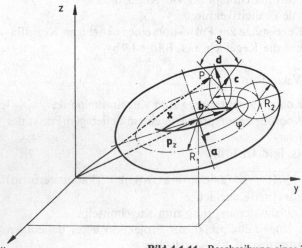

Bild 4.1.11. Beschreibung eines Torus im Raum in Parameterform

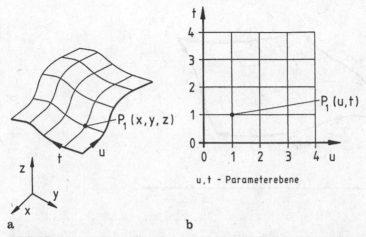

Bild 4.1.12a, b. Freiformfläche (a) und entsprechende u-t-Parameterebene (b); Zuordnung von Punkten der Freiformfläche zu entsprechenden Punkten der u-t-Ebene

Freiformflächen

Zur Beschreibung von Freiformflächen sind in der Vergangenheit u.a. folgende Verfahren bekannt und für verschiedene Praxisfälle angewandt worden:

- ein interpolierendes Verfahren nach Coons
- ein approximierendes Verfahren nach Bezier
- ein approximierendes B-Spline-Verfahren
- ein interpolierendes B-Spline-Verfahren.

Freiformflächen lassen sich in der Form darstellen

$f(u,t) = [g(u,t), h(u,t), k(u,t)]$
mit $x = g(u,t)$
$\quad y = h(u,t)$
$\quad z = k(u,t)$

u und t sind hierbei zwei voneinander unabhängige Parameter, welche nur in einem bestimmten Intervall Gültigkeit besitzen sollen. Auf Grund dieser Parameter-Beschreibung lassen sich räumlich gekrümmte Flächen stets durch ein ebenes rechteckiges Gitter in einer u-, t-Ebene mathematisch abbilden, wie dies beispielsweise Bild 4.1.12 zeigt.

Dabei entspricht jedem Punkt P(x,y,z) der Fläche ein Punkt P(u,t) in der u-, t-Parameterebene.

Manche Teilaufgaben lassen sich einfacher in der u, t-Parameter-Abbildungsebene darstellen und abhandeln.

Flächenbeschreibung mit dem interpolierenden Verfahren nach Coons

Die Aufgabe, eine Freiformfläche zu konstruieren, stellt sich in der Praxis meistens so, daß von der zu entwickelnden Freiformfläche (einer Rückleuchte, Turbinenschaufel etc.) mehr oder weniger Punkte (Stützpunkte) gegeben sind, durch welche eine stetige Fläche zu legen ist. Das von Coons [48] entwickelte Verfahren sieht vor, eine solche Gesamtfläche in Teilflächen, sogenannte „patches", zu zerle-

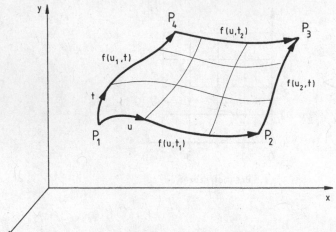

Bild 4.1.13. Beschreibung einer Freiformfläche nach Coons mittels sogenannter „patches"

gen. Diese Flächenstücke werden durch die sie berandenden Konturen beschrieben und so aneinandergereiht, daß sie tangential aneinanderstoßen und so die gewünschte Gesamtfläche „nahtlos" bedecken (Kompatibilitätsbedingung). Bild 4.1.13 zeigt exemplarisch ein solches Flächengebilde. Jedes Flächenstück (patch) wird durch vier berandende, sich in den vier Eckpunkten schneidende Kurven beschrieben. Jede Berandungskurve gehört zwei aneinandergrenzenden Flächenstücken an, mit Ausnahme der Konturstücke, die die Gesamtfläche begrenzen, wenn an diese keine weitere Fläche grenzt. Da die aneinandergrenzenden Flächenstücke stetig ineinander übergehen müssen, gelten zur Beschreibung der Flächenstücke die Bedingungen, daß in den Berandungskurven und Eckpunkten die Steigungen der Tangenten in u- und t-Richtung, d. h. die partiellen Ableitungen, gleich sein müssen. Coons nannte diese Steigungsvektoren „Twist-Vektoren".

Die Flächenstücke (patches) werden durch $F(u,t)$ beschrieben, die Randkurven jeweils mittels einer Funktion $f(u,t)$, wobei ein Parameter konstant gehalten wird (s. Bild 4.1.13), so daß diese Randkurven durch $f(u, t_1)$, $f(u_2, t)$, $f(u, t_2)$ und $f(u_1, t)$ bestimmt sind. Der indizierte Parameter ist dabei konstant. Meist wählt man $u_1 = t_1 = 0$ und $u_2 = t_2 = 1$. Somit sind die Eckpunkte der „patches" bestimmt durch:

$P_1 = F (0, 0) = f (0, 0)$
$P_2 = F (1, 0) = f (1, 0)$
$P_3 = F (1, 1) = f (1, 1)$
$P_4 = F (0, 1) = f (0, 1).$

Um auch beliebige Punkte erfassen zu können, die nicht auf der Berandung der Teilfläche liegen, werden sogenannte „blending functions" (Übergangsfunktionen) eingeführt. Die Übergangsfunktionen α_1, α_3, β_1 und β_3 stellen die Kompatibilität der Teilflächen untereinander sicher. Die Übergangsfunktionen α_2, α_4, β_2 und β_4 gewährleisten die Stetigkeit der partiellen Ableitungen nach u und t. Übergangsfunktionen, die die o.g. Anforderungen erfüllen, können für den Fall $u_1 = t_1 = 0$ und $u_2 = t_2 = 1$ angegeben werden zu:

$\alpha_1\,(u) = 2u^3 - 3u^2 + 1$

$\alpha_2\,(u) = u^3 - 2u^2 + u$

$\alpha_3\,(u) = -2u^3 + 3u^2$

$\alpha_4\,(u) = u^3 - u^2$

und

$\beta_1\,(t) = 2t^3 - 3t^2 + 1$

$\beta_2\,(t) = t^3 - 2t^2 + t$

$\beta_3\,(t) = -2t^3 + 3t^2$

$\beta_4\,(t) = t^3 - t^2$

Die Beschreibung der Flächenstücke nach Coons lautet:

$$F(u,t) = f(u_1,t)\alpha_1(u) + \frac{\partial f}{\partial u}(u_1,t)\alpha_2(u) + f(u_2,t)\alpha_3(u)$$

$$+ \frac{\partial f}{\partial u}(u_2,t)\alpha_4(u) + f(u,t_1)\beta_1(t) + \frac{\partial f}{\partial t}(u,\,t_1)\beta_2(t)$$

$$+ f(u,t_2)\beta_3(t) + \frac{\partial f}{\partial t}(u,t_2)\beta_4(t) - f(u_1,t_1)\alpha_1(u)\beta_1(t)$$

$$- \frac{\partial f}{\partial u}(u_1,t_1)\alpha_2(u)\beta_1(t) - f(u_2,t_1)\alpha_3(u)\beta_1(t) - \frac{\partial f}{\partial u}(u_2,t_1)\alpha_4(u)\beta_1(t)$$

$$- \frac{\partial f}{\partial t}(u_1,t_1)\alpha_1(u)\beta_2(t) - \frac{\partial^2 f}{\partial u \partial t}(u_1,t_1)\alpha_2(u)\beta_2(t) - \frac{\partial f}{\partial t}(u_2,t_1)\alpha_3(u)\beta_2(t)$$

$$- \frac{\partial^2 f}{\partial u \partial t}(u_2,t_1)\alpha_4(u)\beta_2(t) - f(u_1,t_2)\alpha_1(u)\beta_3(t) - \frac{\partial f}{\partial u}(u_1,t_2)\alpha_2(u)\beta_3(t)$$

$$- f(u_2,t_2)\alpha_3(u)\beta_3(t) - \frac{\partial f}{\partial u}(u_2,t_2)\alpha_4(u)\beta_3(t) - \frac{\partial f}{\partial t}(u_1,t_2)\alpha_1(u)\beta_4(t)$$

$$- \frac{\partial^2 f}{\partial u \partial t}(u_1,t_2)\alpha_2(u)\beta_4(t) - \frac{\partial f}{\partial t}(u_2,t_2)\alpha_3(u)\beta_4(t)$$

$$- \frac{\partial^2 f}{\partial u \partial t}(u_2,t_2)\alpha_4(u)\beta_4(t)$$

Bild 4.1.14 zeigt ein Beispiel einer approximierten Darstellung eines Bauteiles mittels Coons-Patches.

Entgegen der von Coons angegebenen mathematischen Beschreibung, wurden im vorliegenden Beispiel die ersten und zweiten Ableitungen in u- und t-Richtung nicht berücksichtigt.

Die Form der Randkurven und die der einzelnen Flächenstücke kann hierbei beliebig sein. Infolge der hierbei möglichen Beschreibung der Randkurven mittels Polynomen oder beliebigen anderen mathematischen Funktionen, lassen sich in diesem Verfahren auch analytisch geschlossen beschreibbare Flächen, wie Kugel oder Paraboloid, bei entsprechender Wahl der „Übergangsfunktionen" exakt darstellen. Bezüglich weiterer Informationen sei hier auf die einschlägige Literatur verwiesen [48].

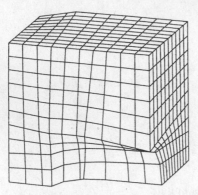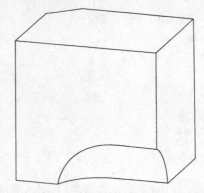

Bild 4.1.14. Beschreibung und Darstellung von Freiformflächen mittels „Coons-patches" (Beispiel n. Kastrup)

Beschreibung von Freiformflächen mit dem approximierenden Verfahren nach Bezier

Flächen kann man sich immer durch eine Vielzahl von Linien (Kurven) zusammengesetzt und erzeugt denken. Entsprechend lassen sich Freiformflächen auch mittels vieler Linien bzw. durch wiederholtes Anwenden von Linienbeschreibungen beschreiben. Man kann somit die in Kapitel III.2 genannten Spline-Beschreibungsverfahren nach Bezier (u. a.) zur Beschreibung entsprechender Freiformflächen nutzen. Hierzu ist es vorteilhaft, über zu beschreibende Flächen ein Kurven-Gitter, d. h. zwei sich in unterschiedliche Richtungen (u,t) erstreckende Kurvenscharen zu legen (s. Bild 4.1.12). Zur Erzeugung einer Bezier-Fläche benötigt man ein Stützpunkt-Gitter bzw. eine Stützpunkt-Matrix mit $(n+1)$ mal $(m+1)$ Stützpunkten. Die Beschreibung einer Bezier-Fläche (BZF) läßt sich in Kurzform wie folgt ausdrücken:

$$BZF(u,t) = \sum_{i=0}^{n} \sum_{j=0}^{m} p_{i,j} \cdot B_{i,n}(u) \cdot B_{j,m}(t)$$

Mit $B_{i,n}$ und $B_{j,m}$ werden hierbei die in Kapitel III.2 näher beschriebenen Gewichtungsfunktionen bezeichnet. Die Bestimmung von Bezier-Flächen erfolgt durch die Bestimmung vieler Bezier-Kurven. Die in u- und t-Richtung sich erstreckenden Bezier-Kurven müssen hierbei nicht in parallelen Ebenen liegen und brauchen auch nicht orthogonal zueinander verlaufen, sie können räumlich gekrümmt sein.

Beschreibung von Freiformflächen mit dem approximierenden oder dem interpolierenden B-Spline-Verfahren

Flächen, welche sich nicht analytisch geschlossen beschreibbar darstellen lassen, lassen sich stets dadurch angeben, daß man eine Vielzahl von Kurven beschreibt, aus welchen man sich die betreffende Fläche gebildet denken kann. Entsprechend lassen sich Freiformflächen auch dadurch darstellen, daß man mit den Mitteln der „Beschreibung einzelner Kurven" (approximierendes und interpolierendes B-Spline-Verfahren, s. Kapitel III.2) viele, die betreffende Fläche bildende Kurven, beschreibt. Ausgangssituation einer solchen Beschreibung ist wiederum ein vorgegebenes Gitter von Stützpunkten, durch die die gesuchte Fläche zu legen ist. Die

Beschreibung der Fläche erfolgt zweckmäßigerweise durch sich in zwei unterschiedliche Richtungen (u,t) erstreckende Kurvenscharen (s. Bild 4.1.12). Ausgehend von einem Stützpunkt-Gitter bzw. einer Stützpunkt-Matrix läßt sich eine approximierte B-Spline-Fläche (ABSF) wie folgt darstellen:

$$ABSF(u,t) = \sum_{i=1}^{n} \sum_{j=1}^{m} p_{i,j} \, B_{i,k}(u) \, B_{j,1}(t)$$

$B_{i,k}(u)$ und $B_{j,1}(t)$ sind hierbei identisch mit jenen B-Spline-Gewichtungsfunktionen, wie sie im Kapitel III.2 beschrieben wurden. Für die Beschreibung interpolierender B-Spline-Flächen ergibt sich entsprechend folgende Funktion:

$$IBSF(u,t) = \sum_{i=1}^{n} \sum_{j=1}^{m} a_{i,j} \, B_{i,k}(u) \, B_{j,1}(t)$$

Mit $a_{i,j}$ ist hierbei, abweichend von Kapitel III.2, nicht ein Lösungsvektor, sondern eine entsprechende Lösungsmatrix eines Gleichungssystems bezeichnet.

Approximierende und interpolierende B-Spline-Flächen lassen sich also durch eine Vielzahl sich in u- und t-Richtung erstreckende approximierende bzw. interpolierende B-Spline-Kurven beschreiben und darstellen (s. Bild 4.1.12); B-Spline-Flächenbeschreibungen sind vielfache B-Spline-Kurvenbeschreibungen.

2 Eingeben, Erzeugen und Zusammensetzen von Grundbausteinen zu Bauteil-Modellen

Die Eingabe von Informationen, welche durch Schrift- oder andere Zeichensymbole ausgedrückt werden können, ist bei CAD-Systemen meist ohne Schwierigkeiten möglich. Deshalb soll hier auf die Eingabe von Informationen mittels Schrift- und Technikzeichen nicht weiter eingegangen werden. Schwieriger hingegen ist die Eingabe von Gestaltinformationen technischer Gebilde. Aufgrund dieser Schwierigkeiten und des hierfür notwendigen Aufwandes verzichten viele CAD-Systeme auf vollständige Gestaltbeschreibungen und begnügen sich, die Gestalt von Bauteilen nur unvollständig, d.h. diese nur als sogenannte „Kanten- oder Flächenmodelle", zu beschreiben. Entsprechend kann man zwischen

- kanten-,
- flächen- und
- körpermodell-

beschreibenden CAD-Systemen unterscheiden.

Kantenmodellen fehlen die Informationen über die Teiloberflächen-, Flächenmodellen die Informationen über die Lage des Werkstoffes bezüglich der betreffenden Teiloberfläche und die Sichtbarkeitsverhältnisse von Kanten und Teiloberflächen des betreffenden Bauteiles.

Bei der Eingabe von Gestaltinformationen ist ferner noch zwischen CAD-Systemen mit mehr oder weniger Informationseingabeaufwand zu unterscheiden.

Es gibt CAD-Systeme, bei welchen der Bediener die räumliche Lage von einzuge-
benden Gestaltelementen (d.s. Punkte, Linien, Flächen oder Elementarkörper)
beim Eingeben mittels entsprechender Werte unmittelbar (direkt) anzugeben hat
und solche, bei welchen es genügt, eine oder mehrere Ansichten und/oder Schnittdarstellungen einzugeben; das System vermag sich aus diesen zweidimensionalen
Bildinformationen selbsttätig 3D-Modelldaten zu erzeugen. Entsprechend sollen
Systeme noch danach unterschieden werden, ob sie 3D-Informationen direkt vom
Bediener benötigen, oder ob sie diese aus Bildern (Ansichten und Schnittdarstellungen) ermitteln können.

    Diese unterschiedlichen Gestalteingabemöglichkeiten sollen als

- direkte 3D-Eingabe sowie
- indirekte 3D-Eingabe (Eingabe in Ansichten und Schnitten)

von Gestaltinformationen bezeichnet werden. Die indirekte Eingabe bzw. Eingabe
von Gestaltinformationen in Ansichten- und Schnitten ist identisch der von
Ansichten- und Schnitterzeugung am Reißbrett. Im folgenden soll auf die unterschiedlichen 3D-Eingabemöglichkeiten von Gestaltinformationen noch näher eingegangen werden.

2.1 Direkte 3D-Eingabe

Bauteile bestehen aus den Elementen Ecken, Kanten und Teiloberflächen. Deren
Modelle werden analog aus Punkten, Linien und Flächen gebildet. Bauteile einfa-
cherer Gestalt lassen sich statt aus Ecken, Kanten und Teiloberflächen auch aus
sogenannten Elementar- oder Grundkörpern (primitives) wie Quader, Zylinder,
Kegel, Kegelstumpf usw. zusammensetzen. Entsprechend lassen sich Bauteil-
Modelle durch Addition und Subtraktion von Elementarkörpern erzeugen.
Grundbausteine, zur Synthese von Bauteil-Modellen können somit sein:

- Punkte,
- Linien,
- Flächen und/oder
- Elementarkörper.

Punkte, Linien, Flächen bzw. Körper sind Bausteine unterschiedlicher Dimension.
    Entsprechend ist bei der Eingabe von Gestaltinformationen in CAD-Systeme
zwischen

0D-Baustein (Punkten)-,
1D-Baustein (Linien)-,
2D-Baustein (Flächen)- und
3D-Baustein (Elementarkörper)-Eingaben

zu unterscheiden.
    Entsprechend diesen unterschiedlich-dimensionalen Grundbausteinen lassen
sich bei der Eingabe von Gestaltinformationen unterschiedlich vollständig
beschriebene Bauteilmodelle erzeugen. Diese werden als

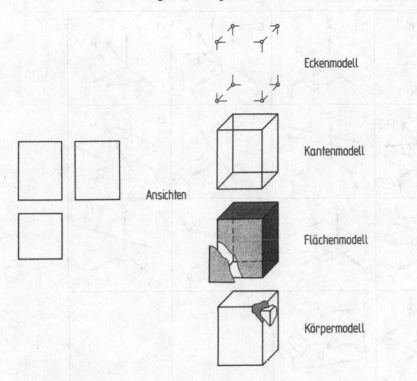

Bild 4.2.1. Einzelne Schritte des Modelliervorganges. Modellieren heißt: aus Ansichten und Schnittdarstellungen schrittweise Ecken-, Kanten-, Flächen- und Körpermodelle erzeugen

- Ecken-Modelle,
- Kanten-Modelle,
- Flächen-Modelle bzw.
- Körper-Modelle

bezeichnet. Das Bild 4.2.1 soll dieses Eingeben und Zusammensetzen von Grundbausteinen unterschiedlicher Dimension zu Bauteilmodellen unterschiedlicher Informationsinhalte noch veranschaulichen. CAD-Systeme können somit über 0-, 1-, 2- und/oder 3D-Eingabebausteine verfügen. Des weiteren gibt es Algorithmen und Programme, welche Kanten- in Flächen- und/oder Flächen- in Körper- bzw. Bauteilmodelle zu überführen vermögen. Somit lassen sich unter bestimmten Voraussetzungen aus Modellen geringeren Informationsinhaltes Modelle höheren Informationsinhaltes erzeugen, wie im folgenden unter Punkt 3. (Modellieren und Abbilden von Bauteilen) noch näher ausgeführt wird.

3D-Punkteingabe

Die Eingabe und Erzeugung von Punkten in einem 3-dimensionalen Raum kann auf sehr verschiedene Weise erfolgen. So können beispielsweise Punkte durch Angabe ihrer x-, y- und z-Koordinatenwerte in ein CAD-System eingegeben werden. Punkte können auch auf vielfältige Weise durch Schneiden von Kurven mit Kurven und von Kurven mit Flächen erzeugt werden. Bei der Entwicklung von

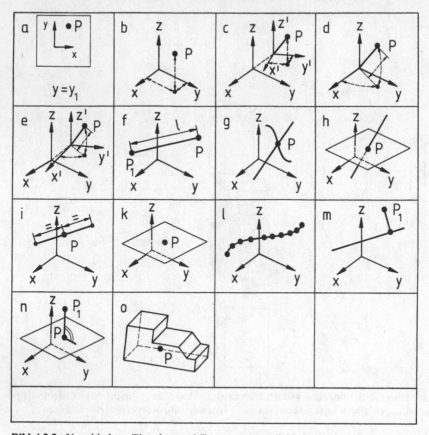

Bild 4.2.2. Verschiedene Eingabe- und Erzeugungsmöglichkeiten von Punkten im Raum

CAD-Systemen kommt es darauf an, von der sehr großen Zahl von Möglichkeiten zur Erzeugung von Punkten wenigstens jene Möglichkeiten vorzusehen, die in der Praxis häufig gebraucht werden. Solche Eingabe- und Erzeugungsmöglichkeiten für Punkte im Raum können u. a. sein (s. Bild 4.2.2):

- Eingabe eines Punktes in *einer* Ansicht (x-, y-Koordinaten) und zusätzliche Angabe seines z-Wertes (a),
- numerische Eingabe eines Punktes durch Eingeben seines x-, y- und z-Koordinatenwertes (b) bezogen auf ein absolutes kartesisches oder Zylinder-Koordinatensystem,
- numerische Eingabe eines Punktes durch Eingeben seines x-, y- und z-Koordinatenwertes bezogen auf ein relatives kartesisches oder Zylinder-Koordinatensystem (c),
- numerische Eingabe eines Punktes in ein absolutes Polarkoordinatensystem (d),
- numerische Eingabe eines Punktes in ein relatives Polarkoordinatensystem (e),
- Punkt P in einem bestimmten Abstand und Richtung von Punkt P_1 (f),
- Punkt als Schnittpunkt zweier Kurven im Raum (g),
- Punkt als Durchstoßpunkt einer Kurve durch eine Fläche (h),
- Punkt als Mittelpunkt einer Strecke (i),

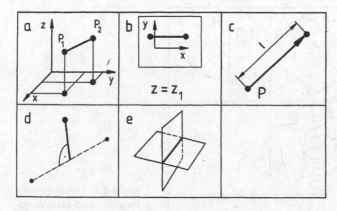

Bild 4.2.3. Verschiedene Eingabe- und Erzeugungsmöglichkeiten von Strecken (Geraden) im Raum

- Punkt als Schwer- oder Mittelpunkt einer Fläche (k),
- Punkte gleichen Abstandes längs eines Kurvenelementes (l),
- Lotfußpunkt auf eine Gerade (m),
- Lotfußpunkt auf eine Fläche (n),
- Schwerpunkt eines Körpers (o).

In Bild 4.2.2 sind die einzelnen Eingabemöglichkeiten noch veranschaulicht.

Die Erzeugung von Punkten in einer Ebene wurde bereits in Kapitel III.2 und 3 behandelt und soll deshalb hier nicht wiederholt werden. Sie kann als Sonderfall räumlicher Punkterzeugung betrachtet werden.

3D-Streckeneingabe

Auch die Eingabe und Erzeugung von Strecken in einem 3-dimensionalen Raum kann, je nach Gegebenheiten, auf sehr unterschiedliche Weise erfolgen. So z.B. (s. Bild 4.2.3):

- durch Eingabe der Koordinatenwerte (x, y, z) zweier Punkte (a),
- durch Eingabe einer Strecke in einer Ansicht und Angabe der 3. Koordinatenwerte (b),
- durch Eingabe eines Punktes und eines Vektors bestimmter Länge (c),
- durch Konstruieren eines Lotes auf ein Linienelement (d) oder
- als Schnittkante zweier Flächen (e).

Bild 4.2.3 verdeutlicht die einzelnen Eingaben noch. Selbstverständlich zählen hierzu als Sonderfälle auch die Eingabemöglichkeiten von Strecken in einer Ebene, wie sie in Kapitel III.3 (s.a. Bild 3.3.1) behandelt wurden.

3D-Kreiseingabe

Ausgehend von verschiedenen Gegebenheiten erfolgt auch die Eingabe und Erzeugung von Kreiselementen in einem 3-dimensionalen Raum auf verschiedene Weisen, und zwar durch (s. Bild 4.2.4):

- Eingabe eines Kreises in einer Ansicht und Angabe der Lage in der 3. Koordinatenrichtung (a)
- Eingabe eines Kreises durch Angabe des Kreismittelpunktes, des Radius und des Richtungsvektors der Kreisebene (b)

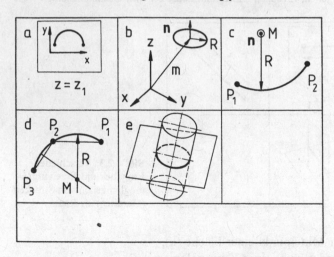

Bild 4.2.4. Verschiedene Eingabe- und Erzeugungsmöglichkeiten von Kreisen und Kreisbögen im Raum

- Eingabe der Koordinatenwerte zweier Punkte P_1, P_2, des Radius und des Richtungsvektors der Kreisebene, oder Eingabe der Koordinatenwerte zweier Punkte P_1, P_2 und des Kreismittelpunktes M (c)
- Eingabe der Koordinatenwerte dreier Punkte (d)
- Schneiden einer Zylinderfläche mit einer senkrecht zur Zylinderachse liegenden Ebene (e)
- Zeichnen einer Äquidistante zu einem gegebenen Kreis (konzentrische Kreise oder Kreise auf einer gemeinsamen Zylinderfläche) u. a. m.

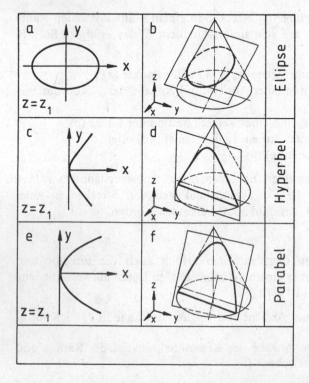

Bild 4.2.5. Verschiedene Eingabe- und Erzeugungsmöglichkeiten von Kegelschnitten im Raum

In Bild 4.2.4 sind die einzelnen Kreiseingaben illustriert. Zu den räumlichen Kreiseingaben zählen als Sonderfälle auch alle ebenen Kreiseingaben, wie sie in Kapitel III.3 bereits behandelt wurden (s. a. Bild 3.3.2).

3D-Kegelschnitt-Eingabe

Die Eingabe von Kegelschnitten in 3D-Räume kann erfolgen durch Eingeben

- von Kegelschnitten in einer Ansicht und Angabe eines 3. Koordinatenwertes sowie des Normalenvektors der Kegelschnittebene (Bild 4.2.5a, c, e) oder
- durch Schneiden einer Zylinder- oder Kegelfläche mit einer Ebene (Bild 4.2.5b, d, f).

Bild 4.2.5 zeigt diese unterschiedlichen Eingabemöglichkeiten. Ferner zählen hierzu auch alle in einer Ebene möglichen Kegelschnitt-Eingabemöglichkeiten (Sonderfälle).

3D-Eingabe von Splines

Die Eingabe von Spline-Kurven ist identisch mit der 3D-Eingabe von Punkten (s. a. 3D-Eingabe von Punkten). Dies kann im einzelnen geschehen

- durch Eingabe der x-, y- und z-Koordinatenwerte von Stützpunkten, deren Reihenfolge und Angabe des Interpolarisations- oder Approximationsverfahrens,
- durch Eingabe von Stützpunkten in einer Ansicht (x-, y-Koordinatenwerte) und Angabe des Wertes der 3. Koordinate (z-Wert) (a),
- durch Eingabe mehrerer 3D-Punkte in perspektivischer Darstellung (b),
- durch Eingabe von Punkten auf bestimmten Linienelementen (c). Diese Linienelemente können beispielsweise die Berandungskonturen von zu konstruierenden Freiformflächen sein,
- durch Schneiden zweier Flächen und Bestimmung diskreter Punkte auf der Schnittkontur (d).

Bild 4.2.6 veranschaulicht diese Eingabemöglichkeiten noch.

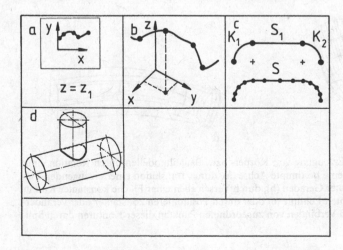

Bild 4.2.6. Verschiedene Eingabe- und Erzeugungsmöglichkeiten von räumlichen Spline-Kurven

3D-Eingabe von Körpern

Die Eingabe und Erzeugung von Bauteilen kann auch dadurch erfolgen, daß man bestimmte „Grundkörper" (primitives) festlegt und diese mittels eines CAD-Systems als „Steine" (Bauelementen) zum Bau technischer Gebilde zur Verfügung stellt. Solche Grundkörper können beispielsweise sein

– Quader, Zylinder, Kegel, Kugel, Torus und sonstige Körper.

Als weitere mögliche Arten von Körper-Eingaben sollen noch genannt werden:
– Rotationskörper, d.s. Körper, welche durch Rotation einer aus Punkten, Geraden-, Kreis- u.a. Kegelschnittstücken zusammengesetzten Ebene um eine Achse entstehen und die sich längs eines Kreises oder Kreisbogens erstrecken. Bild 4.2.7a zeigt exemplarisch die Gestalt eines solchen Körpers.
– Prismatische Körper („Translationskörper"), d.s. Körper mit aus Eckpunkten, Geraden-, Kreis- u.a. Kegelschnittstücken zusammengesetzten Querschnittsprofilen bestimmter Dicke, die sich längs einer Geraden erstrecken. Die Gerade (Leit-Gerade) kann senkrecht oder unter einem beliebigen Winkel zum erzeugenden Querschnittsprofil stehen. Ein Beispiel zeigt Bild 4.2.7b.
– Körper, wie sie durch Verschieben einer Querschnittsfläche Q (bzw. Kontur/ Berandung einer Fläche) längs einer Leitlinie L entstehen. Dabei kann die Leitlinie L von beliebiger Gestalt sein. Querschnittsfläche und Leitlinie stehen senkrecht aufeinander. Bild 4.2.7c zeigt ein Beispiel.
– Körper, die in der Weise entstehen, daß Konturen (= Berandungen von Flächen) beliebiger Gestalt und räumlicher Lage vorgegeben und bestimmte zu-

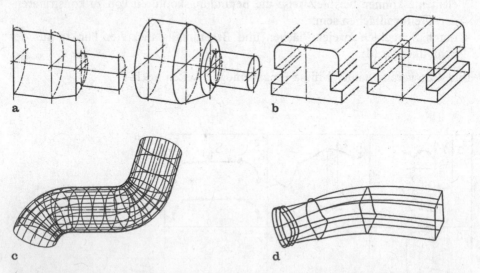

a

b

c

d

Bild 4.2.7a–d. Eingabe und Erzeugung von Körper- bzw. Bauteilmodellen durch Rotation einer Fläche beliebiger Kontur um eine bestimmte Achse (a), durch Translation einer erzeugenden Fläche beliebiger Kontur längs einer Geraden (b), durch Verschieben einer Fläche konstanter Kontur längs einer räumlich gekrümmten Leitlinie (c) oder durch Positionieren konstanter oder veränderlicher Konturen im Raum und Verbinden von zugeordneten Punkten dieser Konturen durch Splines (d)

geordnete Punkte dieser Konturen mit Spline-Kurven verbunden werden. Bild 4.2.7 d zeigt hierzu ein Beispiel.

CAD-Systeme mit einer 3D-Grundkörper-Eingabe können dem Benutzer einen bestimmten Vorrat an verschiedenen Grundkörpern zur Bauteilsynthese zur Verfügung stellen.

Zur Erzeugung (Synthese) technischer Gebilde aus den genannten Grundkörpern sind diese räumlich so zueinander anzuordnen, daß bei einer fiktiven Durchdringung der betreffenden Grundkörper durch geeignete Addition und/oder Subtraktion der verschiedenen Grundkörperteile die gewünschte Bauteilgestalt entsteht, wie dies die Bilder 4.2.8 und 4.2.9 für zwei einfache Fälle exemplarisch zeigen.

Bei der Durchdringung zweier Körper entstehen verschiedene Ergebniskörper. Bild 4.2.8 zeigt solche Ergebniskörper. Bild 4.2.9 zeigt ein anderes Beispiel mit fünf Ergebniskörpern, welche bei der Durchdringung der beiden Körper (K_1, K_2) entstehen.

Zur Ermittlung der verschiedenen Ergebniskörper einer Durchdringung sind im einzelnen folgende Arbeitsschritte erforderlich.

- Ermittlung der sich schneidenden Teiloberflächen der sich durchdringenden Körper K_1, K_2
- Ermittlung der Schnittkanten der einzelnen Teiloberflächen
- Ermittlung der neuen (aktuellen) Berandung der einzelnen Teiloberflächen
- Ermittlung der möglichen Ergebniskörper.

Zur Bestimmung der verschiedenen Ergebniskörper ist es notwendig, die den jeweiligen Ergebniskörpern zugehörigen Körperkanten und -konturen zu ermitteln und zuzuordnen. Dazu ist es im einzelnen erforderlich, alle Konturelemente, die

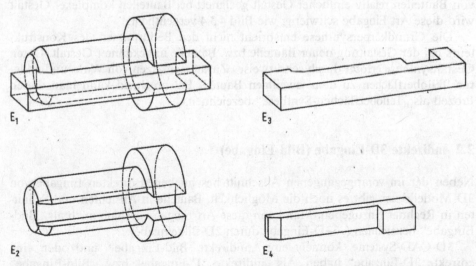

Bild 4.2.8. Eingabe und Erzeugung von Bauteilmodellen bestimmter Gestalt durch Addition und/oder Subtraktion der bei der Durchdringung entstehenden Teilkörper; E_1 bis E_4 zeigen Ergebnisse solcher Teilkörper-Additionen bzw. -Subtraktionen

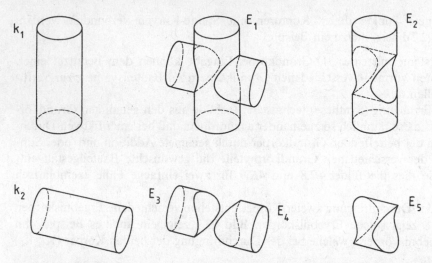

Bild 4.2.9. Eingabe und Erzeugung von Bauteilmodellen durch Addition und/oder Subtraktion bestimmter, bei der Durchdringung von Körpern entstehender, Teilkörper. E_1 bis E_5 zeigen Ergebnisse solcher Teilkörper-Additionen bzw. -Subtraktionen

innerhalb beider Körper K_1 und K_2, die innerhalb von Körper K_2 oder außerhalb von Körper K_1 und Konturelemente innerhalb Körper K_1 oder außerhalb Körper K_2 liegen, zu ermitteln.

In Grenzfällen können Bauteile auch dadurch erzeugt werden, daß sich zwei Grundkörper mit jeweils einer ihrer Teiloberflächen berühren („Kontaktflächenberührung"). Dieser Grenzfall von Körperdurchdringungen ist bei der Entwicklung entsprechender CAD-Programmteile ebenfalls zu berücksichtigen.

Diese Art „Eingabesprache" (bzw. Grundkörpersynthese) ist nur zur Synthese von Bauteilen relativ einfacher Gestalt geeignet; bei Bauteilen komplexer Gestalt wird diese Art Eingabe schwierig, wie Bild 4.3.4 verdeutlicht.

Die Grundkörpersynthese entspricht nicht den Bedürfnissen des Konstrukteurs bei der Gestaltung neuer Bauteile bzw. Bauteile unbekannter Gestalt. Deren Gestaltsynthese erfolgt durch schrittweises Zusammensetzen von Wirk- und anderen Teiloberflächen zu dem jeweiligen Bauteil. Entsprechend kann man diesen Prozeß als „Teiloberflächen-Synthese" bezeichnen.

2.2 Indirekte 3D-Eingabe (Bild-Eingabe)

Neben der im vorangegangenen Abschnitt beschriebenen direkten Eingabe von 3D-Modelldaten gibt es noch die Möglichkeit, Bauteile in Ansichten und Schnitten in Rechner einzugeben. Man kann diese Art Eingabe deshalb auch als „Bild-Eingabe" bezeichnen (=3D-Eingabe durch 2D-Bildeingabe).

3D-CAD-Systeme können eine „indirekte Bild-Eingabe" und/oder eine „direkte 3D-Eingabe" haben. Als „indirekte 3D-Eingabe" bzw. „Bild-Eingabe" soll die Eingabe von Gestaltinformationen in Ansichten und Schnittdarstellungen bezeichnet werden, wie der Konstrukteur dies auch vom Reißbrett her gewohnt ist. Hierzu gibt der Konstrukteur nur Punkte und Linien in den verschiedenen Ansichten und Schnittdarstellungen ein, das CAD-Programm besitzt geeignete Algorithmen, um diese Informationen zu „Ansichten- und Schnittdarstellungen zusammenzufügen" und um sie schließlich zu Ecken-, Kanten-, Flächen- und/oder Körpermodellen weiterzuverarbeiten. Die Weiterverarbeitung dieser Bilddaten über Ecken-, Kanten-, Flächen- zu Körper- bzw. Bauteilmodelldaten erfolgt bei solchen Systemen teil- oder vollautomatisch.

Auch indirekte 3D-Eingabesysteme können des weiteren noch differenziert werden in solche, welche die Eingabeinformationen zu Ecken-, Kanten-, Flächenmodellen oder bis hin zu vollständigen Körpermodellen weiterzuverarbeiten vermögen.

Der Vorgang des Weiterverarbeitens von Bild-Daten zu Körpermodell-Daten wird auch als „Modellieren" bezeichnet, dieser wird im folgenden Kapitel 3 noch ausführlich behandelt.

3 Modellieren und Abbilden von Bauteilen

Die verschiedenen erforderlichen Tätigkeiten, um aus Bauteilansichten- und Schnittdarstellungen („Bildern") Bauteilmodelle (3D-Datenmodelle) zu entwikkeln, sollen als „Modellieren" bezeichnet werden. Die inverse Tätigkeit des Modellierens, d.h. das Erzeugen von Ansichten und Schnittdarstellungen technischer Gebilde aus Bauteil-Modelldaten, soll als Abbilden bezeichnet werden.

Die wesentlichen Fähigkeiten von CAD-Darstellungssystemen lassen sich daran erkennen, ob diese

- die Gestalt technischer Gebilde mehr oder weniger vollständig, d.h. nur als Kanten- oder Flächenmodell oder aber als vollständiges Körpermodell beschreiben können.
- es ermöglichen, Konstruktionsergebnisse in Ansichten und Schnittdarstellungen in das CAD-System einzugeben und das System dann in der Lage ist, aus den 2D-Bildinformationen selbsttätig Kanten-, Flächen- und/oder Körpermodelle zu erzeugen. Oder ob bei solchen Systemen Konstruktionsergebnisse nur direkt als Kanten-, Flächen- oder Körpermodelle eingeben werden können, wobei die 3D-Informationen direkt durch die Bedienungsperson eingebracht werden müssen.
- aus Körpermodellen selbsttätig Ansichten, Schnitte und perspektivische Darstellungen von Bauteilen und Baugruppen erzeugen können.

Tatsächlich finden sich diese Eigenschaften bei üblichen CAD-Systemen wieder. Entsprechend diesen und weiteren Eigenschaften lassen sich CAD-Darstellungsprogrammsysteme nach „steigendem Intelligenzgrad" wie folgt klassifizieren:

- Systeme, welche nur mit 0- und 1D-Bausteine arbeiten (operieren) und diese zu bestimmten Symbolen oder Bildern zusammenzufügen vermögen, ohne daß die einzelnen Bausteine etwas von ihrer Zusammengehörigkeit (z.B. zu einer bestimmten Ansicht gehörend) wissen. Man kann diese als 0- bzw. 1D-Systeme bezeichnen („Graphik-Systeme").

- Systeme, welche ebenfalls nur mit 0- und 1D-Bausteinen operieren, welche aber über Zusammengehörigkeitsinformationen (Korrelationen) bestimmter Grundbausteine verfügen. Diese können z. B. Informationen über die Zusammengehörigkeit mehrerer, eine Fläche (Ebene) begrenzender und beschreibender Linien sein. Diese Systeme sollen als 2D-Systeme bezeichnet werden, weil sie bereits mit „Flächen in einer Abbildungsebene" zu operieren vermögen.
- ferner Systeme, welche 3D-Informationen verstehen können, d.h. Kantenmodelle, Flächenmodelle und/oder Körpermodelle verarbeiten („verstehen") und möglicherweise sogar aus Bildinformationen (2D-Informationen) zu erzeugen vermögen. Systeme, welche aus Ansichten und Schnittdarstellungen Kanten-, Flächen- oder Körpermodelle zu erzeugen vermögen, kommen der Denk- und Arbeitsweise des Konstrukteurs am nächsten. Die Forderung nach vollständiger Beschreibung der Gestalt technischer Gebilde erfüllen nur die sogenannten Körpermodelle.

Automatisches Konstruieren heißt in erster Linie, automatisches Erzeugen und Ändern der Gestalt technischer Gebilde. Da dazu die Gestalt technischer Gebilde notwendigerweise vollständig beschrieben im Rechner vorhanden sein muß, werden die CAD-Systeme mit vollständigen Gestaltbeschreibungen die unvollständig beschreibenden in Zukunft sehr wahrscheinlich nach und nach ablösen. Dieses wird auch deshalb der Fall sein, weil Gründe der Rechnerleistung, der Kosten und andere, welche derzeit noch eine Einschränkung auf sogenannte 2D-Systeme gebieten, in Zukunft nach und nach entfallen werden. Auch wird die Bedienung zukünftiger „integrierter 2D/3D-Systeme" wenigstens genau so einfach wie jene derzeitiger 2D-Systeme sein.

Eingabe und Darstellung von Konstruktionsergebnissen
In technischen Zeichnungen werden neben bildlichen (wirklichkeitsgetreuen) Darstellungen auch eine Vielzahl von Symbolen zur Dokumentation technischer Produkte benutzt. Entsprechend muß man zwischen einer bildlichen und einer symbolischen Informationsdarstellung in Zeichnungen unterscheiden. Unter symbolischen Informationsdarstellungen sollen alle mittels Buchstaben, Ziffern, Schweiß-, Oberflächen- u.a. Technik-Symbolen dokumentierten Informationen verstanden werden. Zu beachten ist, daß bildliche Darstellungen, d.h. Ansichten und Schnitte von Zeichnungen – neben bildlichen – auch symbolische Darstellungen verwenden. So z.B. für Gewinde oder Verzahnungsflächen in Schrauben- bzw. Zahnraddarstellungen. In Zeichnungen komplexerer Baugruppen werden häufig vorkommende Bauteile, wie z.B. Schrauben, Nieten, Federn u.a. häufig aus rationellen Gründen vereinfacht bzw. symbolisch (d.h. nicht bildlich) dargestellt.

Diese Unterschiede sind deshalb zu beachten, weil bildliche und symbolische Darstellungen bei automatischen Bild- oder Modellerzeugungsprozessen unterschiedlich behandelt und weiterverarbeitet werden müssen. Entsprechend ist bei der Automatisierung von Zeichen- und Darstellungsprozessen zwischen

- Bild-,
- Symbol- und
- Mischdarstellungen

zu unterscheiden. Mischdarstellungen sind Bilddarstellungen, in welchen auch Symboldarstellungen vorkommen. Bei Bilddarstellungen ist es ferner zweckmäßig, noch zwischen

- Ansichts- und Schnittdarstellungen sowie
- perspektivischen Darstellungen

zu unterscheiden.

Technische Gebilde lassen sich mit Hilfe des genormten Mehrtafel-Parallelprojektionsverfahrens in Ansichten und Schnitten vorteilhaft darstellen. Da dieses Darstellungsverfahren sehr geläufig und in Einzelheiten unter DIN 6 nachlesbar ist, sollen hier nur einige wesentliche Fakten dieses Verfahrens wiedergegeben werden:

- Wird ein Punkt P in 2 Ansichten dargestellt, so ist seine Lage im Raum eindeutig festgelegt.
- Ebene Flächen und in einer Ebene liegende Linien, Geraden, Kanten etc. können maßstäblich oder in wahrer Größe (Maßstab 1:1) dargestellt werden, wenn man die entsprechenden Projektionsebenen parallel zur darzustellenden Ebene bzw. Fläche legt.

Bild 4.3.1 veranschaulicht das Gesagte am Beispiel eines einfachen Körpers (Quader).

Neben einer Vielzahl technischer Gebilde, die man bereits durch die Darstellung in 1 oder 2 Ansichten eindeutig beschreiben kann, gibt es auch kompliziertere Bauteilgestalten, zu deren eindeutiger Beschreibung drei oder mehr Ansichten und/oder Schnitte notwendig sind. Grundsätzlich läßt sich jede beliebig kompli-

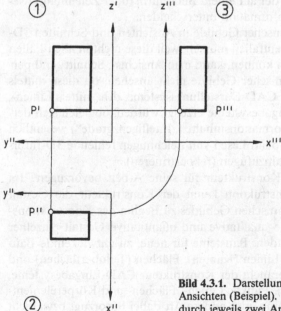

Bild 4.3.1. Darstellung technischer Gebilde in mehreren Ansichten (Beispiel). Die räumliche Lage eines Punktes wird durch jeweils zwei Ansichten eindeutig beschrieben

zierte Gestalt eines Körpers in einer größeren Anzahl von Ansichten und Schnitten vollständig beschreiben.

Des weiteren sind Eingaben von Konstruktionsergebnissen in Rechnern noch nach der Informationsart zu unterscheiden, und zwar nach

- Punkt-,
- Linien-,
- Flächen- und
- Körperelement-Eingabe und/oder
- Eingabe verschiedener Symbole.

Hierzu ist noch zu bemerken, daß eine Punkt- oder Linien-Eingabe für sich allein noch keine eindeutige Information darstellt. Punkte und Linien sind zunächst auch nur Symbole; so kann ein Punkt noch verschiedene Informationsinhalte besitzen, er kann eine Ecke eines Körpers, eine Drehachse, einen Kreismittelpunkt oder einen anderen Sachverhalt symbolisieren. Ebenso kann eine Linie Teil eines Symbols, – einer Körperkante, – einer Körperfläche oder andere Informationsinhalte darstellen. Anders verhält es sich hingegen bei Flächen- oder Körpereingaben. Wenn Flächen- oder Körperelemente in einen Rechner eingegeben werden, so werden diese zwar „auch nur" durch Punkte oder Linien dargestellt, tatsächlich enthalten diese Eingaben aber mehr Informationen als es deren bildliche „Ansicht-Darstellung" wiedergibt; so sind diese beispielsweise noch mit der Information „Flächen-" oder „Körperelement" ausgestattet.

Bild 4.3.2 soll diese Eingaben unterschiedlicher Informationsinhalte und -mengen an einem einfachen Beispiel veranschaulichen. Wenn im folgenden von Punkten, Linien, Flächen oder Körpern gesprochen wird, so ist immer das reale Gebilde gemeint und nicht dessen Darstellung in einer Zeichenebene.

Dieser Diskrepanz entsprechend muß man zwischen der tatsächlichen Informationsmenge einer Eingabe und der auf einem Bildschirm (oder Zeichnung) wiedergegebenen Teilmenge dieser Information unterscheiden.

Weil bei der Darstellung technischer Gebilde in Ansichten und Schnitten 3D-Informationen notwendigerweise entfallen müssen, weil diese nicht in allen Fällen vollständig wiedergegeben werden können, kann man Ansichts-, Schnitt- und perspektivischen Darstellungen technischer Gebilde nicht ansehen, ob diese mittels mehr oder weniger „intelligenter" CAD-Darstellungssysteme, d.h. mittels Linien-, Flächen- oder Körperelement-Eingabesysteme erzeugt wurden, obgleich sich derartige Systeme bezüglich ihrer Informationsinhalte („Intelligenzgrade") wesentlich unterscheiden. Der Mensch kann beim Lesen von Zeichnugen fehlende 3D-Informationen durch Eigenleistungen hinzufügen (rekonstruieren).

Welche Eingabeart wird ein Konstrukteur für seine Arbeit bevorzugen? Im Gegensatz zu einer Variantenkonstruktion kennt der Konstrukteur die Gestalt eines neu zu konstruierenden technischen Gebildes zu Beginn des Konstruktionsprozesses noch nicht. Er muß die qualitative und quantitative Gestalt einzelner Bauteile und Baugruppen erst finden. Bausteine für neue, zu entwickelnde Bauteilmodelle sind Punkte (Ecken), Linien (Kanten), Flächen (Teiloberflächen) und Körper. Bei Neukonstruktionen braucht der Konstrukteur CAD-Eingabesysteme, welche alle vier Eingabearten, d.h. Punkt-, Linien-, Flächen- und Körperelement-Eingabe ermöglichen. Ob er die eine oder andere Art dabei bevorzugt bzw. nicht

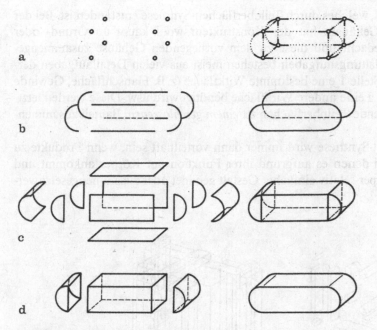

Bild 4.3.2 a–d. Direkte Erzeugungsmöglichkeiten von Eckenmodellen (**a**), Kantenmodellen (**b**), Flächenmodellen (**c**) und Körpermodellen (**d**) durch Eingabe von Punkten (Ecken), Kanten, Flächen oder Teilkörpern

benutzt, hängt davon ab, ob das zu konstruierende Maschinen-Detail eine Punkt-, Linien-, Flächen- oder Körperelementsynthese bedingt. Mit anderen Worten: wenn ein Konstrukteur eine Schneidplatte zu konstruieren hat, so wird es ihm zunächst auf die Umrisse der Schneidkonturen ankommen – er wird zur Erzeugung der Schnittkonturen Linienelemente-Zusammensetzung (Linien-Synthese) betreiben. Sind optische Geräte (Rückleuchten, Scheinwerfer etc.) zu konstruieren, so kommt es bei dieser Geräteart in erster Linie auf die Realisierung bestimmter Oberflächenformen für Spiegel, Reflektoren, Linsen etc. an. Die Gestalt der meisten Bauteile entsteht durch Zusammensetzen von Teiloberflächen, d.h. durch Teiloberflächensynthese. Bild 4.3.3 zeigt ein Gehäuse eines Fotoapparates mit sehr

Bild 4.3.3. Gehäuse einer Kleinbildkamera (Fa. Kodak) – ein Beispiel eines Bauteils, dessen Gestalt nicht durch Addition und Subtraktion, sondern durch Zusammensetzen (Synthese) von Teiloberflächen entstanden ist

komplexer Gestalt, welches durch Teiloberflächen-Synthese entstanden ist. Bei der Synthese dieses Gehäuses hat der Konstrukteur wohl kaum an Grund- oder andere Körper gedacht und diese zu dem vorliegenden Gehäuse zusammenge-setzt. Bauteil-Gestaltungsaufgaben bestehen meist aus vielen Detailaufgaben der-art, daß an einer Stelle 1 eine bestimmte Wirkfläche (z. B. Flanschfläche, Gewinde etc.) und an Stelle 2 eine andere Wirkfläche benötigt wird usw. Diese werden letzt-lich durch ergänzende Teiloberflächen zu *einem geschlossenem* Bauteil zusammen-gefügt.

Körperelement-Synthese wird immer dann vorteilhaft sein, wenn Produkte zu gestalten sind, bei denen es aufgrund ihrer Funktion auf Körper ankommt und welche durch Körper relativ einfacher Gestalt gebildet oder zusammengesetzt wer-

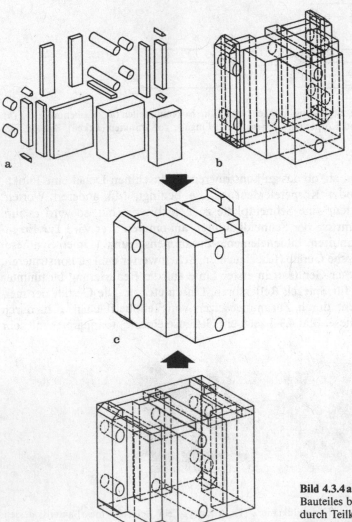

Bild 4.3.4 a–d. Erzeugen eines Bauteiles bestimmter Gestalt (**b, c**) durch Teilkörper-Addition (**a**) und/oder durch Teilkörper-Subtraktion (**d**) [102]

den können. Solche Produkte sind beispielsweise Biegeträger, Stahlbauwerke, Baukästen für Vorrichtungen u. a. m. Bei komplexeren Gebilden ist eine Körperelement-Synthese nur sehr schwer durchzuführen. Bild 4.3.4 verdeutlicht diese Schwierigkeiten und praktischen Grenzen dieses Verfahrens.

In den weitaus überwiegenden Fällen, insbesondere bei Neukonstruktionen, ist es vorteilhaft, Bauteile nach und nach aus Teiloberflächen (Wirkflächen etc.) zusammensetzen zu können. Die Gestaltsynthese mittels Flächenelementen in Ansichts- und Schnittdarstellungen wird auch aus anderen Gründen in der Praxis bevorzugt angewandt, und zwar wegen der Möglichkeit, technische Gebilde in Ansichten und Schnitten maßstäblich und in vielen Fällen in wahrer Größe (Maßstab 1:1) darstellen zu können. Dreidimensionale Gebilde lassen sich so in viele zweidimensionale, besser überschaubare „kleinere Informationsmengen" gliedern und bequemer lösen - als es mittels perspektivischer Darstellung möglich wäre.

Ansichten und Schnittdarstellungen sind für den Konstrukteur nicht in allen Fällen nur Dokumentations-, sondern auch Konstruktionsmittel. Die einzelnen zweidimensionalen Schnitte und Ansichten eines technischen Gebildes sind bequem prüf- und korrigierbar. Deshalb wendet der Konstrukteur bevorzugt diese Eingabe- und Darstellungsart an.

Modellieren

Mit „Modellieren" sollen alle Tätigkeiten bezeichnet werden, welche notwendig sind, um aus mehreren 2-dimensionalen Ansichts- und Schnittdarstellungsinformationen von Bauteilen oder Baugruppen 3D-Datenmodelle zu erzeugen. Modellieren kann schrittweise erfolgen, d.h. aus Ansichts- und Schnittinformationen kann in einem 1. Schritt ein Eckenmodell und in weiteren Schritten ein Kanten-, anschließend ein Flächen- und schließlich ein Körpermodell erzeugt werden. Durch „Modellieren" wird die Information (explizite Information) über die Gestalt eines Bauteiles vermehrt. Modellieren ist die Tätigkeit, die ein Mensch vollbringt, wenn er in Gedanken räumliche Modellvorstellungen eines technischen Gebildes entwickelt, von welchem ihm nur Ansichten und Schnittdarstellungen (Zeichnungen bzw. Bilder) vorliegen.

Die Eingabe von Bauteilen (3D-Gestaltinformationen) in CAD-Systeme kann durch Eingabe und Zusammensetzen von Körperelementen zu Bauteilen erfolgen. Bauteile (3D-Gestaltinformationen) lassen sich aber auch in der Weise in CAD-Systeme einbringen, daß man entweder Punkt- und Linienelemente einbringt und diese zu Ansichten und Schnitten bzw. Flächen zusammenfügt, oder unmittelbar Flächenelemente eingibt und zu Ansichts- und Schnittdarstellungen zusammenfügt, um in einem weiteren Arbeitsschritt aus diesen Ansichts- und Schnittdarstellungen 3D-Gestaltinformationen bzw. 3D-Datenmodelle zu erzeugen.

3D-CAD-Software der „1. Generation" war u. a. dadurch gekennzeichnet, daß man Bauteile nur durch die Eingabe und Addition bzw. Subtraktion sogenannter Grundkörper, wie z. B. Quader, Zylinder, Kegel und Torus erzeugen konnte. CAD-Programme der „2. Generation" sind dadurch gekennzeichnet, daß sie neben dieser auch über eine Eingabemöglichkeit der zweitgenannten Art verfügen und so den Bedürfnissen der Konstruktion weit besser gerecht werden können als die erstgenannte Art von Programmen.

Sind die Informationen eines Bauteiles oder einer Baugruppe in Ansichten und Schnitten in einen Rechner eingegeben worden, so sind hiermit nur Informationen über Eckpunkte, Kanten und bestenfalls einiger Teiloberflächen eines Bauteiles vorhanden. Das sind noch nicht alle die Gestalt eines Bauteils oder einer Baugruppe vollständig beschreibenden Daten. Es besteht somit die Aufgabe, aus diesen Punkt-, Linien- oder/und Flächeninformationen verschiedener Ansichten (= Bildinformationen) 3D-Gestaltinformationen zu gewinnen. Dies kann schrittweise erfolgen, indem aus den Punkt- und Lineninformationen der verschiedenen Ansichten „im Raum liegende Punkte (Eckpunkte u. a.) und Linien (Kanten)" erzeugt werden und indem aus Punkt- und Lineninformationen per Rechner Flächeninformationen gewonnen werden, falls solche nicht bereits durch den Bediener eingegeben wurden. Schließlich ist in einem weiteren Arbeitsschritt aus den Informationen aller Teiloberflächen eines Bauteiles noch die Information über die Lage des Werkstoffes bezüglich der Teiloberflächen zu gewinnen, um so die vollständigen Gestaltinformationen eines Bauteiles zu haben, und um es mittels dieser Informationen in verschiedenen Ansichten, Schnittdarstellungen oder perspektivischen Ansichten „sichtbarkeitsgeklärt" wiedergeben zu können.

Zur Durchführung eines solchen automatisierten Modellierungsprozesses sind im einzelnen folgende Arbeitsschritte erforderlich:

Übertragen von Punkten aus Ansichten in den Raum. Die Information der Lage von Punkten im Raum ist relativ einfach aus den Ansichts- und Schnittbildinformationen zu gewinnen, weil die Koordinatenwerte der Punkte der jeweiligen Ansichten und Schnitte üblicherweise bereits auf ein 3D-Koordinatensystem bezogen sind. Es ist demnach möglich, durch Vergleich der Koordinatenwerte eines Punktes der Ansicht 1 mit allen anderen Punkten der Ansichten 2 und 3 herauszufinden, welche Ansichtspunkte identische Punkte sind und welche nicht. Identische Punkte haben in jeweils 2 Ansichten jeweils einen identischen Koordinatenwert. Wenn für die Koordinatenwerte der Ansichten 1, 2, 3 gilt, daß: $P_{x2} = P_{x3}$ und $P_{y1} = P_{y2}$ und $P_{z1} = P_{z3}$, dann ist $P_{x2} = P_{x3} = P_x$; $P_{y1} = P_{y2} = P_y$; $P_{z1} = P_{z3} = P_z$ (s. Bild 4.3.5). Mit P (x, y, z) sollen hier die x-, y- und z-Koordinatenwerte des Punktes P im Raum bezeichnet werden, mit P_{x1}, P_{x2}, P_{x3} bzw. P_{y1}, P_{y2}, P_{y3} bzw. P_{z1}, P_{z2}, P_{z3} die x-, y-, z-Koordinatenwerte in den jeweiligen Ansichten 1, 2 und 3.

Übertragung von Linienelementen in den Raum. Etwas aufwendiger ist die Ermittlung der Informationen über die räumliche Lage einer Strecke (Gerade) oder eines Kreisbogens aus deren Bildinformationen. Um diese zu ermitteln, müssen zunächst die in Ansichten und Schnitten gegebenen „Verbindungen" zwischen einzelnen Punkten daraufhin untersucht werden, ob es sich im einzelnen um Strecken (Geraden), Kreisbögen oder eine andere Linienform handelt; Kreisbögen können in einer Ansicht (Ausgangsansicht) unverzerrt als Kreisbogen, in allen anderen Ansichten (Nebenansichten) hingegen als Strecken erscheinen (s. Bild 4.3.6). Ist eine „Verbindung" zweier Punkte eine Gerade, so kann deren räumliche Lage mittels der sie begrenzenden Punkte mit den bekannten Verfahren der analytischen Geometrie einfach bestimmt werden. Liegt hingegen zwischen zwei begrenzenden Punkten ein Kreisbogenelement vor, so sind weitere Prüfungen notwendig. Es muß geprüft werden, welche Punkte der Nebenansichten zu den

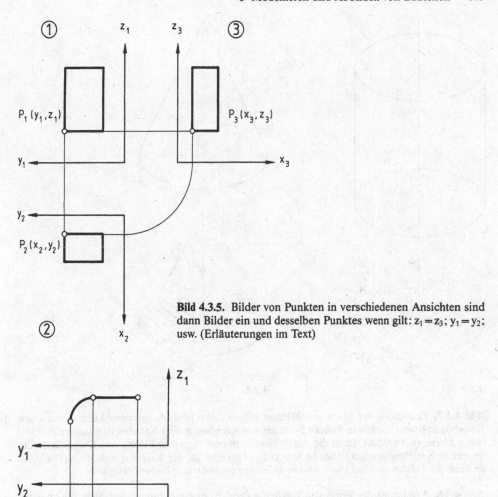

Bild 4.3.5. Bilder von Punkten in verschiedenen Ansichten sind dann Bilder ein und desselben Punktes wenn gilt: $z_1 = z_3$; $y_1 = y_2$; usw. (Erläuterungen im Text)

Bild 4.3.6. Erkennen der realen Gestalt von Liniensymbolen einer Zeichnung. Eine Bauteilkante in zwei Ansichten, bestehend aus einem Geradenstück und einem Kreisbogen (Erläuterungen im Text)

beiden Begrenzungspunkten des Kreisbogens der Ausgangsansicht gehören. D.h., das Problem wird auf das Problem von Punkt-Zuordnungen zurückgeführt. Sind solche Punkte in den Nebenansichten gefunden, läßt sich auch die den Kreisbogen in diesen Ansichten repräsentierende Strecke (Projektion des Kreisbogens) bzw. die räumliche Lage des Kreisbogens selbst eindeutig bestimmen und in das Kantenmodell einfügen. Werden die einen Kreisbogen bestimmenden Begrenzungspunkte nicht gefunden, weil an dem betreffenden Kreisbogen eine gerade Strecke tangentenförmig anschließt, somit in einer Ansicht Strecke und Kreisbogen als *eine* Strecke erscheinen, und folglich ein Begrenzungspunkt fehlt, so wird geprüft, ob in der Ausgangsansicht an dem Kreisbogen ein anderes Kantenelement tangentenförmig anschließt. Ist dieses Prüfungsergebnis negativ, kann eine automatische Ermittlung der Raumlage eines Kantenelementes infolge fehlender

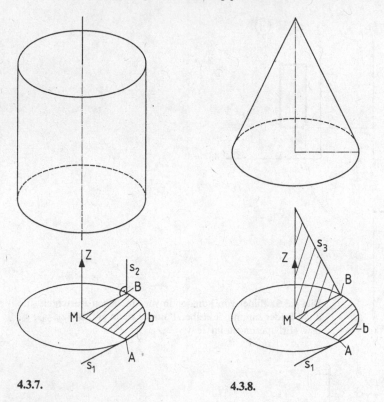

4.3.7.   4.3.8.

Bild 4.3.7. Ermittlung der Form von Flächen mittels deren Berandungslinien. Liegt die an einen Kreisbogen b anschließende Strecke S_1 in der aus Kreisbogen und Kreisbogenmittelpunkt gebildeten Ebene (s. Punkt A), so ist die durch diese Elemente begrenzte Fläche eine Ebene. Steht die an einem Kreisbogen anschließende Strecke S_2 senkrecht auf der Kreisbogenebene (s. Punkt B), so muß die Fläche, welcher diese beiden Elemente angehören, zylinderförmig sein

Bild 4.3.8. Ermittlung der Form von Flächen mittels deren Berandungslinien. Steht die an einen Kreisbogen anschließende Strecke S_3 nicht senkrecht auf der aus Kreisbogen und Kreisbogenmittelpunkt gebildeten Ebene und liegt sie auch nicht in der Kreisbogenebene, so muß die Fläche, welcher der Kreisbogen und die Strecke S_3 angehören, kegelförmig sein (s. Punkt B)

oder falscher Eingabedaten nicht durchgeführt werden. Ist das Prüfungsergebnis hingegen positiv, liegt entweder ein tangentenförmiger Übergang (s. Bild 4.3.7 und 4.3.8, Punkt A) oder eine virtuelle Kante einer Zylinder- oder Kegelfläche vor (s. Bild 4.3.7 und Bild 4.3.8, Punkt B). Diesem Ergebnis entsprechend werden dann Hilfspunkte an den betreffenden Stellen eingefügt, um mit deren Hilfe die Ermittlung der Raumlage des betreffenden virtuellen oder realen Kantenelementes zu ermitteln. Bei unvollkommenen oder fehlerhaften Ansichten- und Schnitteingaben müssen diese Fehler durch das Programmsystem erkannt und gemeldet werden. Der Benutzer muß dann die Möglichkeit haben, die Ansichts- und Schnittangaben zu korrigieren und den Umsetzungsprozeß erneut zu starten. Das Ergebnis dieses 1. Teilprozesses ist ein dreidimensionales Kantenmodell, dem noch die Informationen über die Form der Teiloberflächen und die Lage des Werkstoffes bezüglich der Teiloberflächen fehlen. Bild 4.3.9 zeigt ein Beispiel eines Kantenmodells.

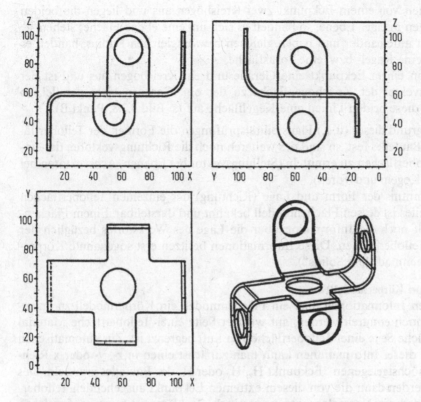

Bild 4.3.9. Automatisiertes Erzeugen weiterer Ansichten und Perspektiven eines Bauteiles aus zwei eingegebenen Ansichten (Beispiel)

Feststellen der Form von Teiloberflächen. Nachdem durch die vorangegangenen Arbeitsschritte ein Kantenmodell eines Bauteiles geschaffen werden konnte, kann in zwei weiteren Prozeßschritten die Form und Orientierung der Teiloberflächen festgestellt werden. Aus Umfangsgründen sollen hier nur Bauteile betrachtet werden, deren Teiloberflächen eben, zylinder-, kegel-, kugel- oder torusförmig sind; Bauteile mit beliebig geformten Teiloberflächen sollen nicht betrachtet werden.

Zur Ermittlung der Form der einzelnen Teiloberflächen eines Bauteiles geht man von den Eck- bzw. Schnittpunkten zweier, eine Teiloberfläche aufspannenden Kanten (Linien) eines Bauteiles aus. Aus der Form der sich schneidenden Kanten kann man auf die Form der von diesen Kanten aufgespannten Fläche schließen. Hierzu gelten folgende Kriterien:

- gehen von einem Eck- bzw. Schnittpunkt 2 Geraden (Strecken) aus, handelt es sich um eine ebene Fläche; zwei Geraden spannen eine Ebene auf,
- oder gehen von einem Eckpunkt eine Strecke und ein Kreisbogen aus und steht der Stellungsvektor der Kreisbogenebene senkrecht zur Strecke, so bilden die Strecke S_1 und der Kreisbogen b eine Ebene (s. Bild 4.3.7, Punkt A); steht der Vektor des Kreisbogens jedoch parallel zur Strecke, so liegt eine Zylinderfläche vor (s. Bild 4.3.7, Punkt B),

- oder gehen von einem Eckpunkt zwei Kreisbögen aus und liegen die beiden Kreisbögen in einer Ebene, so handelt es sich um eine ebene Fläche; stehen sie senkrecht aufeinander und haben gleichen bzw. ungleichen Radius, handelt es sich um eine Kugel- bzw. eine Torusfläche,
- gehen von einem Eckpunkt eine Gerade und ein Kreisbogen aus und ist der Stellungsvektor der Kreisbogenfläche zu der o. g. Geraden nicht parallel, so spannen diese beiden Linien eine Kegelfläche auf (s. Bild 4.3.8, Punkt B).

Liegen aufgrund dieser (u. a.) Plausibilitätsprüfungen die Formen der Teiloberflächen eines Bauteiles fest, so sind des weiteren noch die Richtungsvektoren der einzelnen Teiloberflächen zu ermitteln (Stellungsvektor bei Ebenen, Achsvektoren bei Zylindern, Kegeln und Toren).

Mit Kenntnis der Form und Lage (Richtung) der einzelnen Teiloberflächen eines Bauteiles ist dessen Flächenmodell bekannt und darstellbar. Einem Flächenmodell fehlt noch die Information über die Lage des Werkstoffes bezüglich der einzelnen Teiloberflächen. Diese Informationen besitzen erst sogenannte Körper- oder Volumenmodelle („Solids").

Erzeugen von Körpermodellen

Um aus den Informationen über ein Flächenmodell ein Körpermodell zu erzeugen, muß noch ermittelt werden, auf welcher Seite einer Teiloberfläche Material ist bzw. welche Seite einer Teiloberfläche von Luft begrenzt ist. Zur automatischen Ermittlung dieser Informationen kann man zunächst einen in z-, y- oder x-Richtung am „höchstgelegenen" Eckpunkt H_z, H_y oder H_x des Bauteiles ermitteln. Des weiteren werden dann die von diesem extremen Eckpunkt ausgehenden Teiloberflächen und deren Normalenvektoren ermittelt. Zu klären ist ferner, auf welchen Seiten der Teiloberflächen F_1, F_2 usw. Luft und auf welchen Material ist (s. Bild 4.3.10). Hierzu ist es zweckmäßig, sich durch diesen extremen Eckpunkt H eine zur x-y-Ebene parallele Hilfsebene E zu legen. Durch diese Hilfsebene E kann, wenn H ein Extremwert ist und H kein Punkt einer gekrümmten Fläche ist, das zu untersuchende Bauteil nicht mehr hindurch ragen, d. h. oberhalb der Ebene E kann kein Material sein. Die freie, von Luft umgebene Fläche F_1 (oder F_2) läßt sich dann dadurch ermitteln, daß man die Hilfsebene E um die Achse durch H_z (Achse senkrecht zur Betrachtungsebene) in der einen oder anderen Richtung so weit dreht, bis Ebene E und Fläche F_1 (bzw. F_2) deckungsgleich sind (bzw. aufeinander zu liegen kommen). Die bei dieser fiktiven Drehung erforderliche Bewegungsrichtung der Hilfsebene liefert einen zu den Normalen der deckungsgleichen Ebenen parallelen Vektor, welcher in allen Fällen „in das betreffende Bauteil hineinzeigt". Man erhält so die Information über die „Werkstoffseite" der betreffenden Bauteiloberfläche. Wendet man den auf diese Weise für die betreffende Teiloberfläche erhaltenen Vektor um 180°, so erhält man den Richtungsvektor n_1, welcher die „Luftseite" („werkstofflose Seite") der Teiloberfläche F_1 markiert (s. Bild 4.3.10).

Kennt man somit die Lage des Werkstoffes der Teiloberfläche F_1 des Flächen- bzw. Körpermodells (im folgenden kurz: „Werkstofforientierung" bezeichnet), so ist es in einem weiteren Prozeßschritt notwendig, die restlichen Kantenelemente dieser Fläche F_1 zu ermitteln. Sind alle Kantenelemente der Fläche F_1 bekannt, kann man den Richtungsvektor n_1 dieser Fläche um jedes der Kantenelemente

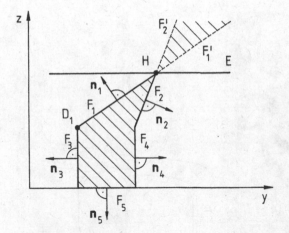

Bild 4.3.10. Ermittlung der „Innen- und Außenseiten" von Teiloberflächen und automatisiertes Erzeugen eines Körpermodells aus einem Flächenmodell

solange drehen (in Bild 4.3.10 beispielsweise um D_1), bis dieser zur Normalen der Nachbarfläche parallel ist. Man erhält auf diese Weise einen Vektor, der die Lage des Werkstoffes, beispielsweise der Nachbarfläche (F_3), angibt. Dreht man die Richtung dieses so ermittelten Vektors noch um 180° um, so erhält man schließlich einen Vektor, der die werkstofflose Seite der Nachbarfläche F_3 nach obiger Definition kennzeichnet. Dieses Verfahren ist für die Konturelemente und Teiloberflächen eines Flächenmodells so oft zu wiederholen, bis sämtliche Informationen über die Art der Teiloberflächen und die Lage des Werkstoffes aller Teiloberflächen ermittelt sind. Ein Rechner kann diese Informationen leider nicht so „einfach sehen", wie dies ein Mensch durch Betrachtung einer technischen Zeichnung kann. Deshalb bedarf es zur Gewinnung solcher Informationen mittels Rechnern dieses oder anderer, manchmal umständlich erscheinender, „Ermittlungs-Verfahren".

Bei der schrittweisen Erzeugung von Kanten-, Flächen- und Volumenmodellen aus Ansichts- und Schnittdarstellungen kann man sich noch folgender Plausibilitätsprüfungen bedienen. So kann man prüfen,

- ob ein Linienelement jeweils zwei benachbarten Teiloberflächen angehört, oder
- ob Werkstofforientierungsvektoren zweier gegenüberliegender Flächen jeweils in entgegengesetzte oder gleiche Richtungen weisen u. a. m.

Abbilden und Sichtbarkeitsklärung

Sind alle Gestaltinformationen (vollständiges Körpermodell) über ein Bauteil oder eine Baugruppe in einem Rechner vorhanden, so ist es anhand dieser Daten und mittels geeigneter Algorithmen bzw. Programme möglich, von diesen Bauteil- oder Baugruppenmodellen Abbildungen (Bilder) und Schnittdarstellungen beliebiger Blick- bzw. Projektionsrichtung und mit beliebigen Schnittverläufen zu erzeugen.

Ist ferner vorgegeben, mit welcher Blickrichtung eine Baugruppe bzw. deren Modell betrachtet und abgebildet (projiziert) werden soll, dann liegt auch eindeutig fest, welche realen und virtuellen Kanten dieses Baugruppenmodells ein' Betrachter sehen kann und welche verdeckt sind, d. h. welche ausgezogen bzw. gestrichelt (oder unsichtbar) gekennzeichnet werden müssen. In Bild 4.3.11 sind

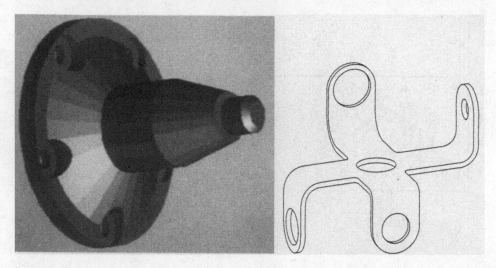

Bild 4.3.11. Aus Ansichten automatisch erzeugte Körpermodelle (Beispiele)

diese Aufgaben anhand eines einfachen Beispiels veranschaulicht. Als virtuelle Körperkanten sollen in diesem Zusammenhang Konturen (Umrißlinien) von Kugeln, Zylindern u.a. gekrümmten Flächen bezeichnet werden, welche in den Abbildungen die Grenzen zwischen den für den Betrachter sichtbaren und unsichtbaren Teilen dieser Flächen sind.

Will man Körpermodelle von Bauteilen oder Baugruppen unter beliebigen Blickwinkeln betrachten und entsprechend darstellen, bedarf es der mathematischen Beschreibungsmethoden für die verschiedenen Kurvenformen von Bauteilkanten und Teiloberflächen, Methoden zu deren Schnittpunkt- und Schnittkantenermittlung und entsprechenden Programmoduln (Hidden-Line-Programmen) [217, 218], mit deren Hilfe die Projektionen (Abbildungen) von Körperkanten in Abbildungsebenen berechnet und deren Sichtbarkeit oder Nichtsichtbarkeit bestimmt werden kann.

4 Ordnen und Suchen von Informationen

Konstruktionsergebnisse bestehen meist aus großen Informationsmengen, welche mittels CAD-Systemen nicht nur erarbeitet und dokumentiert, sondern auch geordnet, sortiert und wiedergefunden werden müssen. Aus CAD-Systemen Ordnungs- und Suchsysteme für technische Informationen zu machen, ist demnach ein weiteres wichtiges Ziel bei der Entwicklung derartiger Systeme.

In der Praxis geht viel Wissen im Laufe der Zeit verloren und muß oft mit viel Aufwand wieder erarbeitet werden. Informationen über Bauteile, Baugruppen oder anderes technisches Wissen (Berichte, Veröffentlichungen etc.) geordnet abzulegen, um es bei Bedarf rasch wiederzufinden, ist deshalb von großer wirtschaftlicher Bedeutung.

Für die Entwicklung von Ordnungs- und Suchsystemen ist es notwendig, die Arten und möglichen Ordnungskriterien technischer Informationen zu kennen. Um diese Aufgabe generell zu behandeln, muß man fragen, aus welchen Arten von Informationen Beschreibungen technischer Produkte bestehen und woher ein Konstrukteur Informationen für seine Arbeit beziehen kann.

Ein Konstrukteur braucht üblicherweise firmeneigene und externe Informationen. Im einzelnen sind dies

- Zeichnungen bestimmter Bauteile oder Baugruppen,
- Literatur (Bücher, Fachzeitschriften, Berichte etc.) zu einem bestimmten Thema bzw. einer Fragestellung,
- Hersteller oder Lieferanten bzw. deren Prospektunterlagen für bestimmte Produkte (Halbzeuge, Bauteile, Baugruppen, Maschinen),
- Informationen firmeninterner Abteilungen (z.B. Richtlinien der Konstruktion, Arbeitsvorbereitung, Fertigung u.a.).

Die Frage, welche Daten eines Konstruktionsergebnisses wohin zu liefern sind, ist für die Festlegung etwaiger Sortierkriterien von Daten ebenfalls wichtig. Denkt man beispielsweise an die Weiterverarbeitung von Konstruktionsdaten zu NC-Fertigungsdaten, so müssen diese entsprechend den unterschiedlichen Fertigungsverfahren und unterschiedlichen Fertigungsoperationen sortiert und geordnet werden.

Bezüglich der Art der Dokumentation von Wissen über technische Produkte kann man zwischen Wissen unterscheiden, das vorwiegend in Form von

- Texten (Berichten, Veröffentlichungen) oder
- Zeichnungen (Bildern)

niedergelegt ist.

Text- bzw. Literatur-Wissen wird nach Fachgebieten, Schlagworten, Autor, Verlag, Name der Fachzeitschrift und Erscheinungsdatum geordnet und gesucht. Zur Durchführung von Literaturrecherchen gibt es bereits vorzügliche Programmsysteme und Dienste, die solche Aufgaben erledigen können. Bei der zukünftigen Entwicklung von sogenannten Experten- und Beratungssystemen ist das Problem des Abspeicherns und Wiederfindens von Informationen ebenfalls ein zentrales Problem.

Da die Dokumentation von technischem Wissen in den meisten Fällen auch Bilddarstellungen benötigt, müssen für die Konstruktion taugliche Ordnungs- und Suchsysteme sowohl Informationen in Bild- als auch in Textform verarbeiten und darstellen können.

Da diese Bilder aber meistens in Texten „eingebaut" sind, kann man zum Ordnen und Suchen von Informationen die genannten Kriterien, wie Fachgebiet, Schlagworte (u.a.) nutzen.

Daneben existiert aber auch die Aufgabe, Bilder bzw. Zeichnungen zu ordnen und wiederzufinden. Dabei geht es primär nicht um das Finden einer bestimmten Zeichnung, sondern um das Finden einer bestimmten Information.

Einfach identifizierbar sind solche Bauteile, wie beispielsweise elektrische Widerstände, welche durch wenige Daten, so beispielsweise den Widerstands- und

Leistungswert, charakterisiert und beschrieben werden können. Sehr viel schwieriger charakterisierbar hingegen sind mechanische Bauteile, welche nur durch eine Vielzahl von Gestalt- und anderen Parametern eindeutig beschrieben und unterschieden werden können.

Technisches Wissen kann beispielsweise nach folgenden Gesichtspunkten geordnet werden

- Physik- bzw. Ingenieurwissenschaftsbereiche wie Mechanik, Elektrotechnik, Optik, Hydraulik, ...
- Branchen wie Werkzeugmaschinen-, Kraftfahrzeugbau etc.,
- Informationsarten (s. Kap. VI, 1),
- Fertigungsverfahren und -folgen,
- Dokumentationsarten wie Texte, Bilder etc.

Aus Umfangsgründen soll im folgenden nur kurz auf die Informationsarten, die zur Beschreibung technischer Gebilde erforderlich sind, eingegangen werden.

Generell lassen sich technische Gebilde (Produkte), wie Bauteile, Baugruppen und Maschinen bzw. deren Zeichnungen, nach folgenden Kriterien ordnen und wiederfinden: durch ihre(n) Namen, Bezeichnung, Zeichnungs-Nr. oder ähnliche Kennzeichnungen; den Zweck bzw. die Zweckfunktion, die durch das betreffende Bauteil verwirklicht wird; das physikalische Prinzip (Wirkprinzip), das durch ein technisches Gebilde realisiert wird; den Werkstoff, aus dem es hergestellt wurde; die Qualität, mit der es hergestellt wurde; die Makro- und Mikrogestaltmerkmale (Aussehensmerkmale); sonstige physikalische Eigenschaften wie Leistung (Maschine), Durchsatz (Apparate), Meßgenauigkeit (Geräte), maximale Belastung, -Kraft, -Druck, -Hub, Gewicht, Volumen, elektr. Widerstand (u.a.); chemische Eigenschaften wie z. B. Korrosionsbeständigkeit, Ölbeständigkeit, Säurebeständigkeit etc. Weitere Beschreibungskriterien können die, die Herstellung eines technischen Gebildes betreffenden Informationen wie Hersteller, Herstelldatum, Fertigungsverfahren, Fertigungsdaten sein. Schließlich kann ein technisches Produkt auch noch durch Angaben bezüglich seiner Anwendung charakterisiert werden. Solche können u. a. sein:

Angaben bezüglich Systemzugehörigkeit (Scheibenwischer für einen bestimmten Fahrzeugtyp; Schrauben für Bleche oder Holz); Angaben bezüglich Anwender, Anwendungsart oder -gebiet, z. B. Ausführung für ein bestimmtes Land oder eine bestimmte Branche (Bergbau etc.).

Unten stehend sind diese Beschreibungs- bzw. Ordnungskriterien nochmals übersichtlich zusammengefaßt und weiter detailliert. Diese lauten:

✳ Name, Bezeichnung, Zeichnungs-Nr. etc.
✳ Zweck, Zweckfunktion(en)
✳ Physikalisches Gebiet (Mechanik, Elektrotechnik, Optik bzw. mechanisches-, optisches-, elektronisches Bauteil)
✳ Physikalisches Wirkprinzip
✳ Physikalische Eigenschaften

Leistung, max. Belastung, -Kraft, -Druck, -Hub
Durchsatz
Meßgenauigkeit
Gewicht
Volumen
Widerstand, u. a. m.
* Werkstoffart
* Qualität
* Gestalt, Aussehen (Makro-Gestalt)
Abmessungen
Form
Zahl
Lage
Struktur
* Mikro- oder Feingestalt
Oberflächenbeschaffenheit einzelner Teiloberflächen
Maß-, Form- und Lagetoleranzen (Qualität)
* Chemische Eigenschaften
korrosionsbeständig
ölbeständig
säurefest
* Herstellung
Hersteller (Firma)
Herstelldatum
Herstellverfahren und Fertigungsdaten
* Anwendung
Branche, Fachgebiet
Ort, Gebiet, Land
Systemzugehörigkeit u. a.

Mit Hilfe dieser Ordnungs- und Suchkriterien („Fahndungsraster") können fachgebietübergreifende Systeme aufgebaut werden. Diese können mechanische, elektrische und optische Bauteile sowie Baugruppen anderer Fachgebiete beinhalten und ordnen. Viele dieser Daten, wie beispielsweise die Gestaltdaten eines Bauteils oder einer Baugruppe, sind beim Arbeiten mit CAD-Systemen ohnehin im Rechnersystem vorhanden und brauchen lediglich in ein geeignetes Ordnungs- und Suchsystem übertragen zu werden. Bezüglich weiterer Ausführungen über Ordnungs- und Suchsysteme wird auf die einschlägige Literatur [16, 36, 55] verwiesen.

5 Bemaßen und Tolerieren

Die Informationsinhalte technischer Zeichnungen setzen sich aus bildlichen Darstellungen (Ansichten und Schnitten), Maßeintragungen, Passungs- sowie Toleranzangaben und sonstigen Informationsangaben (Symbolen), wie beispielsweise Oberflächen- und Schweißzeichen, zusammen. Kurze Texte und Stücklisten sind weitere, in Zeichnungen übliche Informationsformen. Aus Umfangsgründen soll im folgenden nur auf die automatisierte Darstellung von Maß-, Passungs- und Toleranzsymbolen eingegangen werden. Für die Entwicklung von CAD-Systemen, die auch Bemaßungsvorgänge unterstützen sollen, ist es zweckmäßig, zwischen folgenden Teilaufgaben zu unterscheiden, und zwar:

- dem Festlegen und Eintragen von Maßen in eine Zeichnung; das sind im einzelnen: Maßlinie, Maßhilfslinie, Maßlinienbegrenzung und Maßzahlen (DIN 406),
- dem Festlegen und Eintragen von Passungen und/oder Toleranzangaben (DIN 7151) und/oder Allgemeintoleranzen (DIN 7168, T1 und T2); Toleranzrechnung,
- dem Festlegen und Eintragen von Form- und Lagetoleranzen (DIN ISO 1101),
- der Festlegung von Maßkorrelationen zwischen Teiloberflächen eines Bauteils oder zwischen Teiloberflächen verschiedener Bauteile,
- der Erstellung von Bemaßungen unterschiedlicher Zwecke, das sind z.B. Funktions-, Fertigungs- und Prüfbemaßungen.

Diese relativ viel Zeit und Konzentration in Anspruch nehmenden Tätigkeiten können von CAD-Systemen unterstützt werden. In den folgenden Ausführungen soll auf die Automatisierungsmöglichkeiten von Bemaßungsprozessen kurz eingegangen werden.

Automatisierungsmöglichkeiten von Maßeintragungen
Eine Maßeintragung an einem Bauteil setzt sich zusammen (s. Bild 4.5.1a) aus Maßhilfslinien (1), einer Maßlinie (2), einer Maßbegrenzung (3), einer Maßzahl (4) und einer Toleranz- oder Passungsangabe (5) (DIN 406, T2).

Maßeintragungen sind je nach Platzangebot unterschiedlich vorzunehmen, wie Bild 4.5.1b zeigt. In der Regel werden Maßhilfslinien rechtwinkelig zur betreffenden Körperkante vorgenommen, ausgenommen von dieser Regel sind Fälle, wie sie Bild 4.5.1c zeigt. Maßbegrenzungen können z.B. pfeil- oder punktförmig sein (s. Bild 4.5.1d). Die einschlägige DIN-Vorschrift sieht darüber hinaus auch noch andere Symbolformen für Maßbegrenzungen vor. Auf dem Markt befindliche CAD-Zeichensysteme bieten die Möglichkeit, Maßhilfslinien, Maßlinien, Maßbegrenzungen, Maßzahlen, Toleranzen und Passungen automatisch zu zeichnen und zu schreiben.

Hingegen nicht generell für alle vorkommenden Maßeintragungen automatisiert werden können die Entscheidungen,

- welche Kante eines Bauteils bezüglich welcher anderen Kante bemaßt werden soll und
- wo die Maßzahl incl. Toleranz- oder Passungsangabe und wo Maßlinien auf einer Zeichnung plaziert werden sollen, ohne andere Text- oder Bildinformationen zu stören bzw. zu überdecken.

In einfachen Spezialfällen lassen sich hingegen Algorithmen zur vollständigen Automatisierung von Bemaßungsvorgängen angeben, generell konnte dieses Problem aber bisher nicht befriedigend gelöst werden. Selbst wenn diese Aufgabe technisch gelöst werden könnte, wäre es fraglich, ob die Anwendung solch rechen-

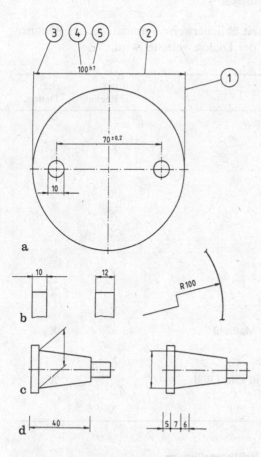

Bild 4.5.1 a–d. Verschiedene Symbole zur Bemaßung technischer Gebilde. Maßhilfslinie (1), Maßlinie (2), Maßbegrenzung (3), Maßzahl (4), Toleranzangabe (5) (**a**); unterschiedliche Maßlinien und Maßlinienanordnungen (**b**); unterschiedliche Maßhilfslinienanordnungen (**c**); unterschiedliche Maßbegrenzungssymbole (**d**)

zeitaufwendiger Programme wirtschaftlich sinnvoll wäre. Die Lösung dieses Problems setzt voraus, daß auch der zu einem Zeichenvorgang gehörende Konstruktionsprozeß weitgehend automatisiert werden kann. Aus diesem würden z.B. Informationen folgen, „welche Lagen von Flächen zu welchen anderen wesentlich sind und welche folglich bemaßt werden müssen". Möglicherweise läßt sich dieses Problem in Zukunft in Verbindung mit der Automatisierung von Konstruktionsprozessen zumindest teilweise lösen.

Bei Änderungen der Abmessungen von Bauteilen am Reißbrett geht man häufig so vor, daß man nur die Maßzahl korrigiert und das, das Bauteil darstellende Bild (Figur) unverändert läßt. Diese bequeme Änderungsart produziert mögliche Fehlerquellen. Aus diesem Grunde sollten CAD-Zeichensysteme entsprechende Softwaremodule (Automatismen) besitzen, welche dafür sorgen, daß bei Änderung der Maßzahl automatisch die diesem Maß entsprechenden geometrischen Verhältnisse der betreffenden Zeichnung auf dem Bildschirm mitgeändert werden. Ebenso sollte ein solches System auch über einen inversen Automatismus verfügen, mit dessen Hilfe die Maßzahl und die dazugehörende Maßliniengeometrie automatisch korrigiert wird, wenn ein Benutzer die Bilddarstellung (Ansicht oder Schnittdarstellung) eines Bauteils am Bildschirm ändert.

Zusammenfassend sind untenstehend die zu einer Bemaßung notwendigen Einzeltätigkeiten nochmals tabellarisch aufgeführt; ein X in der jeweiligen Spalte dieser Tabelle zeigt an, ob diese Tätigkeit üblicherweise automatisch per Rechner oder vom Benutzer des CAD-Systems, per Dialog, geleistet wird.

	per Rechner	per Dialog
1. Festlegen, zwischen welchen Flächen/Kanten ein Maß angegeben werden soll		X
2. Positionieren der Maßlinie		X
3. Zeichnen der Maßlinien	X	
4. Plazieren der Maßzahl	X	
5. Zeichnen der Maßhilfslinien	X	
6. Zeichnen der Maßbegrenzungen	X	
7. Festlegen des Maßes		X
8. Eintragen der Maßzahl	X	
9. Festlegen einer Toleranz oder Passung		X
10. Eintragen einer Toleranz oder Passung	X	
11. Ändern (Löschen und Neufestlegen) einer Maßzahl und entsprechendes		X
Ändern der Gestalt/Geometrie eines Bildes	X	
12. Ändern der Abstände oder Abmessungen in einem Bild und entsprechendes		X
Ändern der Bemaßung	X	

Funktions-, Fertigungs-, Montage- und Prüfbemaßungen
Bauteile und Baugruppen werden u. a. durch Bemaßungen beschrieben; Bemaßungen sind wesentliche Bestandteile von Beschreibungen technischer Gebilde. Die Art, wie eine Bemaßung eines technischen Gebildes anzulegen ist, hängt von dem Zweck ab, wofür diese gedacht ist. Entsprechend unterschiedlicher Zwecke kann eine Bemaßung funktions-, fertigungs-, montage- und/oder prüfgerecht angelegt werden. In vielen Fällen benötigt man in der Praxis von einem Bauteil sowohl eine Funktions-, Fertigungs-, Montage- als auch eine Prüfbemaßung. Ist dies der Fall, so sind von einem Bauteil mehrere Zeichnungen mit unterschiedlichen Bemaßungsarten anzufertigen, d. h. bestimmte Gestaltdetails eines Bauteils sind durch zweckentsprechende, unterschiedliche Bemaßungen zu beschreiben. Bild 4.5.2 zeigt hierzu ein einfaches Beispiel.

Für ein bestimmtes technisches System ist ein Bauteil erforderlich, wie es Bild 4.5.2 zeigt. Wie die Gesamtkonstruktion ergab, sind für die Funktionsfähigkeit dieses Bauteils beispielsweise die in Bild 4.5.2a eingetragenen Maße a, b, c und d von wesentlicher Bedeutung; sonstige Maße sind in Bild 4.5.2a der besseren Übersicht wegen weggelassen. Es zeigt entsprechend die „Funktionsbemaßung" dieses Bauteils. Da ein Teil dieser Funktionsmaße mit bestimmten Meßwerkzeugen nicht oder nur sehr umständlich nachgeprüft werden könnte, sind einige Gestaltdetails dieses Bauteils in Bild 4.5.2b durch eine andere Art Bemaßung, einer sogenannten Prüfbemaßung (prüfgerechte Bemaßung) beschrieben

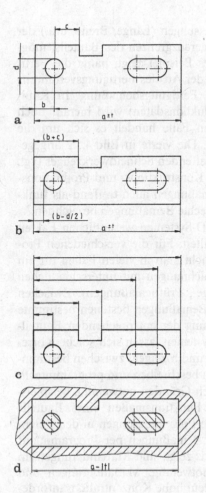

Bild 4.5.2 a–d. Verschiedene Bemaßungsarten (Beispiel): funktionsgerechte Bemaßung (**a**), prüfgerechte Bemaßung (**b**), NC-fertigungsgerechte Bemaßung (**c**), Bemaßung des entsprechenden Werkzeuges (Schneidplatten-Bemaßung) (**d**)

(s. Maße $(b+c)$ und $(b-d/2)$). Diese Maße können beispielsweise mit einer Schieblehre unmittelbar gemessen werden; Umrechnungen erübrigen sich. Wenn dieses Bauteil mit Hilfe von NC-Werkzeugmaschinen gefertigt wird, ist es zweckmäßig, von diesem Bauteil auch noch eine Zeichnung mit NC-gerechter Bemaßung anzufertigen, wie sie Bild 4.5.2 c zeigt.

Sollte dieses Bauteil nicht spanend, sondern spanlos mittels eines ·Gesamtschneidwerkzeuges hergestellt werden, bedarf es der Konstruktion eines entsprechenden Schneidwerkzeuges bzw. einer Schneidplatte, eines Lochstempels u. a. Schneidwerkzeugbauteile. Bild 4.5.2 d zeigt exemplarisch ein Detail einer solchen Schneidplatte und zwei Lochstempel (in Bild 4.5.2 d durch Schraffur hervorgehoben). Die Abmessungen des Schneidplattendurchbruches und der Stempel sind abhängig von den Abmessungen des herzustellenden Bauteils und von Verschleißeigenschaften bestimmter Werkzeugteile festzulegen. Schneidplatten verschleißen im Laufe ihres Betriebes und müssen von Zeit zu Zeit nachgeschliffen werden. Verschleiß und Nachschleifen lassen den Schneidplattendurchbruch (Schneidkontur) größer werden. Dies bedeutet, daß auch das von dieser Platte ausgeschnittene Bauteil nach und nach größer wird. Zur Erhöhung der Nutzungsdauer eines

Schneidwerkzeuges legt man deshalb die Abmessungen (Länge, Breite, u.a.) der Schneidplatte, unter Nutzung der zulässigen Toleranzgrenzen des Bauteils, möglichst klein aus (a − t; s. Bild 4.5.2 d). Wie dieses Beispiel zeigt, hängt die Fertigungsbemaßung eines Bauteiles auch noch von der Art des Fertigungsverfahrens ab, d.h.: Fertigungsbemaßung ist nicht gleich Fertigungsbemaßung. In Kapitel VI.3 (Umsetzen von Konstruktions- in Produktionsdaten) wird hierauf noch ausführlich eingegangen. In drei der genannten Fälle handelt es sich um die Bemaßung des gleichen (identischen) Bauteiles. Die vierte in Bild 4.5.2 angegebene Bemaßung ist jene zur Herstellung des betreffenden Schneidwerkzeuges (vgl. hierzu auch Kap. VI.3, „Korrelationen zwischen Konstruktions- und Produktionsdaten"). Man kann diese unterschiedlichen Bemaßungen auch treffend als funktionsgerechte, fertigungs- bzw. prüfverfahrensgerechte Bemaßungen bezeichnen.

Faßt man die für die Entwicklung von CAD-Systemen wesentlichen Fakten bezüglich Bemaßung zusammen, so ist festzuhalten: Für die verschiedenen Prozesse der Entwicklung technischer Gebilde braucht man in vielen Fällen für ein und dasselbe Bauteil (oder Baugruppe etc.) Zeichnungen mit unterschiedlichen Bemaßungen (Funktions-, Fertigungs-, Montage-, Prüfbemaßungen). Zwischen den einzelnen Maßen dieser unterschiedlichen Bemaßungen bestehen bestimmte Relationen oder Korrelationen. Bei der Erstellung der entsprechenden Bauteil-Zeichnungen und -Bemaßungen mittels CAD-Systemen lassen sich solche Korrelationen, wie sie beispielsweise die Bilder 4.5.2a und b zeigen, zwischen bestimmten Abmessungen unterschiedlicher Zeichnungen beschreiben und programmtechnisch „nachhalten". Ist es nun aus irgendwelchen Gründen notwendig, beispielsweise Änderungen an einem oder mehreren Funktionsmaßen eines Bauteils vorzunehmen, dann können daraus resultierende Folgeänderungen in den Zeichnungen des Bauteils mit den unterschiedlichen Bemaßungen per Programmlauf automatisch durchgeführt werden. Wie die Praxis zeigt, sind Maßänderungen im Laufe einer Entwicklung leider sehr häufig notwendig. Maßänderungen und deren Folgeänderungen stellen an den Konstrukteur hohe Konzentrationsanforderungen. Sie zählen nicht zu den „schönen Tätigkeiten der Konstruktion". Entsprechende CAD-Programmoduln können diese Tätigkeiten wesentlich erleichtern und Fehlerquellen in der Konstruktion vermeiden helfen.

Automatisierung der Toleranz- und Passungsfestlegung

Damit Bauteile die ihnen zugedachten Funktionen einwandfrei erfüllen können, müssen ihre Abmessungen bestimmten Genauigkeitsbedingungen genügen. Eine Welle, die in einer Bohrung gleiten soll (Gleitlager), muß etwas kleiner im Durchmesser sein als die entsprechende Bohrung. Soll eine Radnabe fest auf einer Welle sitzen und ein bestimmtes Drehmoment übertragen können, muß der Wellendurchmesser um ein bestimmtes Maß größer sein als die entsprechende Bohrung. Sollen Bauteile tauschbar sein, müssen sie bestimmten Abmessungs- und Toleranzbedingungen genügen.

Die Festlegung der zulässigen Toleranz einer Bauteilabmessung hängt wesentlich von dem zu erfüllenden Zweck bzw. deren Funktion ab. Weil die rechnerische Ermittlung von zulässigen Toleranzen in den meisten Fällen sehr umständlich und aufwendig ist, werden Toleranzen häufig nach „Gefühl" festgelegt. Dabei werden Toleranzen aus „Sicherheitsgründen" oft enger festgelegt, als es eigentlich notwendig wäre. Unnötig enge Toleranzen bedeuten zusätzlichen Fertigungsaufwand und damit unnötige Mehrkosten. Entsprechende CAD-Toleranz-Beratungsprogramme können das Festlegen von Toleranzen erleichtern und den Konstrukteur bei der Festlegung von Toleranzen unterstützen. Sie können ihm helfen, sogenannte „Angst-Toleranzen" zu vermeiden. Aufgrund des Hilfsmittels „Elektronische Datenverarbeitungsanlage" lassen sich in Zukunft Programme (Beratungsprogramme) entwickeln, die den Konstrukteur bei der Wahl von Passungen und Toleranzen beraten können.

Mit relativ geringem Aufwand können CAD-Systeme entwickelt werden, welche den Konstrukteur bei der Festlegung von Passungen dadurch unterstützen, daß diese ihm auf Wunsch

- einen Überblick über die Passungssysteme Einheitsbohrung, Einheitswelle vermitteln (s. Bild 4.5.3 a),
- Größt- und Kleinstabmessung, größtes und kleinstes Spiel oder größtes und kleinstes Übermaß bei vorgegebener Passungsart und vorgegebenem Nennmaß ermitteln (s. Bild 4.5.3 b),
- das mit einem Preßsitz minimal oder maximal übertragbare Drehmoment sowie die in den Preßteilen auftretenden maximalen Spannungen und Dehnungen berechnen,
- einen Überblick über mögliche Form- und Lageabweichungen bei der Fertigung von Bauteilen vermitteln (s. Bild 4.5.3 c) oder
- beim Festlegen von Maß-, Form- und Lagetoleranzen Empfehlungen geben und Praxisbeispiele von Toleranzfestlegungen zeigen.

Die möglichen Ist-Positionen (Lagen) von Bohrungen oder anderen Wirkflächen an Bauteilen oder Baugruppen hängen oft von sehr vielen Einzelmaßen ab. Das hat zur Folge, daß Auswirkungen von Maßtoleranzen an komplexen Gebilden meist nur sehr aufwendig und mühevoll berechnet werden können und deshalb oft nur nach „Gefühl", also subjektiv, festgelegt werden. Zur Verdeutlichung dieser „Toleranzproblematik" sei ein einfaches Beispiel erwähnt: das Bemaßen und Tolerieren von Bohrungen zweier Platten (s. Bild 4.5.4), welche mit 4 Schrauben verbunden werden sollen. Da die beiden Platten durch andere Platten gleichen Typs („Tauschplatten") ersetzbar sein sollen, müssen diese getrennt gefertigt und können nicht durch Abbohren hergestellt werden. Nimmt man an, daß die Schraubendurchgangslöcher der Platte (1) um maximal 1 Millimeter im Durchmesser größer gemacht werden können als die Durchmesser der durchgehenden Schrauben, dann ist zu ermitteln, welche zulässigen Abstands- bzw. Winkeltoleranzen die Maße x_1 und y_1 maximal annehmen dürfen, ohne die Montagefähigkeit der Platten zu gefährden. Zur Beantwortung dieser Frage bedarf es bereits aufwendiger geometrischer Berechnungen, auf deren Ableitung hier aus Umfangsgründen verzichtet werden soll. Dieses scheinbar einfache Beispiel zeigt bereits sehr deutlich, wie komplex die Berechnung von Toleranzangaben sein kann.

Für andere Beispiele hingegen, wie der Auslegung von Welle-Nabe-Preßverbindungen, sind Formeln zu deren Toleranzberechnung bereits bekannt [134] und es lassen sich entsprechende Programmmodule unmittelbar realisieren.

Zusammenfassend ist zu sagen, daß die Festlegung von Toleranzen oder Passungen üblicherweise nach wie vor dem Konstrukteur vorbehalten ist. CAD-

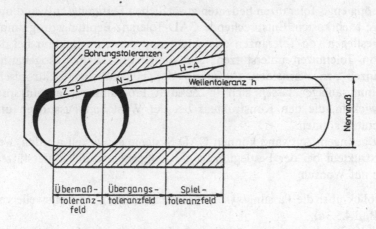

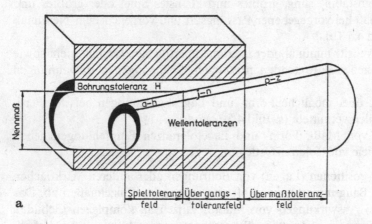

Bild 4.5.3. a–c. Verschiedene Toleranzangaben (ISO): System „Einheitswelle" oder „Einheitsbohrung" (a); Ausschnitt aus einer ISO-Toleranztabelle (b); verschiedene Arten von Formabweichungen (c) nach DIN (Ausschnitt)

Systeme können den Konstrukteur in Zukunft bei der Berechnung und Vergabe von Toleranzen, der Wahl von Passungen sowie der Eintragung (Dokumentation) von Toleranz- oder Passungsdaten in eine Zeichnung jedoch unterstützen.

Aufgrund fertigungstechnischer Unzulänglichkeiten und aus wirtschaftlichen Gründen lassen sich Abmessungen technischer Gebilde mit wirtschaftlich vertretbarem Aufwand nicht absolut genau herstellen. Infolge der praxisgegebenen Abweichungen (Toleranzen) von den theoretischen Maßen, sind technische Gebilde vor ihrer Realisierung mittels Toleranzrechnung daraufhin zu prüfen, ob diese auch dann ihre Funktion sicher erfüllen, wenn sie um bestimmte kleine Beträge von ihren „Idealabmessungen" abweichen. Aus wirtschaftlichen und technischen Gründen läßt man deshalb bei der Fertigung jeder Längen- oder Winkelabmessung eines technischen Gebildes bestimmte Abweichungen (=zulässige Toleranzen) vom theoretischen Nennmaß zu. Weil technische Gebilde mit „großen Toleranzen" wirtschaftlicher herstellbar sind als solche mit kleinen, zu große

Toleranzfeld	H6	k5	k6	j5	j6	h5	g5	H7	j6	h6	g6	f6	f7	H8	u8	t8	s8	h8	h9	f7
von 1 / bis 3	+6/0	+4/0	+6/0	+2/-2	+4/-2	0/-4	-2/-6	+10/0	+4/-2	0/-6	-2/-8	-6/-12	-6/-16	+14/0	—	..	+28/+14	0/-14	0/-25	-6/-16
über 3 / bis 6	+8/0	+6/+1	+9/+1	+3/-2	+6/-2	0/-5	-4/-9	+12/0	+6/0	0/-8	-4/-12	-10/-18	-10/-22	+18/0	—	—	+37/+19	0/-18	0/-30	-10/-22
über 6 / bis 10	+9/0	+7/+1	+10/+1	+4/-2	+7/-2	0/-6	-5/-11	+15/0	+7/0	0/-9	-5/-14	-13/-22	-13/-28	+22/0	—	—	+45/+23	0/-22	0/-36	-13/-28
über 10 / bis 14	+11/0	+9/+1	+12/+1	+5/-3	+8/-3	0/-8	-6/-14	+18/0	+8/0	0/-11	-6/-17	-16/-27	-16/-34	+27/0	—	..	+55/+28	0/-27	0/-43	-16/-34
über 14 / bis 18	+11/0	+9/+1	+12/+1	+5/-3	+8/-3	0/-8	-6/-14	+18/0	+8/0	0/-11	-6/-17	-16/-27	-16/-34	+27/0	—	..	+55/+28	0/-27	0/-43	-16/-34
über 18 / bis 24	+13/0	+11/+2	+15/+2	+5/-4	+9/-4	0/-9	-7/-16	+21/0	+9/0	0/-13	-7/-20	-20/-33	-20/-41	+33/0	—	—	+68/+35	0/-33	0/-52	-20/-41
über 24 / bis 30	+13/0	+11/+2	+15/+2	+5/-4	+9/-4	0/-9	-7/-16	+21/0	+9/0	0/-13	-7/-20	-20/-33	-20/-41	+33/0	+81/+48	—	+68/+35	0/-33	0/-52	-20/-41
über 30 / bis 40	+16/0	+13/+2	+18/+2	+6/-5	+11/-5	0/-11	-9/-20	+25/0	+11/0	0/-16	-9/-25	-25/-41	-25/-50	+39/0	+99/+60	—	+82/+43	0/-39	0/-62	-25/-50
über 40 / bis 50	+16/0	+13/+2	+18/+2	+6/-5	+11/-5	0/-11	-9/-20	+25/0	+11/0	0/-16	-9/-25	-25/-41	-25/-50	+39/0	+109/+70	—	+82/+43	0/-39	0/-62	-25/-50
über 50 / bis 65	+19/0	+15/+2	+21/+2	+6/-7	+12/-7	0/-13	-10/-23	+30/0	+12/0	0/-19	-10/-29	-30/-49	-30/-60	+46/0	+133/+87	—	+99/+53	0/-46	0/-74	-30/-60
über 65 / bis 80	+19/0	+15/+2	+21/+2	+6/-7	+12/-7	0/-13	-10/-23	+30/0	+12/0	0/-19	-10/-29	-30/-49	-30/-60	+46/0	+148/+102	—	+105/+59	0/-46	0/-74	-30/-60

b

Symbol und tolerierte Eigenschaft		Toleranzzone	Anwendungs-Beispiele	
			Zeichnungsangabe	Erklärung
Form	— Geradheit		Ø0,03	d. Achse d. zylindr. Tls. des Bolzens muß innerhalb eines Zylinders vom Durchmesser $t=0,03$ mm liegen
	▱ Ebenheit		0,05	die tolerierte Fläche muß zwischen zwei parallelen Ebenen vom Abstand $t=0,05$ mm liegen
	○ Rundheit		0,02	die Umfangslinie jedes Querschnittes muß in einem Kreisring von der Breite $t=0,02$ mm enthalten sein
	⌭ Zylinderform		0,05	die tolerierte Fläche muß zwischen zwei koaxialen Zylindern liegen, die einen radialen Abstand von $t=0,05$ mm haben

c

4.5.3. b, c

Toleranzen aber die Funktionsfähigkeit technischer Gebilde u. U. nicht mehr gewährleisten können, ist man bei der Entwicklung technischer Gebilde stets bemüht, Toleranzen nach der Maxime festzulegen, „so groß wie möglich" bzw. „so klein wie nötig".

Üblicherweise lassen sich die Toleranzen einzelner Maße einer Maßkette nur nach der Methode „Annahme bestimmter Toleranzen für die einzelnen Maße und Nachrechnen, ob das System mit diesen Annahmen noch funktionsfähig ist" bestimmen; explizit vorherbestimmen lassen sich diese nicht. In der Praxis werden die Toleranzen der einzelnen Maße einer komplexen Maßkette in der Weise festgelegt, daß man für jedes Maß Toleranzen annimmt, um anhand dieser Annahmen nachzurechnen (analysieren), welche Gesamtabweichung das betreffende Schließmaß (= Gesamtmaß, infolge der Zusammensetzung aus mehreren Einzelmaßen) möglicherweise haben wird. Ist diese unakzeptabel groß, werden neue, engere Toleranzangaben gewählt und wiederum die möglichen Gesamtabwei-

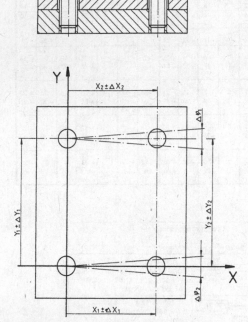

Bild 4.5.4. Toleranzproblematik bei Übereinstimmung von 4 Bohrungen (Löcher) zweier Platten (Beispiel)

chungen ermittelt. Dieses Iterationsverfahren wird so lange wiederholt, bis ein befriedigendes Ergebnis erzielt wird.

Toleranzrechnungen bzw. Toleranzanalysen dienen der Prüfung der theoretischen Funktionsfähigkeit technischer Systeme unter der Annahme, daß die für eine Funktion wesentlichen Maße einer Maßkette ihren entsprechend der Toleranzvorgabe zulässigen, ungünstigsten Grenzwert annehmen. Da das Zusammenfallen aller ungünstigsten Abmaße in einer komplexen Maßkette „sehr unwahrscheinlich" ist, kann man die mit einer solchen absolut „sicheren Toleranzrechnung" ermittelten Einzeltoleranzen durch „Wahrscheinlichkeitsüberlegungen" noch etwas erweitern, um so noch wirtschaftlicher herstellbare Bauteil- oder Baugruppentoleranzen angeben zu können. Zum Verständnis des Gesagten zeigt Bild 4.5.5 ein einfaches Beispiel zur „Toleranzproblematik". Die Funktionsfähigkeit dieses auf einer Grundplatte (1) montierten Klappanker-Magneten hängt wesentlich von dem sich im angezogenen Zustand ergebenden Luftspalt t zwischen Magnet (2) und Klappanker (3) ab. Ob dieser Spalt den Idealwert null Millimeter, einen positiven oder einen negativen Wert annimmt, hängt von den im Bild durch Maßpfeile angedeuteten drei Istmaßen a, b, c ab. Ziel einer Toleranzrechnung bzw. Toleranzanalyse für dieses Beispiel ist es, die drei dort gezeigten Maße und deren Toleranzen so auszulegen, daß der Luftspalt zwischen Klappanker und Magnet im ungünstigsten Fall Null wird. Nennenswert negative Spaltweiten sind zu vermeiden und nicht zu vermeidende positive Spaltweiten sind möglichst klein zu halten.

Im Zuge einer Toleranzfestlegung gilt es nun, für die Maße a, b, c Toleranzen anzunehmen (vorzugeben) und nachzurechnen (analysieren), welche ungünstigen

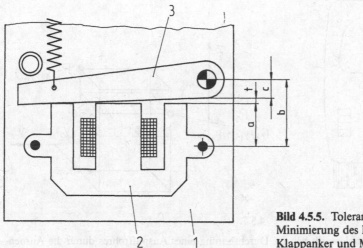

Bild 4.5.5. Toleranzproblematik bei der Minimierung des Luftspaltes zwischen Klappanker und Magnet (Beispiel)

Luftspaltmaße sich mit diesen Annahmen ergeben können. Da man üblicherweise nicht erwarten kann, daß man auf Anhieb befriedigende Ergebnisse für das Maß t bekommen wird, ist dieser Prozeß so oft mit neuen, geeigneten Annahmen zu wiederholen, bis man befriedigende Ergebnisse erhält. Toleranzfestlegungen sind folglich meist Iterationsprozesse.

Bedenkt man die Vielzahl von Rahmen-, Karosserie- und anderen Bauteilmaßen, welche zusammengefügt die Gesamtlänge eines Omnibusses bilden und alle toleranzbehaftet sind, so wird verständlich, daß theoretisch gleichlange Busse einer Serie in der Praxis wesentliche Unterschiede in ihrer Gesamtlänge aufweisen. Berücksichtigt man ferner, daß die linke und rechte Seite eines Busses von unterschiedlichen Bauteilen mit jeweils unterschiedlichen Maßabweichungen gebildet werden, so wird verständlich, daß es in der Praxis kaum einen Bus gibt, welcher links- und rechtsseitig „gleich lang" ist.

Bild 4.5.6 soll am Beispiel der Durchführung eines Auspuffrohres durch eine Ausnehmung in der Karosserie noch verdeutlichen, wie komplex Toleranzprobleme (3-dimensionales Toleranzproblem) in der Praxis sein können. Dies wird besonders deutlich, wenn man die Vielzahl der Maße bedenkt, durch die einerseits die Lage des Aufpuffrohres und andererseits die der Karosserieausnehmung festgelegt werden.

Besonders schwierig zu lösende Toleranzprobleme treten auch beim Bau von Flugzeugen auf. Der als Fluggastraum dienende Rumpf eines Flugzeuges wird in Leichtbauweise hergestellt. Während des Baues muß der Rumpf eines Flugzeuges üblicherweise an anderer Stelle unterstützt (aufgehängt) werden, als dies später im Betrieb der Fall ist. Beim späteren Betrieb des Flugzeuges hängt der Rumpf entweder an den Flügeln (beim Flug) oder dieser wird durch das Fahrwerk gestützt (am Boden befindliches Flugzeug). Unterschiedliche Stützstellen bedeuten unterschiedliche Deformationen des Flugzeugrumpfes. Zu den Problemen der Fertigungstoleranzen kommen bei Flugzeugen noch die Toleranzprobleme infolge unterschiedlicher Verformungen bei verschiedenen Betriebszuständen. Die besonderen Toleranzprobleme beim Bau von Flugzeugen bestehen u.a. darin, Türen

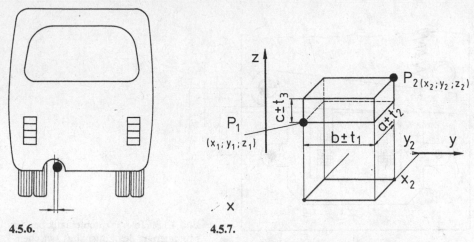

4.5.6.   **4.5.7.**

Bild 4.5.6. Toleranzproblematik bei der Durchführung eines Auspuffrohres durch die Ausnehmung einer Karosserie (Beispiel)

Bild 4.5.7. Dreidimensionale Toleranzproblematik (schematische Darstellung)

und ähnliche Funktionseinheiten toleranzmäßig so auszulegen, daß diese in allen Betriebszuständen funktionsfähig sind.

Wie diese Beispiele zeigen, gibt es im Hinblick auf die Funktionsfähigkeit technischer Systeme „relevante Maße", welche durch viele Bauteilmaße gebildet werden. Das für die Funktion eines Systems relevante Maß setzt sich aus einer Vielzahl realer Bauteilmaße zusammen; man kann es deshalb auch als „zusammengesetztes oder resultierendes Maß" bezeichnen. In der Literatur wird ein solches relevantes oder resultierendes Maß häufig auch als sogenanntes „Schließmaß" bezeichnet.

Für Toleranzrechnungen ist es vorteilhaft, einzelne Maße und Toleranzen einer Maßkette als „gerichtete Größen" bzw. als Vektoren zu betrachten, um so Schließmaße von Maßketten mit Hilfe der Vektorrechnung bestimmen zu können.

Maßketten und die mit diesen verbundenen Toleranzprobleme technischer Gebilde können ein-, zwei- und dreidimensionaler Art sein (s. Bild 4.5.7). CAD-Systeme können diese meist sehr zeitaufwendigen und mühsamen Toleranzfestlegungen wesentlich erleichtern.

V Automatisierung des Konstruktionsprozesses

Aus wirtschaftlicher Sicht wäre es am günstigsten, technische Produkte zu standardisieren (normen) und über möglichst lange Zeit unverändert zu bauen. Aus mehreren Gründen ist dieses aber nur mit relativ wenigen Produkten des Maschinenbaus möglich, die meisten technischen Produkte müssen von Fall zu Fall speziellen Forderungen angepaßt und zu diesem Zweck immer wieder „neu konstruiert" werden.

Dabei müssen häufig deren Gestaltparameter verändert werden. Die physikalischen Prinzipien können hingegen meistens unverändert bleiben. Für Produkte, deren Gestaltparameter immer wieder neu, entsprechend bestimmten Forderungen, festgelegt werden müssen, ist es möglich, deren Gestaltungsprozeß zu standardisieren und zu automatisieren, d. h. „Konstruktionsautomaten" zu bauen.

Das Ziel von CAD-Entwicklungen ist deshalb letztendlich Konstruktionsprozesse, insbesondere Gestaltungsprozesse zu automatisieren. Auf dem Weg zu diesem Ziel ist die Automatisierung von Zeichen- und Darstellungsprozessen lediglich eine notwendige Voraussetzung und Zwischenstation. In den folgenden Ausführungen sollen deshalb die wesentlichen Grundlagen zur Automatisierung von Konstruktionsprozessen kurz zusammengefaßt werden.

1 Grundlagen

Konstruktionsprozesse beginnen meist mit einer mehr oder weniger umfangreichen Aufgabenstellung über das zu entwickelnde Produkt. Konstruieren ist ein enormer Datenerzeugungsprozeß, wie dies Bild 5.1.1 zu veranschaulichen versucht. Am Ende des Konstruktionsprozesses liegt ein Ergebnis, bestehend aus einer großen Informationsmenge über das zu bauende technische System, vor. Derzeit werden diese großen Datenmengen überwiegend manuell erzeugt und per Dialog in den Rechner eingegeben. CAD-Systeme dienen lediglich dazu, den Menschen beim Darstellen und Dokumentieren der Konstruktionsergebnisse zu unterstützen. Die Erzeugung der riesigen Datenmengen geschieht nach wie vor durch den Konstrukteur. Sobald die Automatisierung von Zeichen- und Darstellungsprozessen zufriedenstellend abgeschlossen ist, werden sich zukünftige Bemühungen vorwiegend der Automatisierung von Konstruktionsprozessen widmen. Nicht das Eingeben großer Datenmengen, sondern die Erzeugung dieser Daten durch Rechner und die unmittelbare Weiterverarbeitung wird noch wesentliche Rationalisierungserfolge bringen.

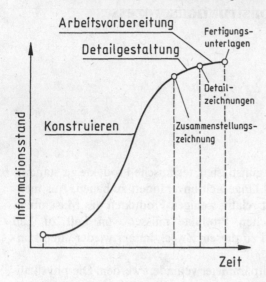

Bild 5.1.1. Zunahme des Wissensstandes (Informationsstand) über ein zu entwikkelndes technisches Produkt mit zunehmender Konstruktionsdauer. Konstruktionsprozesse sind in erster Linie Informationserzeugungsprozesse

Zur Programmierung und Automatisierung von Konstruktionsprozessen sind die Kenntnisse dieser Prozesse wesentliche Voraussetzung. Deshalb sollen diese Grundlagen im folgenden kurz zusammengefaßt werden; weitergehende Ausführungen finden sich in der Literatur [95, 120, 163, 182, 185]. Es ist daher auch kein Zufall, daß die Gründungen von Institutionen zur Erforschung von Konstruktionsprozessen und der Beginn der Entwicklungen von CAD-Systemen in den 60er Jahren zeitlich zusammentreffen.

Was heißt „Konstruieren"? Mit „Konstruieren" oder „Entwickeln" bezeichnet man alle Tätigkeiten, welche erforderlich sind, um für eine bestimmte Aufgabe eine optimale technische Lösung angeben zu können. Als „optimale" oder „günstigste" Lösung ist in diesem Zusammenhang eine Lösung zu verstehen, welche den ihr zugedachten Zweck während einer bestimmten Zeitspanne (Lebensdauer) genügend zuverlässig zu erfüllen vermag, mit wirtschaftlich vertretbarem Aufwand herstellbar ist und betrieben werden kann.

Mit anderen Worten: unter „Konstruieren" versteht man alle zur Synthese und Analyse technischer Systeme notwendigen Einzeltätigkeiten. „Konstruieren" ist ein Oberbegriff für viele unterschiedliche Tätigkeiten. Diese im einzelnen zu erkennen und zu beschreiben, um sie programmieren zu können, ist Aufgabe der Konstruktionsmethode- und CAD-Forschung.

Im folgenden sollen einige wesentliche Konstruktionsprozeßschritte kurz erläutert und beschrieben werden:

Ausgangspunkt jedes Konstruktions- oder Entwicklungsprozesses ist, wie bereits erwähnt, eine Aufgabenstellung oder Zielvorstellung über das zu entwickelnde Produkt. Eine Aufgabenstellung legt im wesentlichen den Zweck bzw. die Zweckfunktion fest, die das zu entwickelnde Produkt erfüllen soll (WAS soll es tun?), und legt ferner die Bedingungen (Restriktionen), unter welchen dieser Zweck erreicht werden soll, fest. Ein Konstruktionsprozeß besteht aus sich abwechselnden (alternierenden) Synthese- und Analysetätigkeiten (Schritten).

Ausgehend von einer bestimmten Aufgabenstellung, und ohne Kenntnis von Vorbildern, kann ein Konstrukteur in einem ersten Syntheseschritt zunächst nur sehr abstrakte Lösungen (Funktionen, Funktionsstrukturen) entwickeln, welche anschließend in weiteren Konstruktionsschritten mehr und mehr konkretisiert werden. Endergebnis ist eine konkrete, eindeutige Lösung. Auf dem Wege von einer abstrakten zur konkreten Lösung liefert jeder Syntheseschritt auf unterschiedlichen Abstraktions- bzw. Konkretisierungsstufen eine Vielzahl alternativ nutzbarer Zwischenlösungen (Lösungswege). Deshalb bedarf es nach jedem Syntheseschritt eines Analyseschrittes mit dem Ziel, die für die betreffende Aufgabenstellung günstigste Lösungsalternative zu erkennen, um nur diese weiter zu konkretisieren bzw. weiterzuentwickeln und alle übrigen auszuscheiden. Zu diesem Zweck sind die Lösungsalternativen eines Syntheseschrittes in dem anschließenden Analyseschritt nach relevanten Kriterien (Restriktionen) zu bewerten. In schwierigen Fällen läßt sich oft erst gegen Ende eines Konstruktionsprozesses erkennen, welcher Lösungsweg der tatsächlich bessere gewesen wäre. In diesen Fällen müssen gefällte Entscheidungen revidiert, Konstruktionsprozesse in fortge-

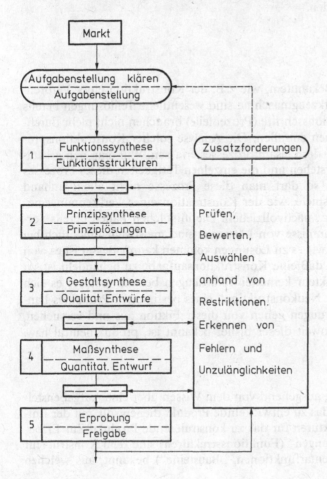

Bild 5.1.2. Stationen, Synthese- und Analysetätigkeiten eines Konstruktionsprozesses

schrittenem Stadium abgebrochen und teilweise oder ganz wiederholt werden. Konstruktionsprozesse sind deshalb meist iterative Prozesse.

Bild 5.1.2 gibt einen Überblick über die alternierenden Synthese- und Analyse-schritte des Konstruktionsprozesses. Die Synthesesschritte liefern stets alternative Funktionsstrukturen, Prinziplösungen, Gestalt- bzw. Entwurfs- und Abmessungs-varianten.

In vielen Praxisfällen existieren bereits Teilkenntnisse über die Lösung einer Konstruktionsaufgabe. Ein Konstruktionsprozeß braucht dann nicht in vollem Umfang – vom Wissensstand Null bis hin zur fertigen Lösung – durchgeführt zu werden; es müssen nur Teile eines Gesamtprozesses durchgeführt werden.

Entsprechend dieser unterschiedlichen Konstruktionsumfänge spricht man von unterschiedlichen „Konstruktionsarten" und bezeichnet diese als Neu-, Vari-anten- oder Baukasten-Konstruktion. Der Begriff „Konstruktionsarten" ist in die-sem Zusammenhang irreführend, weil es sich hier nicht um „verschiedene Arten des Konstruierens" handelt, sondern lediglich um die Durchführung unterschied-licher Teilprozesse *eines* Gesamtkonstruktionsprozesses. Für die sinnvolle Ent-wicklung von CAD-Konstruktionsprogrammen ist die Kenntnis der Konstruk-tionstätigkeiten von wesentlicher Bedeutung, deshalb sollen diese im folgenden noch einzeln betrachtet werden.

1.1 Syntheseprozeß

Bei der Konstruktion von Bekanntem, wie z. B. der Konstruktion eines Verbren-nungsmotors oder einer Werkzeugmaschine sind wesentliche Teillösungen bereits vorgegeben. Viele Konstruktionsschritte (Prozeßteile) brauchen nicht mehr durch-geführt zu werden, sie können entfallen. Die Analyse solcher Konstruktionspro-zesse kann folglich nur Teile des Gesamtprozesses erfassen. Will man den gesam-ten Konstruktionsprozeß verstehen und die einzelnen Tätigkeiten dieses Prozesses erkennen und beschreiben, so darf man diese Prozesse nicht allein anhand bekannter Konstruktionsbeispiele, wie der Konstruktion eines Verbrennungsmo-tors oder eines Getriebes etc., nachvollziehen. Die in solchen Fällen bereits vor-handenen umfassenden Kenntnisse von Lösungen sind meist sehr hinderlich bei dem „Erkennen von Wegen, wie es zu Lösungen kommen kann". Besser ist es, von der Vorstellung auszugehen, daß eine Konstruktionsaufgabe zu behandeln ist, zu deren Lösung dem Konstrukteur keinerlei Teillösungen bekannt sind, – es sich also um eine „vollkommene Neukonstruktion" eines bestimmten Produktes han-delt. Die folgenden Ausführungen gehen von dieser Fiktion aus und versuchen, den Konstruktionsprozeß, soweit dieser bisher bekannt ist, produktneutral bzw. allgemein zu beschreiben.

Funktionsstruktursynthese
Der Syntheseprozeß beginnt, ausgehend von dem Wissen über eine Aufgabenstel-lung bzw. dem Zweck, dem das zu entwickelnde Produkt dienen soll, mit der Ent-wicklung von Funktionsstrukturen für das zu konstruierende Produkt. Zur Erzeu-gung dieser „abstrakten Lösungen" (Funktionsstrukturen) sind dem Konstrukteur „Funktionselemente" (Elementarfunktionen, „Bausteine") bekannt, aus welchen

komplexere Strukturen zusammengesetzt werden können. Er kennt alle funktionalen Grundbausteine, aus welchen Maschinen möglicherweise zusammengesetzt sein können. Die Entwicklung einer Funktionsstruktur ist identisch mit der Entwicklung eines elektrischen oder hydraulischen Schaltplanes. Diese Tätigkeit ist dem Lösen eines Puzzle-Spiels sehr ähnlich. Beim Puzzle-Spiel sind die einzelnen Bauteile („Puzzle-Bausteine") und das zu erstellende Gesamtbild vorgegeben, bei der Entwicklung einer Funktionsstruktur sind die verfügbaren oder zu verwendenden Elementarfunktionen ebenfalls vorgegeben und es ist die damit zu realisierende Gesamt- oder Zweckfunktion des Systems bekannt. In beiden Fällen ist durch eine Art „Probieren" mit vorgegebenen Bausteinen ein „Gesamtbild" bzw. eine „Gesamtfunktionsstruktur" zu synthetisieren. Im konkreten Fall lassen sich meist mehrere alternativ verwendbare Funktionsstrukturen angeben, die die betreffende Aufgabe erfüllen; man erhält Funktionsstrukturalternativen. In einem anschließenden 1. Analyseschritt müssen diese mit dem Ziel geprüft und bewertet werden, die für die betreffende Aufgabenstellung günstigste Funktionsstruktur (Schaltplan) zu ermitteln [120].

Prinzipsynthese

Die im vorangegangenen Prozeßschritt ermittelte, am günstigsten erscheinende Funktionsstruktur wird in einem 2. Syntheseschritt (Prinzipsynthese) noch weiter konkretisiert. Dazu werden den einzelnen Funktionen der im 1. Schritt ermittelten Struktur solche physikalische Effekte und Effektträger (Stoffe, Raum) zugeordnet, welche geeignet sind, die betreffenden Funktionen zumindest qualitativ zu verwirklichen. Auch hierbei lassen sich pro Funktion meist mehrere alternativ nutzbare physikalische Effekte und/oder Effektketten bzw. Prinzipien angeben. Deshalb ist auch diesem Syntheseschritt wiederum ein Analyseschritt mit dem Ziel anzuschließen, die für die einzelnen Funktionen günstigste Prinziplösung zu ermitteln und alle übrigen Lösungen auszusondern.

Mit dem Bekanntsein einer Prinziplösung für eine bestimmte Funktion ist nur die Information des physikalischen Prinzips, d.h. dessen Wirkprinzip, dessen Gesetzmäßigkeit und die eine Rolle spielenden physikalischen Größen sowie ggf. ein abstraktes Prinzipbild des späteren technischen Gebildes, gegeben. Wie Bild 5.1.1.1 a exemplarisch zeigt, werden in einer Prinzipdarstellung nur jene phy-

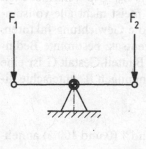
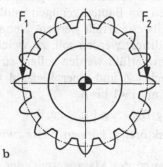

a   b

Bild 5.1.1.1 a, b. Prinzip-Bild eines Hebels (a); ein Zahnrad, eine von vielen möglichen Gestaltvarianten des Prinzips „Hebel" (b)

sikalischen Größen (Konstruktionsparamter) dargestellt, welche auch in dem betreffenden physikalischen Phänomen (physikalischen Gesetz) enthalten sind. Daß ein Hebel aus Festigkeitsgründen auch eine bestimmte Hebelquerschnittsfläche benötigt und aus einem geeigneten Werkstoff besteht, interessiert in diesem Konkretisierungsstadium noch nicht. Bild 5.1.1.1 b zeigt ein Zahnrad, eine von vielen möglichen Gestaltvarianten des Hebelprinzips.

Unter bestimmten Voraussetzungen kann bei der Lösung einer Konstruktionsaufgabe die Prinzipsynthese auch entfallen, wenn es für die zu realisierenden Funktionen bereits fertige Lösungen in Form geeigneter Bauelemente oder Baugruppen gibt. Dann besteht dieser „2. Syntheseschritt" lediglich darin, den einzelnen Funktionen geeignete Bauelemente oder Baugruppen zuzuordnen und erforderlichenfalls anzupassen.

Für viele auf dem Markt befindliche Produkte haben sich bestimmte Funktionsstrukturen und Prinziplösungen als optimal erwiesen und liegen deshalb mehr oder weniger fest. Für diese Produkte können die Schritte Funktionsstruktur- und Prinzipsynthese entfallen. Umkonstruktionen dieser Produkte beschränken sich meist auf deren erneute Gestaltung mit dem Ziel, diese so zu verbessern, daß die betreffenden Produkte mit noch höherer Qualität und geringeren Kosten hergestellt werden können als bisher.

Gestaltsynthese von Bauteilen und Baugruppen

Liegen die Prinziplösungen für die verschiedenen Elementarfunktionen eines zu entwickelnden Systems fest, so kann mit der Gestaltsynthese der einzelnen Teilsysteme begonnen werden (3. Syntheseschritt). Notwendigerweise wird dabei zuerst mit der Gestaltung der die zentrale Zweck- oder Kernfunktion (Hauptfunktion) realisierenden Baugruppen bzw. deren Bauteile begonnen. Alle übrigen Funktionseinheiten haben sich dieser zentralen Einheit anzupassen und werden nach dieser in Angriff genommen.

Die Gestalt eines Bauteiles ist maßgebend für seine Funktionsfähigkeit, Festigkeitsverhalten, Zuverlässigkeit, kostengünstige Fertigung und viele andere Eigenschaften mehr. Die Gestaltung eines Bauteiles hat so zu erfolgen, daß dieses im späteren Betrieb einen bestimmten Zweck zu erfüllen vermag, mit bestimmten Fertigungsverfahren möglichst problemlos hergestellt und mühelos montiert werden kann und noch vielen anderen Bedingungen genügt. Auf eine kurze „Formel" gebracht: die Bauteil-Gestalt ist eine Funktion des Zweckes, dem dieses dienen soll, sowie zahlreicher weiterer Bedingungen B_1, B_2 bis B_n. Die verschiedenen Bedingungen, denen ein Bauteil genügen muß, können meist nicht alle vollständig, sondern nur teilweise erfüllt werden. Nennt man g_i die Gewichtungsfaktoren, mit welchen ausgedrückt werden soll, zu welchem Prozentsatz bestimmte Bedingungen einer Lösung erfüllt werden sollen, so gilt: die Bauteil-Gestalt G ist eine Funktion des Zweckes Z und einer Vielzahl von Bedingungen B_i unterschiedlichen Gewichtes g_i, mit $i = 1$ bis n.

$$G = f (Z; g_1 B_1; \ldots g_2 B_2; \ldots g_n B_n)$$

Die Gewichtungsfaktoren g_i können Werte zwischen 0 und 1 (0 und 100%) annehmen.

Mit der Festlegung der Makrogestalt, der Mikrogestalt der Oberflächen, des Werkstoffes und der erforderlichen Wärmebehandlung ist ein Bauteil eindeutig

bestimmt; somit sind auch dessen Fähigkeiten und Eigenschaften vollständig festgelegt.

Welches sind nun die, die Makrogestalt eines Bauteils oder einer Baugruppe
bestimmenden „Elemente" und „Parameter"? Welche Elemente und Parameter
stehen dem Konstrukteur zur Verfügung, um ein Bauteil mit bestimmten Eigenschaften und Zweckfunktionen zu erzeugen?

Gestaltelemente

Die Gestalt eines Bauteiles wird durch die es begrenzenden Teiloberflächen
bestimmt. Teiloberflächen sind die Gestaltelemente von Bauteilen. Die Gestalt
einer Teiloberfläche wird ihrerseits durch die sie begrenzenden Kanten und sonstige, diese bestimmenden Linien festgelegt. Linien bzw. Kanten sind somit die
Gestaltelemente von Flächen. Ecken bzw. Endpunkte und andere Punkte bestimmen wiederum die Gestalt von Linien bzw. Kanten. Punkte sind also die Gestaltelemente von Linien (s. Gestaltung von Splines, Kapitel III.2). Bauteile sind die
Gestaltelemente von Baugruppen. Baugruppen sind die Gestaltelemente von
Maschinen usw.

Entsprechend hat man bei der Gestaltung technischer Gebilde zwischen
Gestaltelementen unterschiedlicher Hierarchiestufen und Komplexität zu unterscheiden. In der Praxis benutzt der Konstrukteur unterschiedlich komplexe
Gestaltelemente, je nachdem, ob das zu konstruierende technische Gebilde aus
unbekannten oder bereits bekannten Bauteilen oder Baugruppen zusammengesetzt werden kann. Die erste Art zu konstruieren kann man als Neukonstruktion,
die zweite als Baukastenkonstruktion bezeichnen. Im Falle einer Neukonstruktion
verwendet der Konstrukteur Punkte, Linien, Flächen, Teil- und Ganzkörper als
Gestaltelemente und setzt diese zu Bauteilen zusammen. Im zweiten Fall benutzt
er bekannte Norm- und Standardbauteile, Norm- und Standard-Baugruppen,
Maschinen oder Geräte als Gestaltelemente und setzt diese zu jeweils komplexeren Systemen zusammen. Entsprechend kann man zwischen Gestaltprozessen mit
verschieden komplexen Gestaltelementen unterscheiden. In der Praxis werden zur
Konstruktion technischer Systeme meist alle Arten von Gestaltelementen benötigt.

Die Konstruktionspraxis kennt somit Gestaltelemente der in der unten stehenden Tabelle aufgeführten Hierarchiestufen und Komplexität. Auf einer Zeichnung
dargestellt (symbolisiert) werden diese Gestaltelemente oft mit anderen Namen
benannt als die entsprechenden realen Gebilde. So wird beispielsweise aus einer

Komplexität	Gestaltelemente	Zeichnungssymbole
1	Ecke	Punkt
2	Kante	Linie
3	Fläche/Teiloberfl.	Kontur
4	Teilkörper	Teilkörpermakro
5	Bauteile und Grundkörper	Ansichten/Schnitte
6	Maschinenelement/Funktionseinheit	
7	Baugruppe	
8	Maschine/Gerät	
9	Aggregate	
10	System/Anlagen	

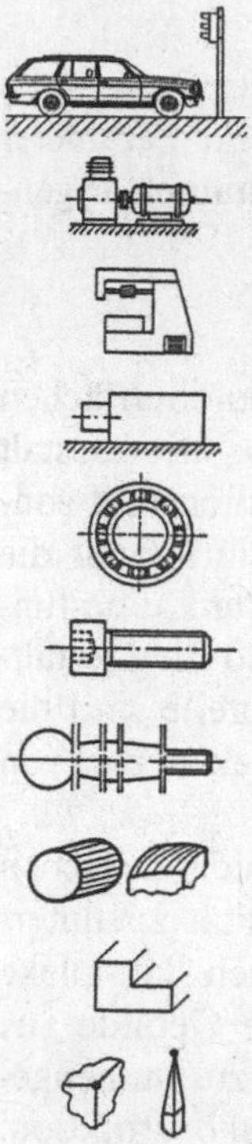

Reales Gebilde	Zeichnung
Techn. System, Anlage, etc.	Plan einer Anlage
Aggregat	Ansicht-, Symbol-etc. eines Aggregates
Maschine, Gerät Apparat	Ansicht-, Symbol-etc. einer Maschine
Baugruppe, Funktionseinheit	Ansicht, Bild einer Baugruppe
Maschinenelement, Funktionselement	Ansicht, Bild eines Maschinenelementes
Bauteil, Normteil Werkstück	Ansicht, Schnitt, Bild eines Bauteils
Teilkörper, Wirkkörper	Teilkörper-Ansicht (Bild) Teilkörper-Makro
Wirkfläche, Oberfläche Lagerfläche, etc.	Fläche, Flächen-Makro
Körper- Bauteilkante Schneidkante, etc.	Linie, Kurve, Gerade, Strecke
Ecke, Spitze, Mittelpunkt	Punkt, Schnittpunkt

Bild 5.1.1.2. Gestaltelemente unterschiedlicher Komplexität: Beispiele (Spalte 1); Bezeichnungen der realen Elemente (Spalte 2); Bezeichnungen der diesen entsprechenden Zeichnungssymbole (Spalte 3)

Körperecke ein Punkt oder aus einer Kante eine Linie (Strecke) in der Zeichnung. Deshalb soll untenstehend zwischen der Bezeichnung der realen Gestaltelemente und deren Symbolbezeichnungen unterschieden werden. Bild 5.1.1.2 zeigt noch einige Beispiele zu den genannten Gestaltelementen.

Beim Neugestalten technischer Gebilde, wie beispielsweise bei der Gestaltung von Freiformflächen, entwickelt der Konstrukteur mit Hilfe mehrerer Stützpunkte Linien, aus mehreren Linien Flächen und aus mehreren Flächen Körper und schließlich Bauteile. In anderen Fällen setzt er bereits „fertige Bauteile" zu komplexeren Systemen zusammen. Diese Ausführungen mögen genügen, um zu zeigen, daß der Konstrukteur tatsächlich mit unterschiedlich komplexen Gestaltelementen arbeitet.

Gestaltbeschreibende Parameter

Durch welche Parameter kann man die Gestalt technischer Gebilde beschreiben? Die Beantwortung dieser Frage ist für das methodische und automatische Gestalten von wesentlicher Bedeutung.

Komplexe technische Systeme können aus Maschinen, Geräten und anderen Teilsystemen zusammengesetzt sein. Das Aussehen dieser Systeme wird durch die

Gestalt, Anzahl und Anordnung der sie bildenden Subsysteme bestimmt. Maschinen und Geräte sind ihrerseits aus Bauteilen zusammengefügt. Jeweils mehrere Bauteile einer Maschine können zu Baugruppen zusammengefaßt sein. Bauteile oder Baugruppen sind die Gestaltelemente von Maschinen, Geräten und Apparaten. Die Gestalt einer Baugruppe oder einer Maschine G_M ist abhängig von der Zahl Z_B, der Abstände (Distanz) D_B, der Neigungen N_B, der Verbindungsstruktur V_B und der Gestalt der sie bildenden Bauteile G_B. Somit gilt für die Gestaltbeschreibung von Maschinen oder Baugruppen bzw. Gebilden aus Bauteilen: die Gestalt G_M einer Maschine oder Baugruppe ist eine Funktion der Parameter Z_B, D_B, N_B, V_B und G_B; in Kurzform:

$$G_M = f\,(Z_B, D_B, N_B, V_B, G_B)$$

Die Gestalt eines Bauteiles G_B wird durch die sie begrenzenden Teiloberflächen bestimmt. Als Teiloberflächen T eines Bauteiles sollen die durch Kanten 1. oder 2. Grades (1. oder 2. Ableitung unstetig) voneinander getrennten Teile einer Gesamtoberfläche eines Bauteiles bezeichnet werden. Teiloberflächen sind die Gestaltelemente von Bauteilen.

Die Gestalt eines Bauteiles kann als ein Gebilde aus Teiloberflächen betrachtet werden. Entsprechend ist die Gestalt eines Bauteiles G_B im allgemeinen eine Funktion der Zahl Z_T, der Abstände D_T, der Neigungen N_T und der Gestalt der es begrenzenden Teiloberflächen G_T. In Kurzform:

$$G_B = f\,(Z_T, D_T, N_T, G_T)$$

Diese allgemeine Beschreibung der Bauteilgestalt vereinfacht sich dann wesentlich, wenn Bauteile ausschließlich aus analytisch beschreibbaren Teiloberflächen sowie aus parallel und orthogonal angeordneten Teiloberflächen bestehen, wie beispielsweise bei quader-, zylinder- oder kugelförmigen Bauteilen (u. a. Körpern).

In diesen Spezial- bzw. Sonderfällen läßt sich die Gestalt des Bauteiles einfacher durch Angabe der „Form" F_B (z. B. quader- oder zylinderförmig) und Angabe der Abmessungen A_B (Länge, Breite, Höhe, Durchmesser etc.) beschreiben. Für diese Sonderfälle gilt für die Beschreibung der Bauteilgestalt G_{BS}:

$$G_{BS} = f\,(F_B, A_B)$$

Die Gestalt einer Teiloberfläche wird im allgemeinen durch die sie bildenden Linien und die sie begrenzenden Linien (Berandungslinien) bestimmt. Linien sind somit die Gestaltelemente, aus denen Flächen zusammengesetzt sind. Flächen können als Liniengebilde betrachtet werden. Die Gestalt einer Teiloberfläche G_{Tl} ist eine Funktion der Zahl Z_L, der Abstände D_L, der Neigungen N_L und der Gestalt G_L der sie bildenden und berandenden Linien. Für die linienweise (l = linienweise) Beschreibung von Teiloberflächen gilt:

$$G_{Tl} = f\,(Z_L, D_L, N_L, G_L, X_T)$$

Unter X_T ist eine Beschreibung der Form oder eines Fertigungsverfahrens der Oberfläche zwischen einzelnen Linien zu verstehen.

Für Teiloberflächen, deren Form analytisch beschreibbar, deren Berandungen wenigstens stückweise analytisch beschreibbar parallel und/oder orthogonal (usw.) angeordnet sind, vereinfacht sich die Gestaltbeschreibung.

Für solche Flächenformen und Berandungen, welche in der Praxis sehr häufig benutzt werden, ist eine vereinfachte Beschreibung der Teiloberflächengestalt G_{TS} durch Angabe der Form F_T (eben-, zylinderförmig etc.) und Abmessungen A_T (Länge, Breite, Durchmesser etc.) möglich.

Für diese Sonderfälle gilt für die Beschreibung der Teiloberflächengestalt:

$$G_{TS} = f(F_T, A_T)$$

F_T und A_T sind Synonyme für die analytische Beschreibung der Form und Beschreibungen der Abmessungen (Berandungen u.a.) einer Teiloberfläche.

Für viele praktische Fälle reichen diese diskreten linien- oder punktweisen Beschreibungen von Oberflächen vollkommen aus (z.B. Formen von Schiffen u.a.). Eine vollständige Beschreibung von allgemeinen Flächenformen (Freiformflächen) ist mittels neuerer numerischer Berechnungsverfahren von de Boor (u.a.) [51] möglich. Die Gestalt einer Teiloberfläche läßt sich vollständig durch Beschreibung der Form F_T und der Berandung der Fläche bestimmen. Die Berandung einer Fläche wird im einzelnen durch die Zahl Z_R, die Abstände D_R, die Neigungen N_R und die Gestalt G_R der sie berandenden Linien (Kanten) festgelegt. Für vollständige (v = vollständig) Beschreibungen allgemeiner Teiloberflächen gilt somit:

$$G_{Tv} = f(Z_R, D_R, N_R, G_R, F_T)$$

Schließlich wird die Gestalt einer Linie G_L (= Linienstück) im allgemeinen durch die sie bildenden und begrenzenden Punkte bestimmt. Punkte können als Gestaltelemente von Linien angesehen werden; Linien können als Punktgebilde betrachtet werden.

Die Gestalt eines Linienstückes G_{Lp} ist eine Funktion der Zahl Z_P, der Abstände D_P und der Verbindungsstruktur V_P der sie bildenden Punkte. Für die punktweise (p = punktweise) Beschreibung der Gestalt einer Linie gilt somit:

$$G_{Lp} = f(Z_P, D_P, V_P, X_L)$$

Unter X_L ist eine Beschreibung der Form oder eines Fertigungsverfahrens der Linie zwischen einzelnen Punkten zu verstehen.

Für Linien, deren Formen F_L analytisch beschreibbar sind, lassen sich einfachere Beschreibungen angeben. In diesen Sonderfällen gilt für die Beschreibung der Liniengestalt

$$G_{LS} = f(F_L, A_L)$$

Mit F_L soll die analytische Beschreibung der Form der Linie, mit A_L sollen die Abmessungen der Linie bezeichnet werden.

Um Linien vollständig zu beschreiben, kann man sich ebenfalls der Verfahren von de Boor u.a. bedienen. Die Gestalt G_L einer beliebig geformten Linie läßt sich somit durch Beschreibung der Form F_L und der diese begrenzenden „Eckpunkte" E_1, E_2 („Anfangs- und Endpunkt") bestimmen. Für vollständige Beschreibungen beliebig geformter Linien gilt:

$$G_{Lv} = f(E_1, E_2, F_L)$$

Gestaltändernde Parameter

Grundsätzlich gilt, daß mit den obengenannten gestaltbeschreibenden Parametern auch alle möglichen Gestaltänderungen an technischen Gebilden erzeugt und beschrieben werden können; gestaltändernde und gestaltbeschreibende Parameter sind weitgehend identisch. Für die praktische Entwicklung technischer Gebilde erscheint es jedoch notwendig, neben den genannten noch drei weitere Parameter zur Erzeugung von Gestaltvarianten einzuführen, und zwar die Parameter:

- Reihenfolge von Gestaltelementen und Verbindungen (R) die Verbindungsstruktur (V), sowie die
- konkave oder konvexe Lage von Teiloberflächen an einem Bauteil bzw. konkave oder konvexe Lage von Berandungslinien an einer Teiloberfläche (L).

Bei der Entwicklung technischer Gebilde kann es in bestimmten Fällen auf die Reihenfolge von Gestaltelementen in einem System ankommen und nicht auf deren unterschiedliche Abstände. Motiv für eine bestimmte Gestaltvariante kann eine bestimmte Reihenfolge sein, nicht hingegen Bauteile in bestimmten Abständen anzuordnen.

Eine Teiloberfläche konkav oder konvex an einem Bauteil anzuordnen ist eine häufig gebotene und anschauliche Alternative bei der Gestaltsynthese von Bauteilen und Teiloberflächen. Deshalb sollen „Reihenfolge" R und „Lage" L noch als weitere Parameter zur Erzeugung von Gestaltalternativen eingeführt werden. Zur Gestaltbeschreibung sind diese Parameter nicht notwendig.

Mit diesen beiden zusätzlichen Konstruktionsparametern (R und L) lassen sich folgende Aussagen formulieren:

Gestaltvarianten alternativer Maschinen G_{AM}, alternativer Bauteile G_{AB}, alternativer Teiloberflächen G_{AT} und alternativer Linien G_{AL} lassen sich durch Änderungen bzw. Wechsel (W) folgender Konstruktionsparameter finden:

$$GA_M \rightarrow W\ (Z_B,\ D_B,\ N_B,\ R_B,\ V_B,\ G_B)$$
$$GA_B \rightarrow W\ (Z_T,\ D_T,\ N_T,\ R_T,\ L_T,\ V_T,\ G_T)$$
$$GA_{Tl} \rightarrow W\ (Z_L,\ D_L,\ N_L,\ R_L,\ L_L,\ V_L,\ G_L,\ X_T)$$
$$GA_{Tv} \rightarrow W\ (Z_R,\ D_R,\ N_R,\ G_R,\ F_T)$$
$$GA_{Lp} \rightarrow W\ (Z_P,\ D_P,\ V_P,\ X_L)$$
$$GA_{Lv} \rightarrow W\ (E_1,\ E_2,\ F_L)$$

Für die Sonderfälle (S) „analytisch beschreibbarer Gestaltelemente" gilt entsprechend

$$GA_{BS} \rightarrow W\ (F_B,\ A_B)$$
$$GA_{TS} \rightarrow W\ (F_T,\ A_T)$$
$$GA_{LS} \rightarrow W\ (F_L,\ A_L)$$

In zwei der obengenannten Beziehungen ist der Parameter „Verbindungsstruktur V" zusätzlich enthalten, während dieser in den entsprechenden Beziehungen zur Beschreibung technischer Gebilde fehlt. Der Grund hierfür: Verbindungen bestehen ihrerseits aus Gestaltelementen (Bauteilen, Teiloberflächen etc.), welche im Rahmen von Gestaltelementbeschreibungen mit beschrieben werden. Deshalb braucht dieser Parameter zur Beschreibung der Gestalt technischer Gebilde nicht extra aufgeführt zu werden. Anders verhält es sich hingegen bei Gestaltänderungen oder Gestaltsynthesen technischer Gebilde. Wechsel von Verbindungsstrukturen haben wesentlichen Einfluß auf die Gestalt technischer Gebilde und sind deshalb für die Gestaltsynthese und Gestaltänderung wichtige Parameter. Verbindungsstrukturen sind bei der Gestaltsynthese erstmals festzulegen.

Die folgenden Ausführungen sollen das Gesagte anhand einiger einfacher Beispiele noch veranschaulichen.

Zahlwechsel: Die Gestalt eines Bauteiles wird unter anderem durch die Zahl der dieses begrenzenden Teiloberflächen festgelegt. Ändert man die Zahl der ein Bauteil begrenzenden Teiloberflächen, so ändert sich auch dessen Gestalt. Bild 5.1.1.3 zeigt exemplarisch einige Gestaltänderungen eines Bauteiles durch Änderung der Zahl der Teiloberflächen. Man kann diese Bilder auch als Figuren betrachten, dann gilt das für Teiloberflächen Gesagte analog für Liniengebilde.

Abstands- und bzw. oder Neigungswechsel: Bild 5.1.1.4 zeigt Änderungen der Gestalt eines Bauteiles durch Ändern des Abstandes durch paralleles Verschieben (a), durch Ändern der Neigung (b) sowie durch Verschieben und Neigungsänderung (c) einer Teiloberfläche gegenüber den anderen Teiloberflächen. Die Teilbilder in Bild 5.1.1.4 können statt als Flächen eines Bauteils auch als Linien einer Figur verstanden werden.

Das Anordnen von Gestaltelementen längs einer Geraden (a), auf einem Kreis (b), stern- oder kreuzförmig (c), in Form eines gleichseitigen (d) oder gleichschenkligen Dreiecks, Quadrats (e) oder Rechtecks, einfach oder doppelt symmetrisch, sind in der Praxis häufig benutzte Sonderfälle (s. Bild 5.1.1.5) von Abstands- bzw. Neigungswechsel.

Lagewechsel: Die Gestalt eines Bauteiles wird ferner durch die Lage, d.h. „*Wierum* (konkav/konvex) eine Teiloberfläche auf einem Bauteil liegt", bestimmt.

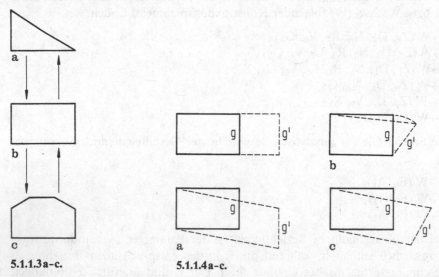

5.1.1.3 a–c.   5.1.1.4 a–c.

Bild 5.1.1.3 a–c. Änderung der Gestalt eines Linien- (Figur) bzw. Flächengebildes (Bauteil) durch Ändern der Anzahl der Gestaltelemente eines Gebildes: drei (a), vier (b), sechs (c) Gestaltelemente

Bild 5.1.1.4 a–c. Änderung der Gestalt eines Linien (Figur)- bzw. eines Flächengebildes (= Bauteil) durch Ändern der Abstände (a) und/oder Neigungen der Gestaltelemente zueinander (b, c)

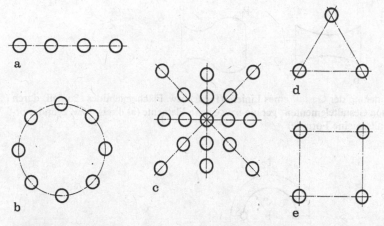

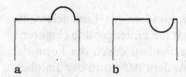

Bild 5.1.1.5. Beispiele symmetrischer, gleichmäßiger Gestaltelementanordnungen. Bei der Gestaltung technischer Gebilde werden häufig symmetrische und gleichmäßige Abmessungen, Abstände, Teilungen und/oder Neigungsanordnungen von Gestaltelementen bevorzugt

Bild 5.1.1.6. Änderung der Gestalt eines Linien- (Figur) bzw. Flächengebildes (Bauteil) durch Ändern der Lage eines Gestaltelementes bezüglich des betreffenden Gebildes (Umstülpen des Linien- bzw. Flächenelementes)

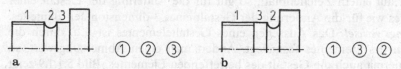

Bild 5.1.1.7. Ändern der Gestalt eines Linien- (Figur) bzw. Flächengebildes durch Ändern der Reihenfolge und der Verbindungsstruktur von Gestaltelementen

Durch Ändern der Lage ändert sich das Aussehen bzw. die Gestalt eines Bauteiles ebenfalls. Bild 5.1.1.6 zeigt einige Gestaltwechsel eines Bauteils durch Umstülpen einer Teiloberfläche.

Versteht man die Teilbilder a, b des Bildes 5.1.1.6 nicht als Bilder eines Bauteiles, sondern als eine 2 D-Figur, so gilt das vorher Gesagte analog auch für Liniengebilde.

Reihenfolgewechsel: Die Gestalt eines Bauteiles wird auch noch durch die Reihenfolge der begrenzenden Teiloberflächen (Gestaltelemente) festgelegt. Ändert man die Reihenfolge und Verbindungsstruktur der Gestaltelemente eines Bauteiles, so ändert sich auch dessen Gestalt. Bild 5.1.1.7 zeigt exemplarisch eine Gestaltänderung eines Bauteiles durch Ändern der Reihenfolge und Verbindungsstruktur (Platzwechsel) zweier Teiloberflächen. Betrachtet man die Teiloberflä-

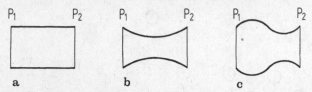

Bild 5.1.1.8 a–c. Änderung der Gestalt eines Linien- (Figur) bzw. Flächengebildes (Bauteil) durch Ändern der Form von Gestaltelementen; gerade bzw. ebene Elemente (**a**), kreis- bzw. zylinderförmige Elemente (**b**), allgemeine Form (**c**)

Bild 5.1.1.9. Änderung der Gestalt eines Linien- bzw. Flächenelementes durch Änderung der Abmessungen (Radius r und Bogenlänge b)

chen 1, 2 und 3 des Bildes 5.1.1.7 nicht als solche, sondern als Linienelemente einer Figur, so gilt das oben Gesagte sinngemäß auch für Liniengebilde (Figuren).

Formwechsel: Die Gestalt eines Bauteiles wird außerdem durch die Form der es begrenzenden Teiloberflächen bestimmt. Durch Ändern der Form der Teiloberflächen kann die Gestalt eines Bauteils verändert werden. Bild 5.1.1.8 zeigt exemplarisch einige Änderungen der Gestalt eines Bauteiles durch Ändern der Form der zwischen P_1 und P_2 liegenden Teiloberfläche.

Versteht man die Teilbilder a, b, c des Bildes 5.1.1.8 lediglich als 2-dimensionale Figuren auf einem Zeichenblatt, so gilt für die Änderung der Gestalt einer Figur analoges wie für die Änderung der Gestalt eines 3-dimensionalen Bauteiles.

Abmessungswechsel: Das Aussehen eines Gestaltelementes ist u. a. durch die Abmessungen des Elementes festgelegt. Ändert man einen Abmessungswert, so ändert sich hiermit auch die Gestalt des betreffenden Elementes. Bild 5.1.1.9 zeigt exemplarisch eine Gestaltänderung eines kreisförmigen Linienelementes durch Änderung des Radius (r) und durch Änderung der Bogenlänge (b). Die in diesem Bild gezeigten Symbole können auch als Abmessungsänderungen an einer zylinderförmigen Teiloberfläche eines Bauteiles verstanden werden.

Werden Abmessungen (z. B. Krümmungsradien von Teiloberflächen) unendlich groß, geht eine zylinderförmige Fläche somit in eine ebene Fläche über, so sollen diese Änderungen nicht als Abmessungs- sondern als Formwechsel bezeichnet werden.

Werden Abmessungen (z. B. Abrundungsradien an Bauteilen) Null, d. h.: entfallen somit Teiloberflächen von Bauteilen, so sollen diese Gestaltänderungsfälle ebenfalls nicht als Abmessungswechsel, sondern als Zahlwechsel bezeichnet werden.

Verbindungsstrukturwechsel: Die vorangegangenen Betrachtungen bezogen sich ausschließlich auf zueinander lose angeordnete, nicht miteinander verbundene Gestaltelemente; die Verbindungen der Gestaltelemente wurden dabei nicht mitbetrachtet.

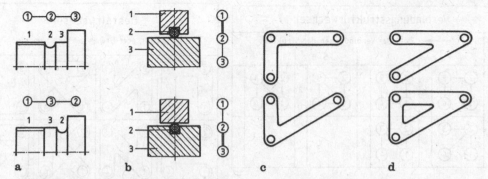

Bild 5.1.1.10 a–c. Ändern der Gestalt eines Linien- (Figur) bzw. Flächengebildes (Bauteil) durch Ändern der Verbindungsstruktur der Elemente (Bohrungen/Flächen) des Gebildes, d.h.: durch einen Platz- oder Reihenfolgewechsel der Gestaltelemente (a), durch einen Platz- oder Reihenfolgewechsel der einzelnen Verbindungen (b), durch Drehen der Verbindungsstruktur (c) und durch einen Zahlwechsel der Verbindungen (d)

In der Praxis sind Gestaltelemente jedoch stets in irgendeiner Weise miteinander verbunden. Die Gestalt eines Elemente-Gebildes wird selbstverständlich auch noch durch die Struktur und die Art der Verbindungen beeinflußt. Da Verbindungen (Schraubenverbindung, Schnappverbindung, Kohäsionsverbindung (= Verbindung von Teiloberflächen eines homogenen Bauteils) u.a.) selbst komplexe Gebilde aus Gestaltelementen sind, welche nach den o.g. Regeln gestaltet werden können, soll hier der Einfluß der Verbindungsart auf die Gestalt eines Elemente-Gebildes nicht weiter betrachtet werden.

Im folgenden soll nur der Einfluß der Struktur der Verbindung auf die Gestalt von Element-Gebilden betrachtet werden. Eine bestimmte Zahl von Gestaltelementen (Linien, Teiloberflächen, Bauteile usw.) kann üblicherweise durch verschiedene alternative Strukturen miteinander verbunden werden. Unterschiedliche Verbindungsstrukturen bedingen unterschiedliches Aussehen bzw. unterschiedliche Gestaltvarianten eines Bauteils (s. Bild 5.1.1.10) oder einer Baugruppe.

Da statt des Begriffs „Verbindungsstruktur" häufig auch der Begriff „Gestaltstruktur" benutzt wird, sollen diese Begriffe im folgenden synonym benutzt und verstanden werden.

Abstrakt läßt sich die Verbindungsstruktur von Teiloberflächen oder anderen Gestaltelementen stets als „Graph" darstellen. Dabei symbolisieren die Knoten (Kreise) des Graphen jeweils Gestaltelemente (Punkte, Linien, Flächen, Bauteile, Baugruppen etc.) und die „Kanten" (die Verbindungslinien zwischen den Knoten) die Verbindungen zwischen den jeweiligen Gestaltelementen. Kreise mit unterschiedlichen Ziffern sollen unterschiedliche Gestaltelemente symbolisieren. Zur besseren Anschauung kann man sich unter den mit vier unterschiedlich gekennzeichneten Knoten (Kreisen) eines Graphen vier unterschiedlich gestaltete Befestigungsstellen eines 4-Punkt-Gurtes für PKW-Sitzsysteme oder irgendwelche andere Wirkflächen, welche durch ein gemeinsames Bauteil miteinander verbunden werden sollen, vorstellen. Denkt man sich die zu verbindenden Wirkflächen durch Knoten (Kreise) und die realen Verbindungen der Wirkflächen durch Kanten (Geraden) in einer „Graphen-Darstellung" symbolisiert, so können Verbindungsstrukturen von Wirkflächen beispielsweise so aussehen, wie sie Bild 5.1.1.11 zeigt.

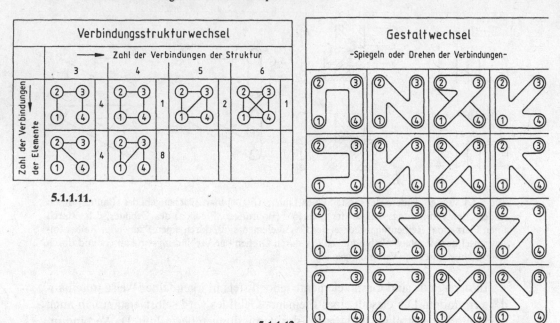

5.1.1.11.

5.1.1.12.

Bild 5.1.1.11. Ändern der Gestalt eines Linien- bzw. Flächengebildes aus vier Elementen durch einen Wechsel der Zahl, der Reihenfolge der Verbindungen und der Form (kettenförmig, baumförmig) der Verbindungsstrukturen

Bild 5.1.1.12. Ändern der Gestalt eines Linien- bzw. Flächengebildes durch Drehen und/oder Spiegeln der Verbindungsstrukturen

Für drei zu verbindende Gestaltelemente existieren insgesamt drei minimale Verbindungsstrukturen, bei vier zu verbindenden Gestaltelementen existieren insgesamt 16 minimale Verbindungsstrukturen (Minimal-Graphen). In praktischen Fällen genügt es häufig nicht, Gestaltelemente (Wirkflächen, Bauteile etc.) mittels Minimalstrukturen zu verbinden, vielmehr ist es aus verschiedenen Gründen (Festigkeit, Aussehen etc.) notwendig, komplexe Strukturen mit einer größeren Zahl Verbindungen, als jene der Minimal-Struktur, zu verwenden. Wie die Bilder 5.1.1.10, 5.1.1.11 und 5.1.1.12 zeigen, ändert sich die Gestalt (das Aussehen) technischer Gebilde durch

- Ändern der Reihenfolge der Gestaltelemente einer Verbindungsstruktur (s. Bild 5.1.1.10a und 5.1.1.11),
- Ändern der Reihenfolge der Verbindungen (Art der Verbindungen) einer Struktur (s. Bild 5.1.1.10b),
- Ändern der Zahl der Verbindungen einer Struktur (s. Bild 5.1.1.10d und 5.1.1.11),
- Drehen („Phasenlage") und/oder Spiegeln der Verbindungen einer Struktur (s. Bild 5.1.1.10c und 5.1.1.12).

Die Verbindungen mehrerer Anschlüsse eines Hydrauliksteuerblockes durch ein gemeinsames Leitungs- bzw. Bohrungsnetz wie es Bild 5.3.2.2 zeigt, kann als weiteres Beispiel einer Gestaltvariation durch Verbindungsstrukturwechsel dienen (s. Kap. V 3.2, Hydrauliksteuerblöcke).

Zusammenfassung

Eine Aufgabenstellung eines technischen Produktes wird beschrieben durch den Zweck (Z), dem dieses dienen soll und durch eine Vielzahl von Bedingungen (B_1 bis B_n), welche bei der Realisierung des betreffenden Produktes zu berücksichtigen sind.

Ein technisches Produkt (Lösung) wird durch die Wahl der Funktionsstruktur (Schaltplan), der physikalischen Effekte, der Effektträger (der Werkstoffe und/oder des Raumes) sowie durch die Gestalt des Systems und seiner Bauteile eindeutig festgelegt. Die optimale Lösung L_{opt} ist eine Funktion des Zweckes und einer Vielzahl gewichteter Bedingungen.

$$L_{opt} = f \; (\text{Zweck}, \; g_1 \, B_1 \ldots g_n B_n)$$

Sieht man von Sonderfällen ab, so gilt, daß eine technische Lösung üblicherweise nicht alle an sie gestellten Restriktionen vollkommen (100-prozentig) erfüllen kann, sondern möglicherweise nur einige wenige vollständig und andere nur teilweise. Mit g_i soll deshalb der Grad der Erfüllung einer Restriktion bezeichnet werden; g_i kann eine Zahl zwischen 0 und 1 sein.

Die einer Aufgabenstellung entsprechende, realisierte technische Lösung L_{real} ist eine Funktion der gewählten technischen Funktionen und deren Struktur F_i, der physikalischen Effekte P_i, der Effektträger (Werkstoffe) W_i und der Gestalt der einzelnen Elemente G_i

$$L_{real} = f \; (F_i, \; P_i, \; W_i, \; G_i)$$

Gleichgültig, welche Forderungen in einer Aufgabenstellung vorgegeben sind, der Konstrukteur hat zu deren Lösung nur die Konstruktionsparameter, Funktionsstruktur, physikalische Effekte, Effektträger (Werkstoff, Raum) und die Gestaltparameter der einzelnen technischen Elemente als Lösungsmittel zur Verfügung, weitere Mittel hat er nicht.

Die „Kunst des Konstruierens" besteht nun darin, dem gesteckten Ziel L_{opt} mittels der realen Lösung L_{real} möglichst nahe zu kommen

$$L_{real} \rightarrow L_{opt}$$

Als „Werkzeuge" stehen dazu nur die obengenannten vier Parameterarten (F_i, P_i, W_i, G_i) zur Verfügung. Hierunter sind auch die Beschreibungen der Oberflächenrauheit (Mikrogestalt) und der Qualität, wie z.B. der Maß-, Form-, Lagetoleranzen und der Werkstoffeigenschaften zu verstehen.

1.2 Analyseprozeß

Jeder Syntheseschritt eines Konstruktionsprozesses liefert stets mehrere alternativ anwendbare Funktionsstrukturen, Prinzip- und Gestaltvarianten für eine bestimmte technische Aufgabenstellung. Da man aber nur eine, die für die betreffende Aufgabenstellung günstigste Lösung benötigt, muß sich jedem Syntheseschritt ein Analyseschritt mit dem Ziel anschließen, aus der Menge mehr oder weniger brauchbarer Lösungen die günstigste (optimale) zu selektieren. Hierfür sind die einzelnen Lösungen auf ihren technischen und wirtschaftlichen Wert hin zu prüfen. Das heißt, die verschiedenen Lösungen sind zu prüfen, ob diese bestimmten Fest- und Wunschforderungen genügen oder nicht genügen (Ja-/Nein-Prüfung). Ferner sind diese dahingehend zu bewerten, wie gut bzw. wie vollkommen (perfekt) sie bestimmten Bedingungen (Forderungen) gerecht oder nicht gerecht werden. Prüfkriterien können hierzu beispielsweise sein: Leistung, Wirkungsgrad, Baugröße, Geräuschemission, Zuverlässigkeit, Aussehen, Herstellkosten und andere mehr. Als Prüfkriterien können nach den jeweiligen Konkretisierungsstufen (Funktionsstruktur, Prinziplösung und Gestalt) nur jeweils solche benutzt werden, über welche nach dem betreffenden Konkretisierungs- bzw. Konstruktionsschritt auch bereits etwas gesagt werden kann.

Die besondere Problematik dieses Bewertens alternativer Lösungen besteht darin, daß dieses nicht nur anhand eines, sondern anhand vieler Kriterien erfolgen muß; Kriterien unterschiedlicher physikalischer Größen, wie beispielsweise Baugröße, Lärmemission, Wirkungsgrad, Herstellkosten, die man im wissenschaftlichen Sinne nicht miteinander vergleichen kann, welche aber für eine Bewertung dennoch miteinander verglichen werden müssen. Den o.g. unterschiedlichen physikalischen Größen einer technischen Lösung sind „Marktwerte" gleicher Einheit zuzuordnen, welche addiert einen Gesamtwert einer Lösung ergeben und mit Gesamtwerten anderer Lösungen verglichen werden können.

Aufgrund der von Fall zu Fall unterschiedlichen Bedeutung der verschiedenen Forderungen müssen diese auch noch gewichtet werden. Diese Gewichtung der verschiedenen Bedingungen kann so erfolgen, daß man für bestimmte Bedingungen eine höhere, für andere eine geringere maximale Punktezahl vorsieht. Bewertungen der verschiedenen Kriterien können nur subjektiv festgelegt werden. Sie können dadurch etwas objektiviert werden, daß man sie von mehreren Fachleuten durchführen läßt und die gewonnenen Ergebnisse mittelt.

Wie die Praxis lehrt, können qualifizierte und erfahrene Konstrukteure solche Bewertungs- und Entscheidungsprozesse oft mit erstaunlicher Zuverlässigkeit und Sicherheit durchführen, ohne dies objektiv begründen zu können und ohne lange mit Bewertungszahlen zu operieren.

Da auch die so ermittelte günstigste Lösung noch Unzulänglichkeiten besitzen kann und erforderlichenfalls verbessert werden muß, ist es darüber hinaus Aufgabe jedes Analyseschrittes, Unzulänglichkeiten der günstigsten Lösung zu erkennen und notwendige, erneute Syntheseschritte zu deren Verbesserung einzuleiten.

Analyseprozesse bestehen somit im einzelnen aus folgenden Tätigkeiten:

- dem Festlegen der Prüf- und Bewertungskriterien für bestimmte Lösungsalternativen,
- dem Prüfen der verschiedenen Lösungsalternativen, ob diese die festgelegten Fest- und/oder Wunschforderungen erfüllen,
- dem Gewichten einzelner Forderungen (Prüfkriterien),
- dem Bewerten der verschiedenen Lösungsalternativen bezüglich der festgelegten Kriterien,
- dem Bestimmen der günstigsten (optimalen) Lösungsalternative,

- dem Erkennen von Unzulänglichkeiten der günstigsten Lösung und dem Einleiten weiterer Syntheseschritte zu deren Behebung und Verbesserung der Lösung.

Für eine Gesamtbewertung einer Lösung ist es zweckmäßig, eine fiktive Ideallösung anzunehmen, welche alle Prüfkriterien perfekt (ideal) verwirklicht. Die zur Beurteilung anstehenden Lösungsalternativen werden dann mit dieser Ideallösung verglichen und relativ zu dieser bewertet. Der Grad der Annäherung an die Ideallösung wird durch eine Punktezahl (Note) festgelegt. Die Ideallösung hängt vom jeweiligen Stand der Technik ab; sie ist keine feststehende, absolute Bezugsgröße. Nach Kesselring [112] hat sich neben anderen folgende Wertungsskala als günstig erwiesen:

sehr gut (ideal)	4 Punkte
gut	3 Punkte
ausreichend	2 Punkte
gerade noch tragbar	1 Punkt
unbefriedigend	0 Punkte

Bezeichnet man mit P_1, P_2, P_3 ... P_n die jeweiligen Punktzahlen für 1, 2 ... n-te zu bewertende Kriterium (Bedingung, Eigenschaft), mit P_{max} die maximale Punktzahl, welche für alle Forderungen (Kriterien) der Ideallösung gleich ist, und mit g_1, g_2, g_3 ... g_n das „Gewicht" (Bedeutung) der jeweiligen Forderung (Eigenschaft), wobei g eine Zahl g = 1 bis n sein kann, so erhält man für die gewichtete technische Wertigkeit x_g:

$$x_g = \frac{g_1 P_1 + g_2 P_2 + \ldots\ldots g_n P_n}{(g_1 + g_2 + \ldots\ldots + g_n)\, P_{max}},$$

wobei $P_{max} = 4$ die höchste Punktzahl bedeutet. Für die Gewichtungen g_1 bis g_n ist es in der Regel zweckmäßig, ganze Zahlen zwischen g = 1 bis g = 5 zu wählen, in besonderen Fällen kann man auch noch größere Zahlenbereiche, so z. B. g = 1 bis 10, wählen. Die technische Wertigkeit der Ideallösung ist

$$x_g = x_{gi} = 1.$$

Schließlich sind die verschiedenen technischen Lösungen auch noch bezüglich ihrer Wirtschaftlichkeit zu bewerten. Maßgebend für die wirtschaftliche Bewertung sind die Herstell-, Betriebs- Wartungs- und ggf. Beseitigungskosten bzw. Recyclingkosten der betreffenden Lösung. Für eine wirtschaftliche Bewertung ist es notwendig, eine „Ideallösung hinsichtlich Leistungs- oder Herstellkosten" zu definieren. Basis kann hierfür in vielen Fällen der minimale Marktpreis (P_{Mmin}) für ein etwa gleichwertiges Erzeugnis sein. Mit Hilfe des Marktpreises lassen sich die in etwa zulässigen Herstellkosten H_{zul} für ein bestimmtes Unternehmen abschätzen. Aus Sicherheitsgründen kann man dann die idealen Herstellkosten (H_i) noch um einen anzunehmenden „Sicherheitsfaktor" s < 1 reduzieren und wie folgt überschlägig ermitteln:

$$H_i = s \times H_{zul}$$

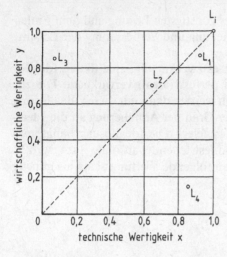

Bild 5.1.2.1. Stärke-Diagramm einer technischen Lösung [112]

Mit diesen Annahmen und Ansätzen ergibt sich dann eine wirtschaftliche Wertigkeit y zu

$$y = \frac{H_i}{H}$$

H sind hierbei die kalkulierten Herstellkosten der betreffenden Lösung. Für die wirtschaftliche Wertigkeit y ergeben sich somit stets Werte kleiner 1; $0 < y < 1$. Die so in technischer und wirtschaftlicher Hinsicht bewerteten Lösungen lassen sich in ein „Stärke-Diagramm" eintragen und vergleichen, wie es beispielsweise Bild 5.1.2.1 zeigt [112].

Analyse heißt auch, Lösungen zu prüfen und erforderlichenfalls zu verbessern, beispielsweise hinsichtlich der Bedingungen: fertigungsgerecht (gießgerecht, schweißgerecht etc.), montagegerecht (für Roboter, Automaten oder Menschen), belastungsgerecht, sicherheitsgerecht, ergonomiegerecht, transportgerecht, umweltgerecht, kostengünstig und viele andere mehr. In Zukunft wird man CAD-Programmsysteme entwickeln, die den Konstrukteur beraten können; beraten beispielsweise bezüglich schweiß- oder gießgerechter, festigkeitsgerechter oder kostenreduzierender Gestaltung und anderer Fragen. Man kann „beratende CAD-Programme" für jede Art von Konstruktionsbedingungen entwickeln. Eine Beratung kann beispielsweise in der Weise erfolgen, daß ein Programm auf eine entsprechende Anfrage Möglichkeiten zur Reduzierung von Herstellkosten aufzeigt. Andere Programme können den Konstrukteur hinsichtlich Fragen der Festigkeit, Sicherheit, Fertigung, Schweißverfahren, erreichbarer Genauigkeiten und vielen anderen wichtigen Fragen beraten (s.a. Kapitel V2.4, Beratungsprogramme).

1.3 Konstruktionsbereiche, Konstruktionsarten

Bedenkt man die von Firma zu Firma und Branche zu Branche sehr unterschiedlichen Wissensstände bzw. Ausgangssituationen bei Beginn von Produktentwicklungen und berücksichtigt man ferner die große Vielfalt technischer Produkte sowie die zu deren Konstruktion notwendigen allgemeinen und speziellen Konstruktionsalgorithmen, so wird verständlich, daß es ein wirtschaftlich sinnvolles, universelles CAD-Konstruktionsprogramm, das allen Ansprüchen genügt, auch in absehbarer Zukunft nicht geben kann. CAD-Programme sind nur für bestimmte, begrenzte Anforderungsprofile wirtschaftlich machbar. Für eine planvolle Entwicklung von CAD-Systemen ist es deshalb notwendig, den Gesamtbereich „Konstruktion" in Teilbereiche zu gliedern und für diese kleineren, besser überschaubaren Aufgabenbereiche sinnvolle Programmentwicklungen zu betreiben.

Je nachdem ob ein technisches Produkt in einem Konstruktionsprozeß ganz neu konstruiert oder eine bereits vorhandene Lösung nur variiert oder verändert wird oder ob für eine Lösung bereits fertige Bauteile und Baugruppen existieren, spricht man in der Praxis oft fälschlicherweise von „unterschiedlichen Konstruktionsarten" und bezeichnet diese im einzelnen als Neu-, Varianten-, Änderungs-, Anpassungs- oder Baukasten-Konstruktionen. Tatsächlich sind mit einigen dieser Begriffe unterschiedliche Konstruktionsumfänge gemeint und nicht „unterschiedliche Arten zu konstruieren".

Nicht jeder Konstruktionsprozeß beginnt mit einem Wissensstand Null über die gesuchte Lösung, vielmehr sind in vielen Fällen bereits Prinziplösungen, Gestaltvarianten oder manchmal bereits sämtliche Bauteile und Baugruppen vorhanden, so daß nicht in allen Fällen alle Konstruktionsprozeßschritte durchlaufen werden müssen. Je nachdem „wieviel" von einer Lösung bereits existiert, können sich Konstruktionsprozesse in konkreten Fällen auf weniger Prozeßschritte reduzieren und bezüglich Startpunkt und Umfang der Tätigkeiten unterschiedlich sein. Die o. g. Begriffe differenzieren Konstruktionsprozesse nicht nur nach dem einen Unterscheidungskriterium „Umfang", sondern auch noch nach anderen Kriterien. Nur die Begriffe Neugestaltung-, Varianten- und Baukasten-Konstruktion orientieren sich an den Konstruktionsumfängen und Startpunkten im Gestaltungsprozeß. Im Falle der „Varianten-Konstruktion" ist bereits eine „Vorgänger-Variante" bekannt, der Konstruktionsprozeß ist nicht vollständig zu wiederholen. Die Begriffe Änderungs-, Anpassungs- bzw. Varianten-Konstruktionen bezeichnen Ziele, die durch einen Konstruktionsprozeß erreicht werden sollen, - ein Produkt soll entsprechend bestimmten Bedingungen „angepaßt", es soll aufgrund bestimmter Bedingungen „geändert" werden; Restriktionen haben sich im Laufe der Zeit geändert und bedingen eine Änderungskonstruktion.

Gliedert man den Gesamtkonstruktionsprozeß nach Startpunkten und Umfängen, so kann man etwa folgende Differenzierungen angeben:

- Neukonstruktion
- Neugestaltung
- Variantenkonstruktion und
- Baukastenkonstruktion

Mit „Neukonstruktion" soll hier ein Konstruktionsprozeß bezeichnet werden, bei welchem zur Lösungsfindung alle Konstruktionsprozeßschritte - von der Funktionsstruktur- über die Prinzip- bis hin zur Gestalt- und Maßsynthese - durchlaufen werden müssen. Liegen Funktionsstruktur und Prinziplösungen für ein zu konstruierendes System bereits fest - wie in den meisten praktischen Konstruktionsfällen - und sollen diese von Grund auf neu gestaltet werden, so soll dieser

Konstruktionsumfang als *„Neugestaltung"* bezeichnet werden. Bei einer solchen Konstruktion werden sämtliche Gestaltparameter einer Lösung neu festgelegt; eine Neugestaltung wird deshalb meist dadurch gekennzeichnet, daß diese auf einem „leeren Zeichenblatt" beginnt.

Liegen bereits eine oder mehrere Gestaltvarianten (Typen) eines technischen Systems vor und ist diesen lediglich entsprechend einer modifizierten Aufgabenstellung noch eine weitere Gestaltvariante hinzuzufügen, so soll dieser reduzierte Konstruktionsumfang als *„Variantenkonstruktion"* bezeichnet werden. Je nach Art der Parameter, die von Variante zu Variante geändert werden, kann man diesen Oberbegriff noch weiter gliedern und zwischen

Abmessungsvarianten- (incl. Abstands- und Neigungsvarianten),
Formvarianten-,
Zahlvarianten-,
Lagevarianten-,
Reihenfolgevarianten- und
Struktur-Varianten-Konstruktionen

unterscheiden.

Liegen in einem anderen Fall bereits Bauteile oder/und Baugruppen fest und müssen diese in einem Konstruktionsprozeß lediglich noch ausgewählt und zu einem komplexeren System zusammengesetzt werden, nennt man diesen Konstruktionsumfang *„Baukasten-Konstruktion"*. Die Konstruktion einer Vorrichtung (Baukasten-Vorrichtungen) aus vorliegenden Bauteilen kann hierzu als Beispiel gelten. Zu dieser Konstruktionsart zählt beispielsweise auch das „Planen von Inneneinrichtungen mit Fertigmöbelelementen".

Varianten- und Baukasten-Konstruktion sind Gestaltungsprozesse. Das Berechnen eines Wälzlagers, einer Schraube, eines Elektromotors oder anderer Maschinenelemente anhand von Lebensdauer- oder Leistungsgesichtspunkten etc., das entsprechende Auswählen eines bestimmten Elementes aus einem Katalog und das Einbeziehen dieses Elementes in eine Konstruktion, sind beispielsweise Tätigkeiten einer Baukasten-Konstruktion. In der Praxis wird diese Art zu Konstruieren auch als *„Konstruieren durch Auswählen"* bezeichnet. Die Bauteile sind bereits in diskreten Größen vorhanden, das betreffende Bauteil braucht nicht mehr gestaltet zu werden, wesentliche Teile des Konstruktionsprozesses entfallen.

In der Praxis kommen totale Neukonstruktionen relativ selten vor. Neugestaltungen und Variantenkonstruktionen technischer Systeme sind hingegen sehr viel häufigere „Konstruktionsfälle" („Konstruktionsarten"); Baukastenkonstruktionen sind meist auf Spezialfälle beschränkt. In vielen Fällen treten die genannten „Konstruktionsarten" auch „gemischt" auf. Für die Entwicklung von CAD-Systemen, insbesondere spezieller Systeme, ist es wichtig zu wissen, auf welche Konstruktionsart man sich möglicherweise in einem bestimmten Fall beschränken kann. Durch eine solche Einschränkung lassen sich in der Regel wesentlich schnellere und wirtschaftlichere CAD-Programme entwickeln. „Alleskönner" bzw. universelle Programme sind - abgesehen von den technischen und theoretischen Problemen - aus wirtschaftlichen Gründen ungeeignet. Für die Entwicklung von CAD-Systemen ist es deshalb zweckmäßig, zwischen unterschiedlichen Konstruktionsumfängen zu unterscheiden und so für jeden Fall das passende bzw. wirtschaftlichste Programmsystem zu entwickeln und einzusetzen. Entsprechend ist es sinnvoll, CAD-Konstruktionsprogramme ebenso wie den Konstruktionsprozeß zu gliedern, wie im folgenden noch näher ausgeführt wird.

All diese vorgenannten Tätigkeiten sind Teile des Gesamtkonstruktionsprozesses, es sind keine „unterschiedlichen Konstruktionsarten". Dieser Gesamtkonstruktionsprozeß gliedert sich in die Tätigkeitsbereiche Funktionsstruktur-, Prinzip-, Gestaltsynthese und quantitative Synthese (Dimensionieren) sowie Erproben bzw. Untersuchen (des Prototyps). Jedem Syntheseschritt schließt sich ein Analyseschritt an. Entsprechend dieses Sachverhaltes und in Hinblick auf eine zukünftige Ordnung der Vielfalt von CAD-Programmsystemen sollte man diese entsprechend gliedern in

- Funktionsstruktursynthese-,
- Prinzipsynthese-,
- Gestaltsynthese-,
- Berechnungsprogramme, d.s. Dimensionierungs- und Simulationsprogramme, sowie in
- Beratungsprogramme zur Analyse und Verbesserung der sogenannten „Gerechts" (Bedingungen wie fertigungs-, montage-, sicherheitsgerecht, kostenarm u.a.)

Ferner erscheint es zweckmäßig, zwischen

- produktneutralen- und
- produktspezifischen Programmsystemen

zu unterscheiden. Produktspezifische Programmsysteme lassen sich noch weiter in firmenspezifische und nicht firmenspezifische Produkte bzw. Programme gliedern.

1.4 Konstruktionsergebnisse und rechnerinterne Darstellung

Beschreibungsparameter von Bauteilen

Das Ergebnis eines Konstruktionsprozesses sind vollständige Informationen über ein zu bauendes technisches Produkt. Diese Ergebnisse sind üblicherweise in Zusammenstellungs- und Einzelteilzeichnungen niedergelegt. Bauteile werden durch Einzelteilzeichnungen eindeutig beschrieben. Die Anordnungen von Bauteilen in Gesamtsystemen werden durch Zusammenstellungs- bzw. Baugruppenzeichnungen eindeutig festgelegt. Die Beschreibung komplexer technischer Produkte ist eine Beschreibung vieler Bauteile und deren Anordnungen in einem Gesamtsystem.

Will man technische Produkte mit dem Hilfsmittel „Rechner" beschreiben, so ist wichtig zu wissen, durch welche Informationen bzw. Parameter Bauteile eindeutig beschrieben werden.

Ein Bauteil hat eine Gestalt, es hat bestimmte physikalische und chemische Eigenschaften (Gewicht, Volumen, Korrosionsbeständigkeit, Leitfähigkeit etc.), es besteht aus einem (oder mehreren) bestimmten Werkstoffen und es hat einen oder mehrere technische Funktionen (Zwecke) zu erfüllen.

Die Gestalt eines Bauteiles wird durch seine Gestaltelemente, d.s. Ecken, Punkte, Kanten und Teiloberflächen bestimmt. Jede Teiloberfläche hat eine bestimmte makroskopische und eine bestimmte mikroskopische Gestalt (bzw. Grob- und Feingestalt). Die makroskopische Gestalt einer Teiloberfläche wird bestimmt durch die Form, Abmessungen, Abstände und Neigungen der sie bestimmenden Kanten und Linien. Teiloberflächen haben eine bestimmte mikroskopische Oberflächengestalt, worunter ihre Rauhtiefe, ihr Rauhigkeitsprofil, ihre Rillenrichtung und andere, die Mikrogestalt beschreibende Angaben zu verstehen sind.

Die Gestalt von Bauteilen wird ferner durch die Form, Abmessungen, Abstände und Winkellagen bzw. Neigungen (parallel, rechtwinkelig etc.) der sie bildenden Teiloberflächen bestimmt. Teiloberflächen können bezüglich eines Bauteiles bestimmte Lagen (konvex/konkav) einnehmen. Ferner haben Teiloberflächen eines Bauteiles eine bestimmte Verbindungsstruktur untereinander, die ebenfalls die Gestalt beeinflussen.

Die einzelnen Teiloberflächen eines Bauteiles sind ihrerseits wiederum aus Gestaltelementen wie Kanten, Ecken und sonstigen, diese bestimmende Linien und Punkte, zusammengesetzt (strukturiert). Jede Teiloberfläche besitzt selbst wiederum eine ihr eigene Gestalt.

Linien (Kanten) und Punkte (Ecken) von Teiloberflächen haben selbst wiederum eine Gestalt, welche im einzelnen zu beschreiben ist.

Insgesamt ergeben sich zur Beschreibung von Bauteilen folgende Parameterarten (vgl. auch Kap. V 1.1, Gestaltparameter):

A. Produktbeschreibende Parameter
a) Makro-Gestaltparameter bezüglich:

Teiloberflächen
* ✻ Gestalt der bauteilbeschreibenden Teiloberflächen
* ✻ Abstände der bauteilbeschreibenden Teiloberflächen untereinander
* ✻ Neigungen der bauteilbeschreibenden Teiloberflächen zueinander
* ✻ Zahl der Teiloberflächen eines Bauteiles

Kanten
* ✻ Gestalt der die Teiloberflächen (bzw. Bauteile) beschreibenden Kanten und Linien
* ✻ Abstände der teiloberflächenbeschreibenden Kanten und Linien
* ✻ Neigungen der teiloberflächenbeschreibenden Kanten und Linien
* ✻ Zahl der eine Teiloberfläche beschreibenden Kanten und Linien

Ecken und Punkte
* ✻ Abstände der Linien oder Teiloberflächen bzw. Bauteile beschreibenden Ecken und Punkte
* ✻ Zahl der eine Linie, Teiloberfläche und/oder ein Bauteil beschreibenden Ecken und Punkte
* ✻ Verbindungsstruktur der eine Linie, eine Teiloberfläche und/oder ein Bauteil beschreibenden Ecken und Punkte

b) Feingestalt bzw. Gestaltabweichungen beschreibende Parameter
* Maßtoleranzen
* Formtoleranzen
* Lagetoleranzen
* Oberflächengestalt (Rauhtiefe, Mittenrauhwert)
c) Werkstoffbeschreibende Parameter
* Elastizitätsmodul
* Zugfestigkeit
* Bruchdehnung
* Chemische Zusammensetzung z. B. Kohlenstoffgehalt
* Zähigkeit
* Härtbarkeit
* Korrosionsbeständigkeit
* und sonstige Eigenschaften
d) Betriebseigenschaften beschreibende Parameter
* Funktionen (Zweck) des Bauteiles
* Leistung
* Tragfähigkeit
* Leitfähigkeit etc.

B. Produktionsbeschreibende Parameter

a) Fertigung
* Fertigungsverfahren, Bearbeitungszeichen (Schweißen etc.)
* Fertigungsfolgen
* Fertigungsmaße
* Fertigungsgenauigkeit
b) Montage
* Montageverfahren
* Montagefolgen
* Montagemaße
* Montagegenauigkeit
c) Prüfung
* Prüfverfahren
* Prüffolgen
* Prüfmaße
* Prüfgenauigkeit

Die meisten der genannten Informationen sind in einer technischen Zeichnung explizit dokumentiert, andere sind nur implizit niedergelegt.

Alle diese Informationen gilt es in einem Rechner intern darzustellen, d. h. einzugeben, zu speichern, wiederzufinden, auszugeben und extern so darzustellen, daß sie von Menschen verstanden werden können.

Rechnerinterne Darstellung von Informationen
Informationen werden in Rechnern physikalisch mittels zweier Zustandsgrößen einer Vielzahl „elektronischer Schaltelemente (Flip-Flop)" dargestellt. Die Dar-

stellung komplexer Informationen und Informationsstrukturen bedarf des Betriebs und der Verwaltung entsprechend umfangreicher „elektronischer Schalt-elemente" bzw. umfangreicher Datenmengen und Datenstrukturen. Große Infor-mationsmengen bereiten dann besondere Schwierigkeiten bei ihrer Darstellung und Verwaltung in Rechnern, wenn zwischen diesen relativ komplexe Informati-onsstrukturen bestehen, welche im Rechner ebenfalls nachgebildet werden müs-sen. Große Datenmengen lassen sich hingegen relativ einfach verwalten, wenn zwischen diesen nur einfache Strukturen (Ketten- bzw. sequentielle Strukturen) bestehen.

So ist es relativ einfach, Texte in Rechnern abzulegen, weil diese eine einfache, sequentielle Informationsstruktur besitzen, die mit jenen in Rechnern gegebenen realen physikalischen Speicherstrukturen praktisch identisch ist. Demgegenüber sind die, die Gestalt eines Bauteiles beschreibenden Informationsstrukturen von Natur aus wesentlich komplexer als die von Texten. Theoretisch wäre es denkbar, die Gestalt eines Bauteiles mit Hilfe eines Prosa-Textes zu beschreiben – somit deren Strukturen zunächst zu vereinfachen – und diesen Text dann in Rechnern zu speichern. Dieses Vorgehen hätte den Vorteil sehr einfacher, sequentieller rech-nerinterner Datenstrukturen, es hätte jedoch den Nachteil, daß die komplexen Gestalt- bzw. Informationsstrukturen eines Bauteiles zunächst in Texte „übersetzt" werden müßten. Wenn man bedenkt, daß diese „Texte" auch wieder in Bild- oder Modellinformationen „zurückübersetzt" werden müssen, dann wird klar, daß die-ses Vorgehen zur Lösung des vorliegenden Problems völlig ungeeignet ist. Besser ist ein Weg, der dahin zielt, die durch ein Bauteil gegebene Gestaltstruktur durch eine möglichst analoge Datenstruktur in Rechnern darzustellen bzw. in Rechnern eine, der Gestaltstruktur des Bauteiles möglichst entsprechende, analoge Daten-struktur (Modell mittels Daten) aufzubauen.

Ein Gestaltelement (Punkt, Kante, Teiloberfläche etc.) kann durch eine bestimmte Anzahl von Daten (= Datensatz) beschrieben werden. Im Falle eines Punktes sind dies beispielsweise eine Kennziffer, daß es sich um einen Punkt han-deln soll, und die x-, y- und z-Koordinatenwerte des Punktes (s. Bild 5.1.4.1 a). Neben dem Kennzeichen „P_2" und den x-, y-, z-Koordinatenwerten sollen in die-sem Datensatz noch Hinweise zu „davor" und „dahinter" liegenden Nachbar-punkten P_1 und P_3 enthalten sein. Bild 5.1.4.1 b zeigt ferner noch einen Datensatz für eine Kante K_2 mit Hinweisen auf „Nachbarkanten" K_3, K_1 sowie auf dieser Kante K_2 liegenden Anfangs- (AP), Endpunkt (EP) und Zwischenpunkten ZP_1 bis ZP_3. Einfache rechteckige Kästchen, wie es Bild 5.1.4.1 c zeigt, sollen in folgenden Bildern „Abkürzungen" für umfangreiche Datensätze von Gestaltelementen sym-bolisieren. Die „Pfeile" in den einzelnen Kästchen sind Symbol für eine Informa-tion in dem jeweiligen Datensatz, welche einen „Hinweis auf eine weitere Infor-mation" liefert. Solche „Hinweise auf eine nächste Information („Zeiger")" können beispielsweise eine „Adreßangabe" des nächsten Punktes auf einer Linie (Kante) oder ein Hinweis von End- zum Anfangspunkt einer Linie (u. ä.) sein.

Der besseren Überschaubarkeit wegen, wollen wir im folgenden nur eine rela-tiv kleine, ein Bauteil beschreibende Informationsmenge betrachten, so beispiels-weise nur die Informationen über die Verbindungsstruktur oder die, eine Teilober-fläche eines Bauteiles bildenden Kanten und Punkte. Dieses sind nur Informatio-nen über Relationen (Zugehörigkeit und Reihenfolge) von Kanten, Eckpunkten

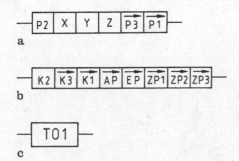

a

b

c

Bild 5.1.4.1a–c. Schema eines Datensatzes eines Punktes mit „Zeigerinformationen" auf Nachbarpunkte (**a**); Schema eines Datensatzes für eine Kante mit Anfangs-, End- und Zwischenpunkten sowie Hinweisen auf Nachbarkanten (**b**), Schema eines Datensatzes für Teiloberflächen (**c**)

und sonstigen, diese Teiloberfläche bestimmenden Linien und Punkten. Bild 5.1.4.2a zeigt exemplarisch eine Fläche F_1 und die diese Fläche bestimmenden Kanten und Punkte. Bild 5.1.4.1b zeigt die mittels „Graphen-Darstellung" symbolisierten entsprechenden Verbindungsstrukturen bzw. Relationen zwischen Berandungen, Eck- und anderen Punkten dieser Fläche. Die Kästchen („Knoten") des Graphen symbolisieren die Elemente, die Verbindungen („Kanten") des Graphen symbolisieren die Relationen (Verbindungen) zwischen den Gestaltelementen.

Stellt man diese realen Verbindungsstrukturen beispielsweise rechnerintern mittels einer „Baumstruktur" dar (Bild 5.1.4.3) und vergleicht diese mit der realen Teiloberflächen-Struktur wie sie Bild 5.1.4.2b zeigt, so stellt man fest, daß aufgrund dieser „nicht analogen Modellierung" Informationen verloren gehen. So beispielsweise die Informationen über die Reihenfolge der Kanten und Eckpunkte (u.a.) dieser Fläche. Dieses Verlorengehen von Informationen könnte möglicherweise über andere Informationen, wie beispielsweise über die Koordinatenwerte der Eckpunkte wieder gewonnen werden, d.h. sie sind von Fall zu Fall zwar noch implizit, aber nicht mehr explizit, vorhanden. In anderen Fällen können Informationen auf diese Weise aber auch unwiederbringlich verloren gehen.

Bild 5.1.4.3 zeigt ferner noch, daß im Falle einer Darstellung der Verbindungsstruktur der Kanten und Eckpunkte mit Hilfe einer Baumstruktur Eckpunkte mehrfach gespeichert werden müssen. Das bedeutet, daß eine Informationsspeicherung mittels Baumstrukturen im vorliegenden Fall relativ viel Speicherplatz benötigt. Obgleich durch diese Datenstruktur Informationen entfallen, benötigt eine solche Struktur dennoch relativ viel Speicherplatz zur Speicherung von Bauteilmodellen und deren Gestaltelementen (Teiloberflächen, Kanten und Eckpunkte etc.).

Sucht man nach einer Speicherstruktur, die den Nachteil der Mehrfachspeicherung von Gestaltelementen vermeidet, so kann man neben anderen auf eine unter dem Synonym „ASP-Datenstruktur" bekannt gewordene Speicherstruktur zurückgreifen. Bild 5.1.4.4 zeigt die Speicherung der o.g. Teiloberfläche F_1 mit dieser Struktur (vgl. Kap. II.8).

Wie dieses Beispiel (Bild 5.1.4.4) zeigt, ist es mit dieser Struktur möglich, eine mehrfache Speicherung von identischen Gestaltelementen zu vermeiden. Darüber hinaus läßt sich diese Strukturart auch so ausbauen, daß alle Verbindungsinformationen einer Teiloberfläche (oder auch eines Bauteiles) gespeichert werden können, so daß keine Informationen verloren gehen. Diese ASP-Struktur ist mit der

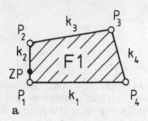

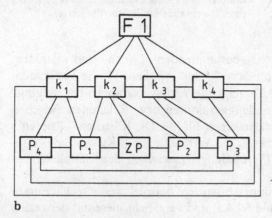

Bild 5.1.4.2 a, b. Fläche F_1 mit Berandungen (Kanten), Zwischen- und Eckpunkten (a); Gestalt- bzw. Datenstruktur der Fläche F_1 (b)

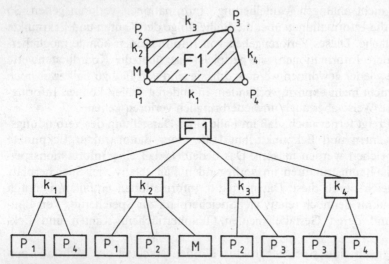

Bild 5.1.4.3. Fläche F_1 mit Berandungen (Kanten), Zwischen- und Eckpunkten; baumförmige Datenstruktur der Fläche F_1

Verbindungsstruktur des Bildes 5.1.4.2 sehr eng „verwandt", wie ein Vergleich zeigt. Hinweise auf bestimmte „Relationen (Verbindungen) zwischen Elementen" werden in ASP-Strukturen als Assoziatoren bezeichnet (s. Bild 5.1.4.4).

Zum schnellen Finden bzw. Löschen und Ändern bestimmter Informationen werden in ASP-Datenstrukturen ferner noch sogenannte „Ringköpfe" benutzt. Ringköpfe sind „Wegweiser" zu bestimmten Arten von Informationen (s.

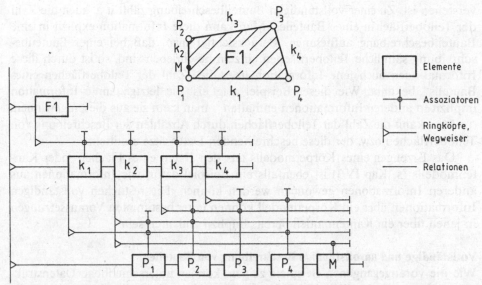

Bild 5.1.4.4. Fläche F_1 mit Berandungen (Kanten), Zwischen- und Eckpunkten und ASP-Daten-struktur der Fläche F_1

Bild 5.1.4.4). „Ringköpfe" sind auch ein Mittel zur Speicherung unterschiedlicher Relationen zwischen bestimmten Informationen. Mit „Ringköpfen" lassen sich ferner Mehrfachspeicherungen von Daten vermeiden.

Wie diese Beispiele auch zeigen, können durch die Wahl geeigneter Daten-Strukturen mehr oder weniger Gestaltdaten eines Bauteils erhalten (gespeichert) werden oder verloren gehen.

Redundante, ex- und implizite Datenspeicherung

Wie das vorangegangene Beispiel zeigte, kann man zur Beschreibung von Bautei-len Strukturen nutzen, welche bestimmte Beschreibungsdaten mehrfach beinhal-ten. Aus Gründen des Speicherplatzbedarfes wird man redundante Datenspeiche-rungen nach Möglichkeit vermeiden. Neben diesen kommen bei der Beschreibung technischer Gebilde manchmal absichtlich redundante Informationen vor, so wer-den z. B. bei der Erstellung technischer Zeichnungen neben maßstäblichen Bildern der Gegenstände diese auch noch bemaßt. Das bedeutet, daß die Information über die Länge eines Bauteiles in einem Datenmodell mehrfach vorhanden sein kann.

Würde man eine Teiloberfläche und eine Kante dieser Teiloberfläche separat und vollständig beschreiben, wären wiederum einige identische Daten mehrfach gespeichert vorhanden. Speichert man hingegen die Relation zwischen Flächen-kante und Fläche und berücksichtigt dabei, daß diese identische Abmessungen haben müssen, kann man die Speicherung identischer Daten reduzieren.

Bei der Beschreibung und Speicherung von Bauteilinformationen lassen sich die zu speichernden Datenmengen auch noch dadurch reduzieren und somit Spei-cherplatz sparen, daß man Informationen nicht „explizit", sondern nach Möglich-keit nur „implizit" speichert. Folgendes Beispiel soll erläutern, was hierunter zu verstehen ist. Zu einer vollständigen Bauteilbeschreibung zählt u.a. auch die Zahl der Teiloberflächen eines Bauteiles. Man kann diese Information explizit in eine Bauteilbeschreibung aufnehmen. Berücksichtigt man, daß bei einer Bauteilbeschreibung sämtliche Teiloberflächen einzeln beschrieben sind, so ist durch diese Informationen auch jene Information über die „Zahl der Teiloberflächen eines Bauteils" bekannt. Wie dieses Beispiel zeigt, ist die letztgenannte Information implizit in anderen Informationen enthalten – man kann sie aus diesen gewinnen.

Man kann die Zahl der Teiloberflächen durch Abzählen der Beschreibung von Teiloberflächen bzw. der diese beschreibenden Datensätze ermitteln.

Das Erzeugen eines Körpermodells aus den Daten eines Flächen- oder Kantenmodells (s. Kap. IV.3) ist ebenfalls ein Beispiel dafür, wie Informationen aus anderen Informationen gewonnen werden können. Die restlichen vollständigen Informationen über ein Körpermodell können unter bestimmten Voraussetzungen in jenen über ein Kantenmodell bereits implizit enthalten sein.

Vollständige und unvollständige Beschreibung von Bauteilen

Wie die vorangegangenen Beispiele zeigen, können unterschiedliche Datenstrukturen bzw. unterschiedliche CAD-Systeme Bauteile vollständig oder unvollständig beschreiben. Eine Bauteilbeschreibung soll als vollständig gelten, wenn das entsprechende Datenmodell alle Informationen explizit enthält, die zu einer eindeutigen Beschreibung bzw. Herstellung erforderlich sind. Können Informationen eines Bauteiles aus anderen vorhandenen Daten gewonnen werden, sollen diese als implizit vorhandene Daten bezeichnet werden. Beschreibungsdaten können explizit oder implizit in einem Datenmodell vorhanden sein. Als implizite Daten eines rechnerinternen Beschreibungsmodells sollen solche bezeichnet werden, welche erforderlichenfalls aus explizit vorhandenen ermittelt werden können. Eine Bauteilbeschreibung soll nur dann als vollständig bezeichnet werden, wenn alle ein Bauteil beschreibenden Daten explizit im Modell vorhanden sind.

Probleme des Datentransfers zwischen CAD-Systemen

Aus technischen Gründen erfolgt die rechnerinterne Darstellung von Buchstaben und Ziffern nahezu in jedem Rechnersystem durch andere Bit-Kombinationen („Symbole"); jedes Rechnersystem hat üblicherweise einen eigenen, von anderen Rechnern verschiedenen „Maschinen-Code". Rechner können deshalb in der ihnen eigenen „Maschinensprache" keine Daten austauschen. Um zwischen unterschiedlichen Rechnersystemen alpha-numerische Daten austauschen zu können, bedarf es genormter, internationaler Code-Vereinbarungen (z. B. ASCII-Code u.a.) und Rechnersystemen, welche ihre Daten diesem Standard entsprechend an das andere System zu übergeben vermögen.

Für die relativ geringe Zahl von Buchstaben, Ziffern und Satzzeichen gibt es international gültige und gebräuchliche Code-Vereinbarungen (Standard-Code). Wegen der teilweise unterschiedlichen und zusätzlichen Schrift- und Satzzeichen der verschiedenen nationalen Alphabete sind diese Vereinbarungen bereits sehr schwierig realisierbar. Da zwischen CAD-Systemen nicht nur Text-, sondern insbesondere auch Bildinformationen ausgetauscht werden müssen und letztere sehr unterschiedlich symbolisiert werden können, sind Vereinbarungen von Standards für Bildinformationen wesentlich schwieriger als jene für Schrift- und Satzzeichen.

Trotz langjähriger weltweiter Bemühungen ist es bisher nicht gelungen, allen Erfordernissen der Praxis entsprechende Lösungen für diese Problematik anzugeben. Da es bisher keine allen Erfordernissen entsprechenden Standardisierungsvereinbarungen für Gestaltinformationen gibt, es andererseits nahezu „unendlich viele Alternativen" gibt, Gestaltinformationen zu beschreiben sowie zu symbolisieren und CAD-Entwickler von diesen Alternativen auch uneingeschränkt Gebrauch machen, ist es derzeit nicht ohne zusätzliche „Übersetzungsprogramme" möglich, Daten zwischen unterschiedlichen CAD-Systemen auszutauschen.

Die folgenden Ausführungen sollen die Gründe für die Problematik des Datentransfers zwischen CAD-Systemen noch näher erläutern. Bei der Beschreibung und Darstellung (Symbolisierung) von Gestalt- oder anderer Informationen gibt es sowohl beim Menschen als auch bei Rechnern unterschiedliche „Beschreibungs- oder Darstellungsebenen" (bzw. „Beschreibungs- oder Darstellungsstufen"). Weil jede dieser „Ebenen" eine große Zahl von Beschreibungs- bzw. Darstellungsalternativen ermöglicht, die auch genutzt werden, wird ein und dieselbe Information in jedem CAD-System anders dargestellt. Deshalb ist es so schwierig, Informationen von einem CAD-System auf ein anderes zu transferieren.

In technischen Zeichnungen wird die Gestalt technischer Gebilde mittels Ansichten und Schnittdarstellungen beschrieben (symbolisiert). In CAD-Systemen stehen andere technische Mittel zur Darstellung von Informationen zur Verfügung als „Striche einer Zeichnung", nämlich digitale Speicher- und Verarbeitungsmittel. Aus diesem Grunde müssen Informationen der Gestalt technischer Gebilde anders „symbolisiert" werden, als dies von technischen Zeichnungen her bekannt ist. Zwischen der Ausdrucksweise des Menschen und der Darstellung einer Information eines Rechners gibt es mehrere „Ausdrucks- bzw. Darstellungsebenen" („Symbolisierungsebenen" oder „Symbolisierungsstufen"). In jeder dieser „Ebenen" gibt es eine Vielzahl von Darstellungs- bzw. Symbolalternativen um eine bestimmte, identische Information darzustellen.

Um Informationen zum Ausdruck zu bringen, nutzt der Mensch die Sprache. Als *1. Ausdrucks- oder Darstellungsebene* sei deshalb in diesem Zusammenhang die Fähigkeit des Menschen bezeichnet, identische Informationen in unterschiedlichen Sprachen und Mundarten (Deutsch, Englisch, Bayrisch etc.) zum Ausdruck zu bringen. Gäbe es diese Vielfalt nicht, wäre eine Verständigung zwischen Menschen (und Völkern) sicherlich einfacher möglich.

Als *2. Darstellungsebene* zwischen „Mensch und Maschine" sei die Fähigkeit des Menschen bezeichnet, identische Informationen in ein und derselben Landessprache mittels unterschiedlicher Worte oder/und Satzstellungen zum Ausdruck zu bringen. So vermag man beispielsweise die Tatsache, ob eine bestimmte Person (Hans) anwesend ist, entweder so zu beschreiben: Hans ist anwesend, oder: Hans ist nicht abwesend.

Die Beschreibung ein und derselben Strecke in einem kartesischen- oder einem polaren Koordinatensystem, in 2-Punkt- oder in allgemeiner Form (s. Kap. III.2) kann als weiteres Beispiel hierzu gelten.

Als ein weiteres Beispiel hierzu kann auch die Beschreibung der Informationen bezüglich eines Bauteiles gelten, welche Seite einer Teiloberfläche „Innen- und welche Außenseite" ist, d. h. welche an Material und welche an Luft angrenzt.

Man kann diese Informationen in der Weise ausdrücken, daß man sagt, daß die eine Seite der Teiloberfläche „Innenfläche" (an Material grenzt) oder die andere Seite der Teiloberfläche „Außenfläche" (an Luft grenzt) ist. Beide Formulierungen sagen das gleiche aus. Für ein CAD-System besteht hierbei das Problem, beide Aussagen als identische Informationen zu interpretieren.

Diese vielfältigen Möglichkeiten, identische Informationen unterschiedlich auszudrücken, führen ebenfalls zu einer riesigen Darstellungsvielfalt von Informationen in CAD-Systemen und entsprechenden Verständigungsschwierigkeiten. Menschen haben die Fähigkeit, identische Informationen unterschiedlich auszudrücken und sie können unterschiedlich zum Ausdruck gebrachte Informationen auch als identische Informationen leicht erkennen.

Bei der Beschreibung technischer Gebilde oder aller anderen Sachverhalte können Informationen explizit, andere Informationen nur implizit enthalten sein. Als implizite Informationen sollen hier solche Informationen bezeichnet werden, welche aus expliziten Informationen ermittelt werden können. So kann z. B. ein System die Information über den Volumeninhalt einer Kugel implizit oder explizit enthalten, indem dieses den Wert des Kugelradius bzw. den des Volumenwertes beinhaltet.

Enthält ein CAD-System eine bestimmte Information explizit und ein anderes diese nur implizit, so ist es nicht ohne weiteres möglich, diese Informationen zwischen diesen beiden CAD-Systemen auszutauschen. Menschen ist es meist möglich zu erkennen, daß man aus der einen Information die andere leicht ermitteln kann. Gleiches kann ein CAD-System nicht ohne weiteres. CAD-Systeme zu schaffen, welche diesbezüglich ähnliche Fähigkeiten besitzen wie Menschen, ist in absehbarer Zeit nur in sehr begrenztem Umfang möglich.

Sind beispielsweise in einem CAD-System die Abmessungen eines Bauteiles vollständig gegeben, so können mit Hilfe dieser Daten die Informationen über das Volumen oder die Oberfläche des Bauteiles berechnet werden. Die Informationen über Volumen und Oberfläche sind in diesem System implizit enthalten, d. h. man kann sie aus anderen Daten ermitteln. Wenn ein anderes CAD-System diese Daten bereits als explizit gegeben voraussetzt, weil es selbst keine Programmodule besitzt, welche diese Informationen ermitteln können, so ist ein Datenaustausch zwischen solchen Systemen nicht ohne weiteres möglich. Als ein weiteres Beispiel können zwei CAD-Systeme gelten, von denen das eine nur Kanten-Modelle zu erzeugen und zu verarbeiten vermag, aber bereits Daten enthält, aus welchen jene Daten für Flächen-Modelle gewonnen werden können, während das andere CAD-System die Informationen über die Teiloberflächen eines Bauteils bereits explizit enthält.

Bei der Beschreibung der Gestalt von Bauteilen mittels CAD-Systemen werden häufig implizite Informationen benutzt; man kann so die zu verwaltenden Datenmengen klein halten, andererseits lassen sich diese per Rechner im Bedarfsfall rasch in explizite Daten „umwandeln".

Die Möglichkeit, Informationen explizit oder implizit darzustellen, ist somit eine weitere Ursache für die Problematik des Datenaustausches zwischen CAD-Systemen.

Unterschiedliche Rechner-Sprachen (FORTRAN, PASCAL etc.) sind eine weitere Möglichkeit, identische Informationen unterschiedlich auszudrücken. Die

„Ebene der Rechner-Sprachen" soll deshalb „auf dem Weg vom Menschen zum Rechner" als *3. Darstellungsebene* für Informationen bezeichnet werden. Auch diese „3. Ebene" bietet eine Vielzahl unterschiedlicher Darstellungsmöglichkeiten. Diese alternativen Darstellungen einer bestimmten Information sind einem Datenaustausch zwischen CAD-Systemen, ohne zusätzliche Hilfen, ebenfalls sehr hinderlich. In die Betrachtung über Sprachen sind auch noch die unterschiedlichen „Rechner-Sprachebenen" wie Assembler- und Maschinensprache, mit einzubeziehen.

Die Möglichkeit, identische Informationen in einer bestimmten Rechner-Sprache unterschiedlich auszudrücken, kann als weitere, als *4. Ebene* zur unterschiedlichen Darstellung identischer Informationen gelten. Zu dieser „4. Ebene der Darstellungsalternativen" sollen im einzelnen die Möglichkeiten zählen, identische Informationen mittels

– unterschiedlicher Möglichkeiten (Programme) durch ein und dieselbe Rechnersprache (FORTRAN, PASCAL etc.) und/oder
– unterschiedlicher Datensätze und/oder Datenstrukturen

zum Ausdruck zu bringen.

Diese Darstellungsebene bietet ebenfalls sehr zahlreiche Möglichkeiten, identische Informationen unterschiedlich zu symbolisieren. Da die Praxis diese Vielfalt eifrig nutzt und bisher keine verbindlichen Vorschriften zur Einschränkung existieren, werden auch durch diese Vielfalt Datentransporte zwischen CAD-Systemen wesentlich erschwert.

Schließlich sollen die Möglichkeiten, identische Informationen mittels unterschiedlicher Code-Vereinbarungen und unterschiedlicher technisch-physikalischer Mittel (mechanisch/elektronisch bzw. digital/analog) als *5. bzw. 6. Darstellungsebene* bezeichnet werden. Auch diese Ebenen bieten wiederum viele Alternativen, identische Informationen unterschiedlich zu symbolisieren.

Zusammenfassend lassen sich zwischen Mensch und Rechner folgende sechs Ausdrucks- bzw. Darstellungsebenen definieren:

1. Ebene: alternative natürliche Sprachen
2. Ebene: a) alternative Ausdrucksmöglichkeiten in einer Sprache
        b) alternative ex- bzw. implizite Informationsdarstellungen
3. Ebene: alternative Rechner-Sprachen
4. Ebene: a) alternative Ausdrucksmöglichkeiten in einer Rechner-Sprache
        b) alternative Datensätze bzw. Datenstrukturen
5. Ebene: alternative Code-Vereinbarungen (Standards) zur Darstellung von Informationen
6. Ebene: a) alternative digitale oder analoge Informationsdarstellungen
        b) alternative technisch-physikalische Mittel zur Darstellung bzw. Symbolisierung von Informationen (z.B. elektronische-, optische-, mechanische Mittel, u.a.)

Will man das Problem des Daten- bzw. Informationstransfers zwischen CAD-Systemen umfassend lösen, müssen in allen technischen Darstellungsebenen „Standard-Darstellungen" (Norm-Darstellungen) vereinbart werden.

Wie die Praxis lehrt, kann diese Problematik mit der Definition von „Datenschnittstellen" alleine nicht befriedigend gelöst werden (vgl. hierzu Kap. VI, 4).

2 Produktneutrale Konstruktionsprogramme

2.1 Überblick

Unter Berücksichtigung der vorangegangenen Ausführungen erscheint es naheliegend, CAD-Programme nach folgenden Fähigkeiten zu unterscheiden, und zwar nach Programmen zum

- Zeichnen,
- Darstellen (und Zeichnen) sowie
- Konstruieren (und Darstellen und Zeichnen)

Letztere lassen sich weiter gliedern in produktneutrale und produktspezifische Programme zur

- Funktionsstruktursynthese,
- Prinzipsynthese,
- Gestaltsynthese,
- Beratung,
- Berechnung (= Dimensionierung und Simulation).

CAD-Programme zur „*Funktionsstruktursynthese*" sind Programme zur Synthese von Funktionsstruktur- bzw. Schaltplänen, so z. B. zur Synthese elektrischer- oder hydraulischer Schaltpläne bzw. zur Synthese von Funktionsstrukturen technischer Systeme. Derzeit in Anwendung befindliche Programmsysteme dieser Art dienen meist erst zur Automatisierung der Zeichenarbeit bei der Erstellung von Schaltplänen; es ist mit diesen nicht möglich, die Synthese von Schaltplänen zu unterstützen. Zur Automatisierung der Zeichenarbeit sind diese mit umfangreichen Funktions- bzw. Schaltsymbol-Bibliotheken ausgestattet.

Da das Entwickeln von Funktionsstrukturen (Schaltplänen) relativ selten gebraucht wird, erscheint es derzeit aus wirtschaftlichen Gründen nicht besonders dringend, darüber hinaus Programme zur Funktionsstruktursynthese zu entwikkeln, obgleich dies theoretisch möglich wäre.

Auch die Entwicklung neuer *Prinziplösungen* zu bestimmten Funktionen (Grundoperationen) sind Aufgaben, die in der Konstruktionspraxis nur relativ selten durchgeführt werden müssen. Für die meisten in der Technik benutzten Funktionen haben sich im Laufe der Technik-Evolution bestimmte physikalische Prinzipien als die am besten geeigneten herausgestellt. Ein Änderungsgrund für derartige Prinzipien ist nur in seltenen Fällen gegeben. Deshalb ist auch die Entwicklung von CAD-Programmsystemen zur Prinzipsynthese aus wirtschaftlichen Gründen nicht sehr dringend. Trotzdem sind solche Programmsysteme bereits entwickelt worden und es gibt einzelne Industrieunternehmen, welche solche Programme (z. B. SELEKON) zur „Ideenfindung" bereits einsetzen.

Das *Neu- oder Umgestalten* prinzipiell festliegender Lösungen ist die in Konstruktionsbüros wahrscheinlich am häufigsten vorkommende Aufgabe und Tätigkeit. Die Entwicklung von CAD-Programmen zur Gestaltsynthese ist deshalb von besonderem wirtschaftlichen Interesse.

Wirtschaftlich von ebenso großer Bedeutung sind auch die Entwicklung von CAD-Programmsystemen zur *Beratung des Konstrukteurs* bei Gestaltungsprozessen, ferner Programme zur *Berechnung* (Festigkeit, Dynamik, Thermodynamik, Wärmeübergänge, Kinematik, Strömungsvorgänge u. a.) bzw. *Analyse* und zur *Simulation* technischer Vorgänge in Maschinen oder anderen technischen Systemen.

Schließlich sollte man CAD-Programme noch entsprechend ihrer Eignung nach *produktneutralen* und *produktspezifischen* Programmen unterscheiden. Unter produktneutralen oder allgemeinen Programmsystemen sollen solche verstanden werden, welche zum Zeichnen, Darstellen und Konstruieren beliebiger Maschinen, Geräte und Apparate geeignet sind. Als produktspezifische oder spezielle Programmsysteme sollen solche bezeichnet werden, welche nur zum Zeichnen, Darstellen und Konstruieren bestimmter Maschinenbau-Produkte geeignet sind. Bild 5.2.1.1 zeigt eine solche CAD-Programmstruktur (Beispiel: Programmsystem RUKON) bestehend aus Dokumentations-, produktneutralen, produktspezifischen und firmenspezifischen Konstruktionsprogrammen.

Beratende Programme können den Konstrukteur beispielsweise bezüglich „fertigungsgerechter-, montagegerechter-, toleranzgerechter- oder kostenreduzierender Gestaltung" unterstützen (Bild 5.2.1.1 Spalte 2). Produktspezifische Programme können beispielsweise Programme zur Konstruktion (= Gestalten, Dimensionieren, Beraten, Simulieren) von Verbindungen, Zahnrädern, Getrieben, Lagern, Führungen etc. (Bild 5.2.1.1 Spalte 3) sein. Produktneutrale Konstruktionsprogramme lassen sich naturgemäß weniger umfassend automatisieren als produktspezifische. Um den Automatisierungsgrad von Konstruktionsprogrammen wesentlich zu steigern, ist es sinnvoll und notwendig, produktspezifische Konstruktionsprogramme zu entwickeln, und zwar aus wirtschaftlichen Gründen für solche Produkte, welche von möglichst vielen Maschinenbauunternehmen benötigt werden. Da es darüber hinaus aber noch viele Produkte gibt, welche nur für die betreffenden Herstellerfirmen dieser Produkte von Interesse sind, ist es für Unternehmen vorteilhaft, auch firmenspezifische Konstruktionsprogramme (s. Bild 5.2.1.1, Spalte 4) zu entwickeln.

Im Gegensatz zu allgemeiner Dokumentations- und Konstruktionssoftware, welche erworben werden kann, müssen firmenspezifische Konstruktionsprogramme von den Unternehmen meist selbst entwickelt werden. Will ein Unternehmen die Automatisierungsmöglichkeiten mittels CAD voll nutzen, kann es allgemeine Software erwerben, um darauf aufbauend ihre eigene firmenspezifische Software zu entwickeln. Es wird die für ein Unternehmen optimale Software auch in Zukunft aus verschiedenen Gründen nicht „fertig von der Stange" geben können.

Schließlich erscheint es noch zweckmäßig, den großen Bereich der Gestaltungsprogramme weiter in solche zur

- Neugestaltung,
- Varianten- und
- Baukasten-Gestaltung sowie in
- Beratungsprogramme,
- Berechnungsprogramme (Dimensionierungsprogramme) und
- Simulationsprogramme

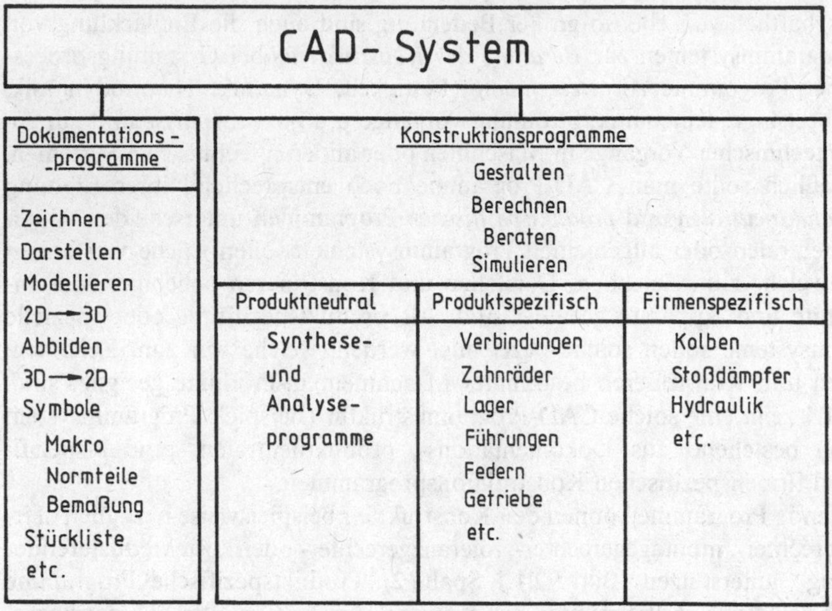

CAD- System

Dokumentations- programme	Konstruktionsprogramme		

Zeichnen
Darstellen
Modellieren
2D → 3D
Abbilden
3D → 2D
Symbole
  Makro
  Normteile
  Bemaßung
Stückliste
etc.
	Gestalten
	Berechnen
	Beraten
	Simulieren		

	Produktneutral	Produktspezifisch	Firmenspezifisch
	Synthese- und Analyse- programme	Verbindungen Zahnräder Lager Führungen Federn Getriebe etc.	Kolben Stoßdämpfer Hydraulik etc.

Bild 5.2.1.1. Zweckmäßige Gliederung umfangreicher CAD-Systeme aus Sicht der Konstruktionsmethode

			produktneutrale	produktspezifische
Zeichnen			X	
Darstellen u. Zeichnen			X	
Konstruieren	Funktionssynthese			
	Prinzipsynthese			
	Gestalt- synthese	Neu-	X	X
		Varianten-	X	X
		Baukasten-		X
		Dimensionieren	X	X
	Beraten/Expertenwissen		X	X
	Analyse/Simulieren		X	X

Bild 5.2.1.2. Gliederung der verschiedenen CAD-Programmarten und deren wirtschaftliche Bedeutung (x = wirtschaftlich sinnvolle Programmarten)

zu gliedern. In Bild 5.2.1.2 sind die unterschiedlichen Programmarten nochmals übersichtlich zusammengestellt; das X in den einzelnen Feldern soll anzeigen, für welche Programmart es sinnvoll ist, produktneutrale und/oder produktspezifische Programme zu entwickeln. Leere Felder zeigen Fälle an, für die Programmentwicklungen derzeit aus wirtschaftlichen Gründen nicht sinnvoll erscheinen.

2.2 Allgemeine Gestaltungsprogramme

Unter allgemeinen oder produktneutralen Gestaltungsprogrammen sollen solche CAD-Programme verstanden werden, welche die Eingabe und die Variation der Gestalt technischer Gebilde zumindest teilweise automatisch durchführen können. Es läßt sich allgemein formulieren: Gestaltalternativen technischer Gebilde GA_{i+1}, der Komplexitätsstufe i + 1, findet man durch einen Wechsel W der Zahl Z_i, der Abstände D_i, der Neigungen N_i, der Reihenfolge R_i, der Lage L_i, der Verbindungsstruktur V_i und der Gestalt GA_i der diese bildenden Gestaltelemente der Komplexitätsstufe i; in Kurzform:

$$GA_{i+1} \rightarrow W\,(Z_i,\ D_i,\ N_i,\ R_i,\ L_i,\ V_i,\ GA_i)$$

Aus wirtschaftlichen Gründen werden in der Praxis Bauteile meist nur aus solchen Teiloberflächen- und Kantenformen zusammengesetzt, welche mit geringem Aufwand, problemlos präzise fertigbar sind. Das sind im wesentlichen alle analytisch beschreibbaren Flächen- und Linienformen, wie Ebene, Zylinder bzw. Strecke, Kreis, Kreisbogen u. a.

Die Gestaltalternativen GA dieser speziellen Elemente lassen sich durch Angabe deren Form F_i und Abmessungen A_i beschreiben. Für diese speziellen Elemente gilt:

$$GA_i = h\,(F_i,\ A_i)$$

In den obengenannten Ausdruck eingesetzt, ergibt sich für spezielle Gestaltelementformen:

$$GA_{i+1} \rightarrow W\,(Z_i,\ D_i,\ N_i,\ R_i,\ L_i,\ V_i,\ F_i,\ A_i)$$

Gestaltelemente verschiedener Komplexitätsgrade können sein: Punkte, Linien, Flächen, Körper bzw. Bauteile usw.

Entsprechend ist zwischen Gestalten mittels Punkten, Linien, Flächen, Körpern bzw. Bauteilen zu unterscheiden.

Gestalten mit Punkten: Zur Gestaltung technischer Gebilde benötigt man unter anderem auch Punkte. Bei der Konstruktion technischer Gebilde ist es zweckmäßig, zunächst nur mit „Punkten" zu arbeiten; Punktsymbole können dann im weiteren Konstruktionsverlauf als Ecken (Eckpunkte), als Kanten oder Achsen, als Punkte einer Linie oder Fläche (Teil einer Linie oder einer Fläche) definiert oder als Punkte bzw. Symbole (z. B. Kreismittelpunkte) belassen werden. Punkte einer Zeichnung können Symbole für unterschiedliche Dinge sein („Punkt ist nicht gleich Punkt").

Betrachtet man beispielsweise Punktstrukturen in einer Ebene (s. Bild 5.2.2.1), so läßt sich feststellen, daß die Gestalt einer Struktur von Punkten verändert werden kann, durch

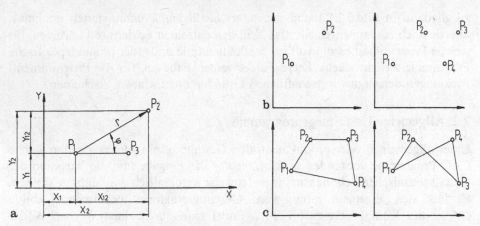

Bild 5.2.2.1a–c. Änderungen der Gestalt von Punktgebilden durch Ändern der Abstände (a), durch Ändern der Zahl der Punkte (b), durch Ändern der Verbindungsstruktur der Punkte (c)

- Variation der Abstände und Winkellagen der Punkte zueinander (Bild 5.2.2.1 a),
- Variation der Zahl der Punkte einer Punktestruktur (b) und
- Variation der Verbindungsstruktur der Punkte (c).

Eine Gestaltvariation von Punktgebilden durch Variation der Form der Punkte ist nicht sinnvoll, weil Punkte keine Form besitzen; Punkte sind „formlos". Bei Punktanordnungen ist auch ein „Lagewechsel der Punkte" gegenstandslos, da dieser ebenfalls keine neuen Gestaltvarianten einer Punktanordnung erzeugen kann.

Bedenkt man, daß (bestimmte) Punkte eines technischen Systems (man denke beispielsweise an spätere „Anlenkpunkte" eines 4-Punktgurtes für PKW) später in irgendeiner Weise miteinander „verbunden" werden müssen und diese „Verbindung" zwischen Punkten durch Verbindungsstücke zwischen den einzelnen Punkten symbolisiert werden müssen, so ist festzustellen, daß Punktanordnungen eine Struktur (Verbindungsstruktur) haben können (s. Bild 5.2.2.1 c). Die Gestalt einer Punktanordnung läßt sich so auch durch Variation der Verbindungsstruktur verändern, indem man die Punkte durch eine andere Verbindungsstruktur miteinander verbindet (statt P_1 mit P_2 mit P_3 mit P_4 usw., P_1 mit P_3 mit P_4 mit P_2 usw.).

Gestaltalternativen GA_L eines Liniengebildes erhält man folglich durch einen Wechsel (W) der Parameter Zahl Z_P, Abstand D_P und Verbindungsstruktur V_P der dieses bildenden Punkte. Es gilt:

$$GA_L \rightarrow W\,(Z_P,\, D_P,\, V_P)$$

Zur allgemeinen Gestaltung von Punktanordnungen sind entsprechende CAD-Systeme erforderlich, welche die Zahl der Punkte, die Abstände zwischen den Punkten und deren Verbindungsstruktur automatisch nach bestimmten Algorithmen zu verändern vermögen.

Die Variation der Position und Abstände zwischen Punkten soll in absoluten oder relativen kartesischen- oder Polarkoordinatensystemen möglich sein (s. Bild 5.2.2.1 a).

CAD-Systeme müssen ferner die Möglichkeit besitzen, die Zahl der Punkte und die Struktur eines Punktehaufens beliebig (s. Bild 5.2.2.1 b) verändern zu können.

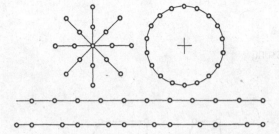

Bild 5.2.2.2. Regelmäßige (symmetrische u. a.) Gestaltelementanordnungen (spezielle Abstände und Abmessungen) sind für die Gestaltung technischer Gebilde von besonderer Bedeutung

In der Technik haben spezielle regelmäßige Anordnungen von Punkten eine erhebliche praktische Bedeutung. Solche speziellen Anordnungen können beispielsweise Punktanordnungen längs einer Geraden oder eines Kreises oder längs vertikaler, horizontaler oder unter einem bestimmten Winkel geneigter Geraden oder symmetrische Punktanordnungen sein (vgl. Bild 5.2.2.2 und Bild 5.1.1.5). Die Erzeugung solcher (u. ä.) regelmäßiger Punktanordnungen sollte mit CAD-Systemen einfach möglich sein.

CAD-Systeme müssen ferner so beschaffen sein, daß man den dargestellten Punkten im weiteren Konstruktionsverlauf nach Bedarf die Bedeutung von Eckpunkten, Kanten, Achsen, Punkten einer Kante (Linie) oder Fläche eines Bauteiles zuweisen kann, um diese dann ihrer Bedeutung entsprechend korrekt weiterverarbeiten zu können.

Gestalten mit Linien: Liniensymbole werden u. a. zur Konstruktion von Teiloberflächen (Kanten = Flächenbegrenzungen) oder zur Konstruktion von Schneidkanten, Konturen o. ä. benutzt. Linien bzw. Kanten haben bestimmte Abmessungen und Formen. Sie können in unterschiedlicher Zahl, Reihenfolge und in unterschiedlicher Lage aneinander gefügt werden und können unterschiedliche Verbindungsstrukturen besitzen (s. Bild 5.2.2.3 a bis e).

Gestaltalternativen GA_{TI} einer aus Linien zusammengesetzten Teiloberfläche erhält man durch einen Wechsel W der Zahl Z_L, der Form F_L, der Abmessungen A_L, der Abstände D_L, der Neigungen N_L, der Reihenfolge R_L, der Lage L_L und der Verbindungsstruktur V_L der diese bildenden Linien und Berandungen (Kanten). Es gilt:

$$GA_{TI} \rightarrow W (Z_L, F_L, A_L, D_L, N_L, R_L, L_L, V_L)$$

CAD-Systeme sollten die Möglichkeit bieten, Linienelemente und Liniengebilde in ihren Abmessungen, Abständen und Neigungen zu variieren. Ferner sollen sie die Möglichkeit bieten, die Zahl, Form, Lage, Reihenfolge und Verbindungsstruktur der Linienelemente von Liniengebilden zu verändern.

Schließlich sollten sie auch die Fähigkeit besitzen, Linienelemente im weiteren Konstruktionsverlauf zu Kanten oder Achsen von Bauteilen, zu Teilen einer Fläche (Linie in einer ebenen oder gekrümmten Fläche oder Berandung einer Fläche) werden zu lassen (= „Linien-Metamorphose"), um sie im Verbund mit anderen Gestaltelementen technischer Gebilde richtig weiterverarbeiten zu können.

Gestalten mit Flächen: Hat der Konstrukteur neue, unbekannte Bauteile und Baugruppen zu entwickeln, so kann er diese Bauteile üblicherweise nicht „en bloc" synthetisieren bzw. angeben. Vielmehr vermag er nur nach und nach Teil-

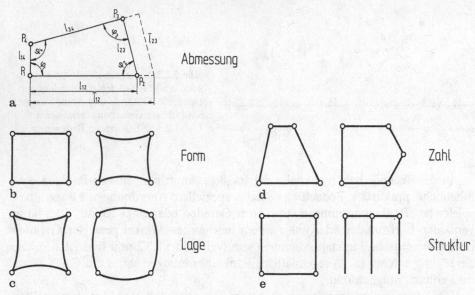

Bild 5.2.2.3 a–e. Gestaltänderungen eines Linien- bzw. Flächengebildes durch Ändern der Abstände (**a**), der Form (**b**), der Lage (**c**), der Zahl (**d**) und der Verbindungsstruktur (**e**) von Gestaltelementen

oberflächen zu Bauteilen zusammenzusetzen. Neue Bauteile entstehen während eines Konstruktionsprozesses schrittweise durch Zusammenfügen verschiedener Teiloberflächen (Wirk- und sonstiger Teiloberflächen). Gestaltalternativen GA_B eines aus Teiloberflächen zusammengefügten Gebildes erhält man durch einen Wechsel W der Zahl Z_T, der Form F_T, der Abmessungen A_T, der Abstände D_T und Neigungen N_T, der Lage L_T, der Reihenfolge R_T und der Verbindungsstruktur V_T der dieses bildenden Teiloberflächen:

$$GA_B \rightarrow W\,(Z_T,\ F_T,\ A_T,\ D_T,\ N_T,\ L_T,\ R_T,\ V_T)$$

Die in Bild 5.2.2.3a bis e gezeigten Figuren kann man – bis auf die unten rechts gezeigte Figur – auch als Bauteileoberflächen verstehen. Entsprechend müssen CAD-Systeme die Fähigkeit besitzen, die Zahl der zu einem Flächengebilde zusammenzusetzenden Teiloberflächen, deren Form, Abmessungen, Abstände, Neigungen, Lage, Reihenfolge und Struktur im Dialog oder automatisch zu variieren. Ein allgemeines CAD-Gestaltungsprogramm ist so zu planen, daß an einem technischen Gebilde (Bauteil), wie es Bild 5.2.2.3a beispielsweise zeigt, grundsätzlich jeder Parameter (Winkel, Abstände, Abmessungen) gezielt geändert werden kann und alle übrigen Parameter dann automatisch mit verändert werden oder konstant bleiben. Zu diesem Zweck sollte ein Programm die Möglichkeit bieten, einzelne Parameter des Gebildes in Bild 5.2.2.3a als konstant bzw. variabel zu deklarieren, um anschließend eine gewünschte Änderung der Gestalt dieses Gebildes vorzunehmen. So z.B. eine Gestaltänderung wie sie Bild 5.2.2.3a exemplarisch zeigt. Hierbei soll l_{12} um einen bestimmten Betrag geändert werden (l_{12} = unabhängige Veränderliche; l_{34} und l_{23} abhängige Veränderliche). Alle anderen Größen sollen konstant gehalten werden. Die in Bild 5.2.2.3a gezeichneten gestrichelten

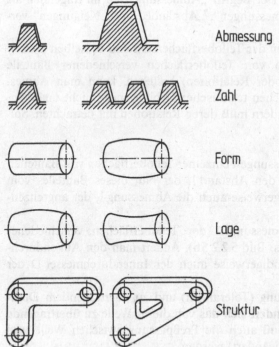

Abmessung

Zahl

Form

Lage

Struktur

Bild 5.2.2.4. Beispiele einiger einfacher technischer Gestaltänderungen, so z. B. der Abmessungen eines Zahnes, der Zähnezahl, der Wälzkörperform, der Lage der Wälzfläche, der Verbindungsstruktur dreier Bohrungen

Linien zeigen diese Änderung. Abschließend zeigt Bild 5.2.2.4 noch einige praxisnahe Beispiele zu Gestaltparameter-Variationen.

Gestalten mit Elementarkörpern und Bauteilen: Es ist auch möglich, Bauteile durch Aneinanderfügen von sogenannten Elementarkörpern (engl.: „primitives", d. s. Quader, Zylinder, Kegel etc.) zu erzeugen. Baugruppen werden ferner durch Aneinanderfügen von Bauteilen (Norm-, Standardteile, Halbzeuge wie T-Profile etc.) erzeugt. Gestaltalternativen GA_M einer aus Bauteilen zusammengesetzten Maschine oder Baugruppe erhält man durch einen Wechsel W der Zahl Z_B, der Abstände D_B, der Neigungen N_B, der Reihenfolge R_B der Verbindungsstruktur V_B und der Gestalt G_B der diese bildenden Bauteile. Es gilt:

$$GA_M \rightarrow W\,(Z_B, D_B, N_B, R_B, V_B, G_B)$$

Entsprechend dieser Forderungen sollen CAD-Systeme auch die Fähigkeit besitzen, Elementarkörper zu Bauteilen und Bauteile zu Baugruppen zusammenzusetzen und deren Zahl, Abmessungen, Abstände, Neigungen, Reihenfolge und Verbindungsstruktur im Dialog oder automatisch verändern zu können.

Automatisierung der Konstruktion von Abmessungsvarianten
Abmessungen, Abstände und Neigungen von Teiloberflächen, Bauteilen oder Baugruppen sind die in der Praxis wahrscheinlich am häufigsten zu ändernden Konstruktionsparameter. Variationen der Form-, Lage-, Zahl- und Struktur-Parameter von Teiloberflächen, Bauteilen oder Baugruppen kommen in der Praxis wesentlich seltener vor. Deshalb soll im folgenden noch näher auf Abmessungs-

variationen eingegangen werden. Der Begriff „Abmessung" soll im folgenden als Oberbegriff für die Begriffe „Abmessungen", „Abstände" und „Neigungen" verstanden werden.

Da zwischen den Abmessungen der Teiloberflächen ein und desselben Bauteiles und zwischen Abmessungen von Teiloberflächen verschiedener Bauteile Abhängigkeiten (Korrelationen oder Relationen) bestehen, kann man Abmessungsänderungen von Teiloberflächen technischer Gebilde meist nicht unabhängig voneinander durchführen, sondern muß deren Relationen mit betrachten. Solche können beispielsweise sein:

- Relationen zwischen den Abmessungen einzelner Teiloberflächen von Bauteilen (s. Bild 5.2.2.5a). Ändert man den Abstand l_1 der Nut dieses Bauteiles vom Rand, so ändert sich notwendigerweise auch die Abmessung l_3 der angrenzenden Fläche.
- Relationen zwischen den Abmessungen der Teiloberflächen verschiedener zusammenwirkender Bauteile (s. Bild 5.2.2.5b). Ändert man den Außendurchmesser d der Welle, ist notwendigerweise auch der Innendurchmesser D der Nabe entsprechend zu ändern.
- Relationen zwischen Preßpassung (Toleranzen) und zu übertragendem Drehmoment M (s. Bild 5.2.2.5c). Ändert sich das von dieser Welle zu übertragende Drehmoment, so kann bzw. muß auch die Preßpassung zwischen Welle und Nabe entsprechend angepaßt (geändert) werden.
- Relationen zwischen den Abmessungen eines Behälterdeckels, dessen Befestigungsschraubendurchmesser und dem Innendruck des Behälters (s. Bild 5.2.2.5d).
  Ändert sich der Überdruck, dem ein Behälterdeckel standzuhalten hat, so muß diesem Deckeldicke und Schraubendurchmesser entsprechend angepaßt werden.

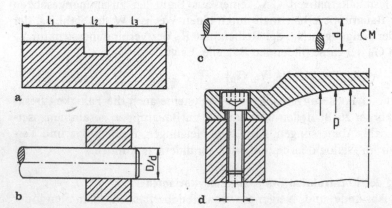

Bild 5.2.2.5a–d. Beispiel für Relationen bzw. Korrelationen zwischen Konstruktionsparametern: zwischen Abmessungen von Teiloberflächen eines Bauteils (a), zwischen Wellen- und Nabendurchmessern einer Preßverbindung (b), zwischen Wellendurchmesser und zu übertragendem Drehmoment (c), zwischen Schraubenzahl, Schraubendurchmesser und Kesselinnendruck (d)

In manchen Fällen hat man Korrelationen zwischen Teiloberflächen von Bauteilen bereits in Normen festgelegt, so z. B. die einzelnen Abmessungen von Schrauben, Zahnrädern, Zylinderstiften u. a. m.

Aber auch bei komplexeren Systemen, wie beispielsweise der Konstruktion von Verbrennungsmotoren, bedient man sich bei deren Auslegung bewährter Korrelationen zwischen Kolbenhub und Kolbendurchmesser, Kolbendurchmesser und Kolbenbolzendurchmesser, Kolbendurchmesser und Pleuellagerdurchmesser u. a. m.

Derartige Abhängigkeiten von Abmessungen u. a. Größen gibt es an jedem technischen Gebilde, sei es ein Bauteil oder eine Baugruppe. Bild 5.2.2.6 zeigt exemplarisch ein sogenanntes Festlager einer Welle. Muß dieses Festlager für einen anderen Anwendungsfall für einen kleineren oder größeren Wellendurchmesser d_1 umgestaltet werden, so sind an diesem Gebilde nahezu alle anderen Abmessungen in Abhängigkeit des Wellendurchmessers d_1 zu ändern. Nahezu alle anderen Abmessungen dieses Festlagers lassen sich in bestimmten Bereichen in Abhängigkeit vom Wellen- oder Wälzlagerdurchmesser der Welle angeben, wenn man unterstellt, daß die dann notwendigen Wälzlagerabmessungen gleichfalls mittels bestimmter Korrelationsbeziehungen festgelegt werden können.

Wie dieses und andere Beispiele zeigen, gibt es an technischen Gebilden sogenannte unabhängige Abmessungen (x_1, x_2 ...) und abhängige Abmessungen

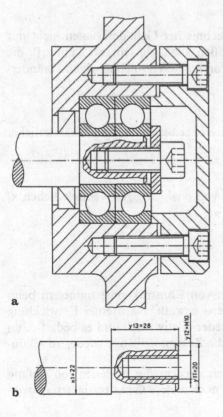

a

b

Bild 5.2.2.6. Relationen von Bauteilabmessungen: Die Abmessungen der meisten Bauteil-Teiloberflächen eines Festlagers hängen von dem Lagerinnendurchmesser y_{11} ab

(y_1, y_2 ...). Die abhängigen Abmessungen sind Funktionen der unabhängigen Abmessungen,

$$y_i = f(x_i)$$

Die Abhängigkeiten können die Form von Sprungfunktionen haben (s. Bild 5.2.2.7, Funktion 2) oder sie können auch linearer Natur sein, der Art

$$y = kx + c$$

Mit k soll hierbei ein konstanter Faktor und mit c eine additive Konstante bezeichnet werden. In praktischen Fällen wird man x und y auf ganzzahlige Werte auf- oder abrunden, die Funktion wird in der Praxis meist so gehandhabt, wie es Bild 5.2.2.7, Funktion 1, zeigt.

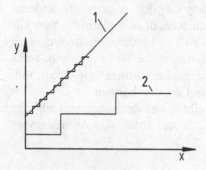

Bild 5.2.2.7. Schematische Darstellung verschiedenartiger Funktionen zwischen Konstruktionsparametern: „annähern" lineare Funktion (1), Sprungfunktion (2)

Abmessungen oder andere Parameter technischer Gebilde können nicht nur von einer, sondern von vielen anderen Größen abhängig sein. So kann z. B. die abhängige Veränderliche y_1 eine Funktion von mehreren unabhängigen Veränderlichen x_1 bis x_m sein.

$$y_1 = f(x_1, x_2, \ldots\ldots, x_m)$$

oder sie kann eine Funktion einer oder mehrerer selbst abhängiger Veränderlicher sein,

$$y_1 = f(y_2, \ldots\ldots, y_n).$$

Dabei können y_2 bis y_n jeweils Funktionen von unabhängigen Veränderlichen x_1 bis x_k sein.

Auch Mischformen der Art

$$y_1 = f(y_2, \ldots, y_n, x_1, \ldots, x_m)$$

sind in praktischen Fällen möglich.

Dem Konstrukteur sind Abhängigkeiten von Konstruktionsparametern beim Konstruieren (bei deren Entstehung) meistens bewußt. Nach einer Entwicklung vergißt er diese Zusammenhänge jedoch wieder relativ rasch und es bedarf dann meist eines längeren Nachdenkens, um solche Zusammenhänge wieder zu rekonstruieren.

Aus diesem Grunde wäre es in den Fällen zweckmäßig, in denen von Anfang an bekannt ist, daß später von einer Lösung noch andere Gestaltvarianten entwikkelt werden sollen („Varianten-Konstruktion"), diese allgemein zu bemaßen. Unter „Allgemeiner Bemaßung" soll eine Bemaßung von Bauteilen oder Baugruppen verstanden werden, bei welcher neben einer für die jeweilige Variante zutreffenden konkreten Maßzahl auch noch eine „allgemeine Maßzahl (Variable)" in die Bemaßung aufgenommen wird (s. Bild 5.2.2.6b). Ferner sind bei der Entwicklung und Bemaßung des betreffenden technischen Gebildes Relationen der Art

$$y_1 = f(x_1, x_2, \ldots, x_m) \qquad \text{und/oder}$$
$$y_1 = f(y_2, \ldots, y_n) \qquad \text{und/oder}$$
$$y_1 = f(y_2, \ldots, y_n, x_1, \ldots, x_m)$$

anzulegen. Selbstverständlich können einige Konstruktionsparameter bei Änderungen auch konstant bleiben. Die einzelnen Abmessungen eines Bauteils können somit entweder als Konstante oder als Variable definiert werden. Wird in einer so angelegten Zeichnung eines Bauteils oder einer Baugruppe eine Abmessungsvariante der ursprünglichen Lösung gewünscht, so brauchen nur die unabhängigen Parameterwerte x_1 bis x_m geändert werden, alle abhängigen Werte y können dann automatisch ermittelt und die Zeichnung entsprechend diesen Werten geändert werden.

Für eine so in ihren Abmessungen variable Konstruktionslösung ist es ferner wichtig, die Bereichsgrenzen festzulegen, innerhalb derer Änderungen der o. g. Art automatisch durchgeführt werden dürfen. Da es bei komplexeren technischen Gebilden meist sehr schwierig ist, die Folgen von Konstruktionsänderungen in allen Konsequenzen vorherzusehen, sollte man derartige automatisierte Änderungen nicht ohne vorherige Prüfung der Ergebnisse fertigen lassen. Es sei denn, daß solche Programmsysteme bereits „nach allen Regeln der Kunst" durchgetestet und geprüft wurden.

2.3 Allgemeine Dimensionierungsprogramme

Als „Allgemeine Dimensionierungsprogramme" sollen alle produktneutralen CAD-Programme bezeichnet werden, welche dazu dienen, Werte von Konstruktionsparametern mittels synthetischer oder analytischer Methoden zu berechnen. Solche können u. a. sein, Programme zur Bestimmung von

- Leistungen, Energien, Kräften, Drücken,
- Festigkeits-, Spannungs-, Dehnungsverhältnissen, Elastizitäten,
- Dynamik, Schwingungsverhältnissen,
- Dämpfung,
- Synthese oder Analyse gleich- oder ungleichmäßig übersetzender Getriebe,
- Thermodynamischen Zuständen, Temperaturverteilungen,
- Wärmeübertragungsvorgängen,
- Strömungsverhältnissen,
- Optischen Vorgängen,
- Akustischen Vorgängen, Schallemissionen etc.

Grundsätzlich ist es möglich, alle in den bekannten Standardwerken des Maschinenbaus vorhandenen Formeln und Tabellen zur Auslegung technischer Systeme in entsprechende Programme umzusetzen, um so Nachschlagwerk und Rechen-automat zu einer am CAD-Arbeitsplatz bequem nutzbaren Einheit zu integrieren.

Beispiele hierzu sind Programmodule zur Berechnung von Bauteil-Schwer-punkten, Trägheitsmomenten, Volumen-, Flächeninhalten, Gewichten, Durchbie-gungen, Spannungsverhältnissen, Dehnungen, Schwingungsverhältnissen, Tempe-raturverteilungen u. a. m. Besonders hervorragende Vertreter dieser Art von Programmen sind die verschiedenen bekannt gewordenen FEM-Programmsy-steme mit entsprechenden Pre- und Postprozessorprogrammen zur Netzgenerie-rung und Ergebnisdarstellung. Ein Beispiel und Ergebnisse einer Berechnung der Temperatur- und Spannungsverteilung sowie Verformung einer Bremstrommel bei einem bestimmten Betriebszustand zeigt Bild 5.2.3.1 [111].

FEM-Programme sind ein Beispiel für Konstruktionstätigkeiten, welche man erst mit Hilfe entsprechender Programmsysteme und Rechner wirtschaftlich durchzuführen vermag; manuell waren solche Berechnungen früher aus Kosten- und Zeitgründen nicht wirtschaftlich durchführbar.

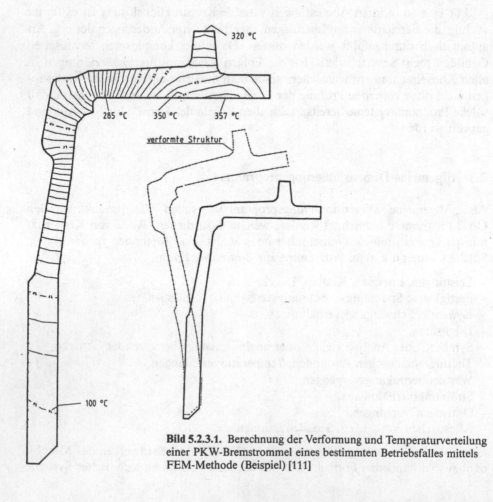

Bild 5.2.3.1. Berechnung der Verformung und Temperaturverteilung einer PKW-Bremstrommel eines bestimmten Betriebsfalles mittels FEM-Methode (Beispiel) [111]

Kostenreduzierendes Konstruieren

Entwicklungskosten	Herstellkosten	Betriebs-, Wartungs- u. Instandhaltungskosten	Recycling und/oder Beseitigungskosten

1. Forderungen reduzieren
2. Kostengünstige Prinziplösung

3. Fertigungsoperationen reduzieren oder kostengünstig gestalten
1. Baugruppen reduzieren (Monobaugruppen-Bauweise)
2. Typenvielfalt reduzieren (Baureihen-Bauweise)
3. Bauteilezahl reduzieren (Integrierte Bauweise)
4. Einfache Bauteilgestalt (Differenzierte Bauweise)
5. Flächenzahl reduzieren
6. Flächengröße reduzieren
7. Fertigungsoperation reduzieren (Toleranzgerechtes Konstruieren)
8. Nebentätigkeiten reduzieren
9. Eigenfertigung reduzieren
10. Billigeres Fertigungsverfahren
11. Billigere Oberflächenformen
12. Einheitliches Fertigungsverfahren
13. Fertigungskosten minimieren (Fertigungsgerechtes Konstruieren)
14. Losgrößen erhöhen (Mehrfachverwendung, Baureihen, Baukasten)
15. Einheitliches Werkzeug anstreben
16. Fertigungsgerechter Werkstoff

4. Montageoperationen reduzieren oder kostengünstig gestalten
1. Bauteilezahl reduzieren
2. Nebentätigkeiten reduzieren
3. Kurze Fügewege anstreben
4. Einfache Fügebewegungsformen
5. Selbsttätiges Positionieren
6. Mehrfache Verwendung von Montageeinrichtungen (gleiche Teile)
7. Bauteileordnung bei Zwischentransport aufrecht erhalten
8. Ordnen von Bauteilen einfach machbar
9. Fehlmontagen automatisch verhindern

5. Materialmengen reduzieren, teures Material substituieren
1. Bauteilezahl reduzieren
2. Unnötige Materialmengen vermeiden
3. Bauteilgröße reduzieren
4. Wiederverwendung von Abfallmaterial
5. Wiederverwendung gebrauchter Produkte (Recycling)
6. Umschichten von Material
7. Teures Material substituieren (Partial-, Insert-/Outsertbauweise)

6. Prüfoperationen reduzieren oder kostengünstig gestalten
1. Stochastische Prüfungen
2. Prüfungen automatisieren
3. Infolge eines Fehlers-Folgeoperationen verhindern

7. Lager- und Transportkosten reduzieren
1. Bauteilezahl reduzieren
2. Typenvielfalt reduzieren
3. Klein bauen
4. Leicht bauen
5. Transport- und lagergerechte Gestaltung (stapelbar)

Bild 5.2.4.1. Beispiel eines Informationsinhaltes eines Beratungsprogrammes für kostenreduzierendes Konstruieren (Ebene 1: Stichworte)

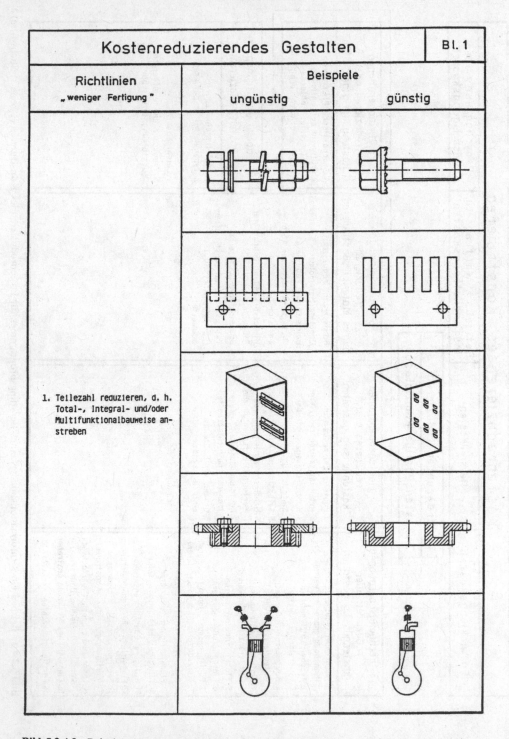

Bild 5.2.4.2. Beispiel eines Informationsinhaltes eines Beratungsprogrammes für kostenreduzierendes Konstruieren (Ebene 2: Beispiele zu einzelnen Stichworten)

2.4 Allgemeine Beratungsprogramme

Als „Allgemeine Beratungsprogramme" sollen CAD-Programme bezeichnet werden, welche im Verlauf von Konstruktionsprozessen produktneutrale Beratungen zu Wissensbereichen wie fertigungs-, montage-, toleranz-, beanspruchungsgerechtes oder kostenreduzierendes Konstruieren (u. a.) liefern können. Wissen über beispielsweise „schweißgerechtes Konstruieren", das auf viele Literaturstellen „verstreut" ist, kann in entsprechenden Beratungsprogrammen zusammengetragen werden und·dem Konstrukteur bequemer zugänglich angeboten werden, als dies Bücher und Zeitschriften können. Eine solche Beratung kann beispielsweise darin bestehen, daß ein Programmsystem auf eine entsprechende Anfrage Möglichkeiten (möglichst alle existenten) zur Reduzierung der Herstellkosten aufzeigt. Bild 5.2.4.1 zeigt eine solche Übersicht an Hinweisen zur Herstellkostensenkung. Wenn dem Konstrukteur diese „Schlagworte", wie sie Bild 5.2.4.1 ausweist, nicht genügend aussagefähig sind, dann kann ein solches Programm auch noch Beispiele zu den einzelnen Schlagworten liefern, wie es Bild·5.2.4.2 exemplarisch zeigt.

2.5 Allgemeine Simulationsprogramme

Als „Allgemeine Simulationsprogramme" sollen alle produktneutralen Programme zur Simulation von Vorgängen oder Prozessen technischer Systeme, wie beispielsweise Bewegungsvorgänge, Verbrennungsprozesse u. a. m. verstanden werden.

Als Beispiel soll hier ein Programmsystem zur Simulation der dynamischen Bewegungsvorgänge in Antriebssystemen genannt werden. Das Programmsystem ist in der Lage, detaillierte Motoreigenschaften, Spiel, nichtlineare Kennlinien bei Kupplungen, Freiläufen und Bremsen, Stöße, fehlerfreie und fehlerbehaftete Verzahnungen zu berücksichtigen. Mit Hilfe eines solchen Programmsystems ist es möglich, ausgehend von den gegebenen Systemkenngrößen (Massenträgheits-

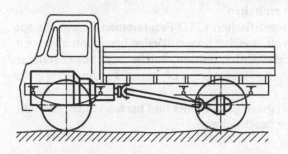

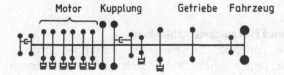

Motor   Kupplung   Getriebe   Fahrzeug

Bild 5.2.5.1. Beispiel eines allgemeinen Simulationsprogrammes: Simulation des dynamischen Verhaltens von Antriebssystemen; hier: Simulation eines LKW-Antriebssystems

momente, Steifigkeiten, Übersetzungsverhältnissen) sämtliche Eigenfrequenzen, Schwingungsformen, Torsionsmoment- und Drehwinkelverläufe zu berechnen. Ferner ist es möglich, Anfahr- und Schaltvorgänge zu simulieren und Zeitverläufe von Torsionsmomenten und Drehzahlen darzustellen [166]. Bild 5.2.5.1 zeigt ein Anwendungsbeispiel dieses Programmsystems sowie eine Abstraktion und Analyse des Antriebsstranges eines LKW-Antriebes.

3 Produktspezifische Konstruktionsprogramme

3.1 Übersicht

CAD-Programme, mit welchen nur bestimmte Produkte oder Produktfamilien teil- oder vollautomatisch konstruiert werden können, sollen als „spezielle oder produktspezifische Konstruktionsprogramme" bezeichnet werden. Auch spezielle Programme lassen sich weiter in solche zur Gestaltsynthese, zur Beratung und Simulation gliedern. Gestaltungsprogramme lassen sich weiter gliedern in solche, welche nur die Abmessungen, Abstände, Neigungen, Form, Zahl, Lage und Struktur der Teiloberflächen eines Bauteiles (bzw. der Bauteile einer Baugruppe) oder mehrere der genannten Parameterarten zu variieren vermögen. Entsprechend kann man diese als Programme zur Abmessungs-, Form-, Zahl-, Lage- und/oder Strukturvariation bezeichnen. Programme zur Prinzip- oder Funktionsstruktursynthese spezieller Produkte sind wirtschaftlich nicht sehr interessant und sollen hier nicht weiter in Betracht gezogen werden.

Es gibt Produkte (z.B. Maschinenelemente), welche für relativ viele Maschinenbaufirmen und solche, welche nur für einige wenige Firmen von Interesse sind. Entsprechend erscheint es zweckmäßig, produktspezifische CAD-Programme noch in solche für „breite Anwenderschichten" und solche für eine bestimmte Firma entwickelte („firmenspezifische Programme") zu unterscheiden. Letztere können ganz auf die Belange eines Unternehmens abgestellt sein und spezielles Firmenwissen (Know-how) enthalten.

Die Entwicklung von produktspezifischen CAD-Programmen ist nur für solche Produkte wirtschaftlich sinnvoll, welche immer wieder bestimmten Anwendungsfällen entsprechend konstruiert werden müssen, welche nicht besser standardisiert bzw. normiert werden können – und welche oft genug konstruiert werden müssen.

Im folgenden werden einige Beispiele gestaltender und berechnender, produktspezifischer CAD-Programme kurz beschrieben.

3.2 Gestaltungsprogramme

Programmsystem zur Gestaltung von Hydrauliksteuerblöcken

Hydrauliksteuerblöcke haben die Aufgabe, die einzelnen Funktionseinheiten (Bauelemente wie Ventile, Pumpen, Druckspeicher etc.) durch ein Leitungsnetz so miteinander zu verbinden, wie es der Schaltplan des betreffenden Hydrauliksystems vorsieht. Sie haben analoge Funktionen wie die Leiterplatte elektrischer Systeme zu erfüllen. Hydrauliksteuerblöcke müssen üblicherweise für jeden Anwendungsfall „maßgeschneidert" gestaltet werden. Sie können nicht als Norm- oder Standard-Bauteile festgelegt werden, statt dessen kann der Konstruktionsprozeß für Hydrauliksteuerblöcke standardisiert und programmiert werden.

Ausgangsinformation für die Konstruktion eines Hydrauliksteuerblockes ist der Schaltplan des betreffenden Systems. Dieser enthält die Informationen über die Zahl und Art der zu einem System gehörenden hydraulischen Bauelemente und wie deren Anschlüsse untereinander mit Hydraulikleitungen zu verbinden sind (Bild 5.3.2.1a). Steuerblöcke werden meistens aus quaderförmigen Stahlblökken unterschiedlicher Abmessungen gefertigt. Die Abmessungen eines Steuerblocks werden zu Beginn eines Konstruktionsprozesses angenommen (geschätzt)

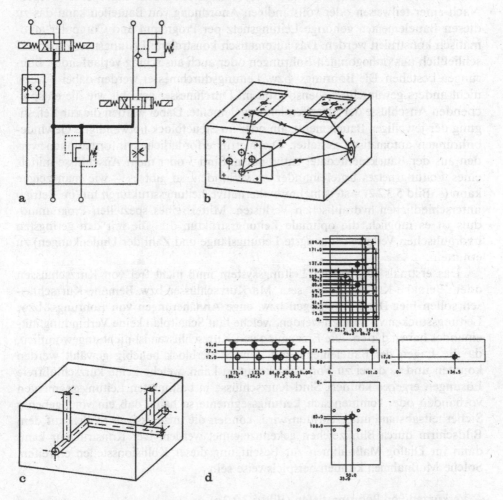

Bild 5.3.2.1. Beispiel eines speziellen Gestaltungsprogrammes (HYKON) zur automatisierten Gestaltung von Leitungssystemen für Hydrauliksteuerblöcke [129]

und müssen erforderlichenfalls in einer fortgeschrittenen Konstruktionsphase korrigiert werden.

Bei der Konstruktion eines Hydrauliksteuerblockes geht man davon aus, daß der mit diesem zu realisierende Schaltplan und die auf und in diesem zu positionierenden Hydraulikbauelemente bezüglich ihrer Abmessungen sowie auch deren Einbau- oder Anflanschmaße bekannt sind.

Diese Flansch- oder Einbaumaße der Hydraulikbauelemente (Kataloginformationen) sind bereits im Programmsystem (HYKON [129]) gespeichert und können aus einem Speicher abgerufen werden. Die Informationen des Schaltplanes – welcher Anschluß 1 des Bauelementes A mit welchem Anschluß 2 des Bauelementes B verbunden werden soll – ist in das CAD-System einzugeben. In einem weiteren Schritt ordnet der Konstrukteur die einzelnen Bauelemente auf den verschiedenen Seiten eines Steuerblockes an. Dieses Anordnen von Bauelementen kann beliebig erfolgen. Es können entweder nur einige wenige oder alle Hydraulikelemente eines Schaltplanes auf dem Hydrauliksteuerblock angeordnet werden. Nach einer teilweisen oder vollständigen Anordnung von Bauteilen kann das zu diesen Bauelementen gehörige Leitungsnetz per Programm und Computer automatisch konstruiert werden. Das automatisch konstruierte Leitungsnetz kann ausschließlich aus orthogonalen Bohrungen oder auch aus schräg verlaufenden Bohrungen bestehen. Die Bohrungs- bzw. Leitungsdurchmesser werden dabei – wenn nicht anders gewünscht – ebenso groß im Durchmesser gewählt wie die entsprechenden Anschlüsse der betreffenden Bauelemente. Dabei werden die zur Befestigung der jeweiligen Bauelemente am oder im Steuerblock notwendigen Gewindebohrungen automatisch gestaltet. Die hierfür erforderlichen Informationen werden aus der Bauelementedatei entnommen. Sind 3 oder mehr Anschlüsse mittels eines Leitungsnetzes untereinander zu verbinden, so gibt es – wie man zeigen kann (s. Bild 5.3.2.2) – stets mehrere alternative Leitungsstrukturen mit im Betrieb unterschiedlichen hydraulischen Verlusten. Mittels eines speziellen Programmoduls ist es möglich, die optimale Leitungsstruktur, d.h. die mit den geringsten hydraulischen Verlusten (geringste Leitungslänge und Zahl der Umlenkungen) zu ermitteln.

Das erstmals konstruierte Leitungssystem muß nicht frei von Kurzschlüssen oder „Beinahe-Kurzschlüssen" sein. Mit Kurzschlüssen bzw. Beinahe-Kurzschlüssen sollen hier Durchdringungen bzw. enge Annäherungen von Bohrungs- bzw. Leitungsstücken verstanden werden, welche laut Schaltplan keine Verbindung miteinander haben dürfen. Die Erzeugung von Kurzschlüssen ist nicht ungewöhnlich, da die Lagen der Bauelemente auf dem Steuerblock beliebig gewählt werden konnten und es dabei zu Vorgaben kommen kann, welche keine kurzschlußfreien Lösungen ergeben können. Sind Kurzschlüsse in bestimmten Leitungssegmenten vorhanden oder kommen sich Leitungssegmente so nahe, daß ein vorgegebener Sicherheitsabstand unterschritten wird, können die unzulässigen Stellen auf dem Bildschirm durch Blinkzeichen gekennzeichnet werden. Der Konstrukteur kann dann im Dialog Maßnahmen zur Beseitigung dieser Kollisionsstellen ergreifen. Solche Maßnahmen können beispielsweise sein

– Verkürzen von Bohrungstiefen (Bild 5.3.2.3 a),
– Vergrößern des Bohrungskreuzungsabstandes (b),

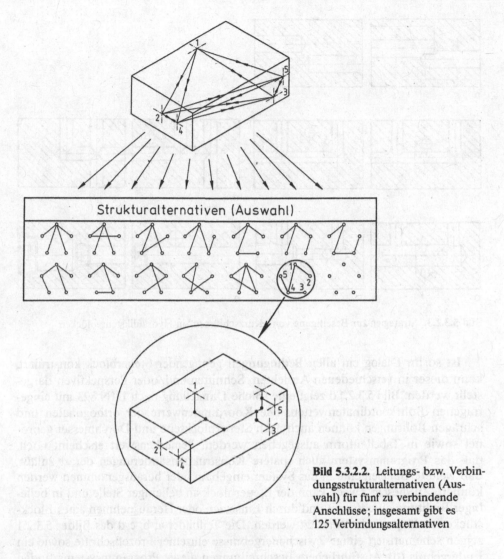

Bild 5.3.2.2. Leitungs- bzw. Verbindungsstrukturalternativen (Auswahl) für fünf zu verbindende Anschlüsse; insgesamt gibt es 125 Verbindungsalternativen

- Verkleinern eines Bohrungsabschnittes (c),
- Verlagern des Bohrungsanfangs auf die Gegenseite (d),
- Vorverlegen des Verschlußstopfens und Verwendung eines zweiten Stopfens (e).

Bild 5.3.2.3 a bis e zeigt diese Kollisionssituationen jeweils in der linken Spalte und geeignete Maßnahmen zu deren Beseitigung in der rechten Spalte.

Sind nahezu alle möglichen Kollisionssituationen solcher Leitungsnetze und geeigneten Abhilfemaßnahmen bekannt, so kann man diese auch programmieren und versuchen, Kollisionsbeseitigung ebenfalls per Rechner durchzuführen. Die Entwicklung und Tests eines solchen Programmoduls zeigten jedoch, daß die Aufgabe „Kollisionsbeseitigung" mit Hilfe des Menschen besser und wirtschaftlicher gelöst werden kann als vollautomatisch per Rechner. Letzterer vermag automatisch eine Kollision zu beseitigen, „ohne zu merken", daß an anderen Stellen neue entstehen; hingegen kann ein Mensch solche Folgeschäden besser vorhersehen.

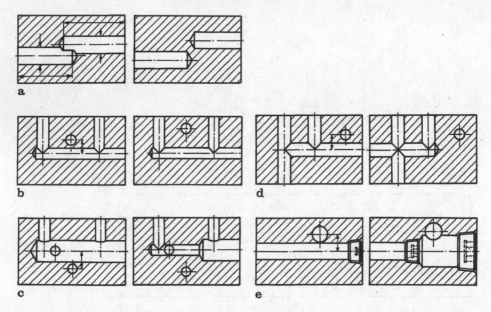

Bild 5.3.2.3. Strategien zur Beseitigung von „Kurzschlüssen" in Hydrauliksteuerblöcken

Ist so im Dialog ein allen Bedingungen genügender Steuerblock konstruiert, kann dieser in verschiedenen Ansichten, Schnitten und/oder Perspektiven dargestellt werden. Bild 5.3.2.1 d zeigt eine solche Darstellung nach DIN 823 mit eingetragenen Bohrkoordinatenwerten. Die Koordinatenwerte der orthogonalen und schrägen Bohrungen können auch nach Steuerblockseite und Durchmesser geordnet sowie in Tabellenform ausgegeben werden. Bemerkenswert erscheint noch, daß das Programmsystem auch spätere Konstruktionsänderungen derart zuläßt, daß weitere Bauelemente in das System eingebaut oder herausgenommen werden können. Zu diesem Zweck kann der Steuerblock an beliebiger Stelle und in beliebiger Richtung durchtrennt und durch Einsetzen oder Herausnehmen eines Blockstückes verlängert oder verkürzt werden. Die Teilbilder a, b, c,d des Bildes 5.3.2.1 zeigen schematisiert einige Zwischenergebnisse einzelner Prozeßschritte sowie ein Endergebnis (d). Ausführlichere Beschreibungen dieses Programmsystems finden sich in der Literatur [129, 132].

Abschließend sei noch bemerkt, daß das beschriebene Programmsystem HYKON als Beispiel eines Programmsystems gelten kann, welches die Gestaltparameter *Zahl* (der Bohrungssegmente), *Abmessungen* (der Bohrungssegmente) und *Verbindungsstruktur* (der Anschlüsse) automatisch (selbsttätig) konstruiert (gestaltet).

Wellen- und Trägerberechnungsprogramm WELKON

Zur Festlegung der endgültigen Abmessungen von Wellen oder Träger unterschiedlicher Querschnittsformen ist es häufig notwendig, deren Durchbiegung (Verformung), Spannungs- oder Momentenverläufe zu kennen. Zu diesem Zweck wurde ein entsprechendes Zeichnungs- und Berechnungsprogramm geschaffen, das derartige Berechnungen für punktförmige oder/und kontinuierliche Bela-

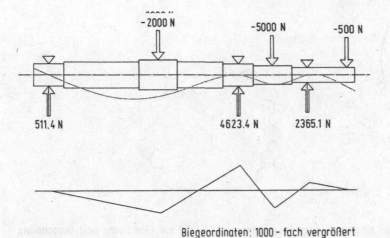

Biegeordinaten: 1000 - fach vergrößert

Bild 5.3.2.4. Beispiel eines speziellen Programmes (WELKON) zur Gestaltung und Berechnung des Festigkeitsverhaltens von Wellen (n. Willkommen)

stungsfälle ermöglicht. Der Benutzer wird zur Eingabe der Gestalt des Trägers und der Belastungswerte durch ein sehr einfach handhabbares, sinnfälliges Dialogsystem geführt und abgefragt. Das Bild 5.3.2.4 zeigt Ergebnisse einer mit diesem Programmsystem durchgeführten Wellenberechnung und Darstellung.

Das Programmsystem WELKON kann als Beispiel eines Programmsystems gelten, mit welchem die Gestaltparameter

- Zahl (der Teiloberflächen bzw. Wellenabschnitte) und
- Abmessungen (der Wellenabschnitte)

variiert und in ihren Abmessungen festgelegt werden können. Die Festlegung der Abmessungen erfolgt aufgrund bestimmter Festigkeitsbedingungen.

Programmsystem ZAKON zur Gestaltung und Dimensionierung von Zahnrad- und anderen Abwälzprofilformen
Bei der Entwicklung von Zahnradprofilen, Profilwellen, Rotationskolben oder verwandter Bauteile sind häufig abwälzbare Wirkflächenpaare (Erzeugende und Erzeugte) zu konstruieren. Dieser mit manuellen Mitteln nur begrenzt genau durchführbare, sehr zeitaufwendige und mühsame Gestaltungsprozeß kann mit entsprechenden Programmsystemen und Rechnern sehr viel schneller und präziser durchgeführt werden. Es ist deshalb zweckmäßig, spezielle Programmsysteme zur automatisierten Gestaltung und Berechnung von Zahnrädern und anderer, durch Abwälzen zu erzeugende Profilkörper zu entwickeln. Es ist vorteilhaft, solche und ähnliche Programmsysteme nicht zu speziell, d. h. beispielsweise nur für Evolventenprofilformen, auszulegen. Besser ist es, diese so auszulegen, daß man jedes beliebig geformte Profil mit Hilfe des betreffenden Programmes „abwälzen" lassen kann. Es ist ferner zweckmäßig, ein solches Programm so zu konzipieren, daß es zur Erzeugung von Außen- und Innenprofilen geeignet ist. Bild 5.3.2.5 zeigt einige mit diesem Programmsystem gestaltete Innen- und Außenprofile.

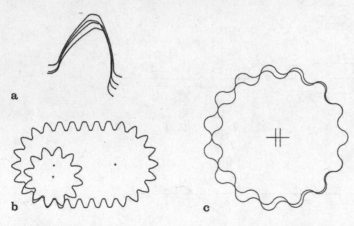

Bild 5.3.2.5. Beispiel eines speziellen Programmes (ZAKON) zur Gestaltung und Berechnung von Verzahnungen [67, 127]

Für die Konstruktion von Verzahnungen ist es sinnvoll, solche Programmsysteme ferner mit Algorithmen bzw. Programmteilen zur Berechnung der

- Festigkeit,
- Übertragungsgüte,
- Gleitgeschwindigkeit,
- Zahnflankenkoordinatenwerte,
- Zahnflankenspiele,
- Rollenprüfmaße (u.a.m.)

auszustatten (s. Bild 5.3.2.6).

Mit dem Programmsystem ZAKON [67] ist es möglich, die Form, Zahl (Zähnezahl), Abmessungen und Lage (Innen- und Außenverzahnungen) von Wirkflächen zu variieren.

Programmsystem KUKON zur Gestaltung und Dimensionierung von Kurvengetrieben

Die Entwicklung von Programmen zur Konstruktion von Kurvengetrieben begann bereits Ende der 50er Jahre [vgl. auch 157, 158, 159]. Kurvengetriebe werden in Maschinen und Geräten häufig zur Lösung verschiedener Bewegungsaufgaben benötigt. Zu diesem Zweck müssen diese für den jeweiligen Anwendungsfall gestaltet werden. Dieser spezielle Gestaltungsprozeß läßt sich eindeutig beschreiben und programmieren. Programmsysteme zur Konstruktion von Kurvengetrieben sollte man ebenfalls nicht nur speziell für einen bestimmten Getriebetyp entwickeln, sondern so konzipieren, daß sie zur Konstruktion aller gebräuchlichen Kurven-Getriebetypen geeignet sind. Bild 5.3.2.7 zeigt eine Auswahl gebräuchlicher Kurvengetriebetypen.

Häufig dienen Kurvengetriebe auch zum Antrieb von unterschiedlichen Gelenkgetriebetypen (s. Bild 5.3.2.7 n). Deshalb sollte ein solches Programmsystem noch die Möglichkeit bieten, auch aus Kurven- und Gelenkgetrieben zusammengesetzte Getriebetypen auszulegen. In der Praxis ist bei solchen Getrieben häufig

Verzahnungs-Konstruktion

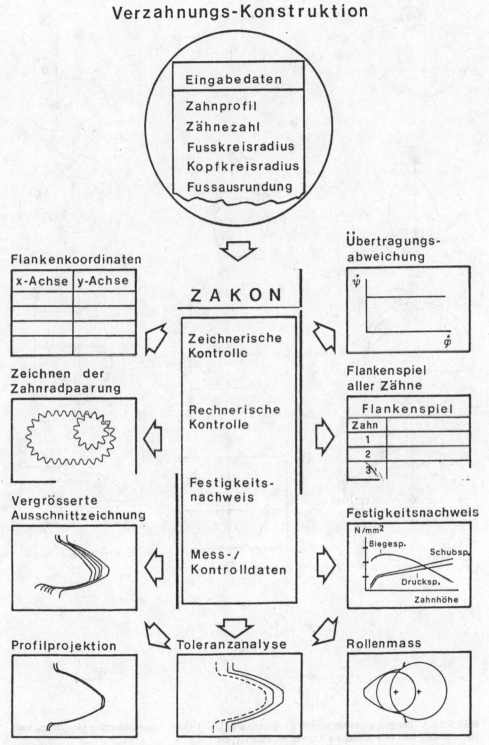

Bild 5.3.2.6. Verschiedene, mit einem Programmsystem (ZAKON) berechenbare Verzahnungsparameter

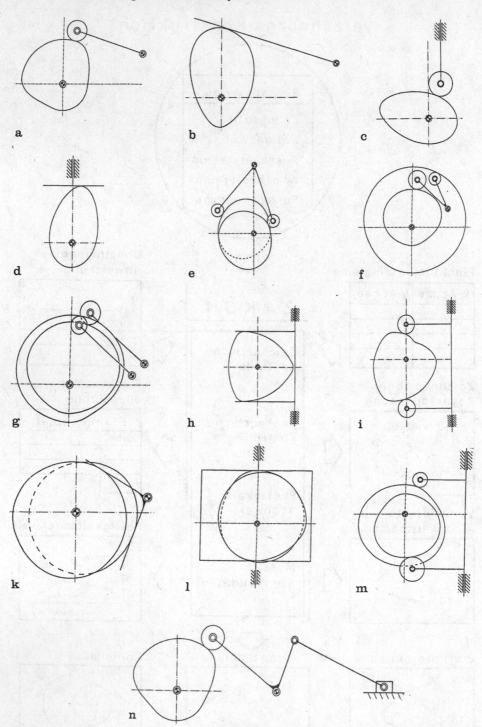

Bild 5.3.2.7. Beispiel eines speziellen Programms (KUKON) zur automatisierten Gestaltung und Berechnung von verschiedenen Kurvengetriebe-Typen

die Abtriebsbewegung vorgegeben. Gesucht ist die Form der antreibenden Kurvenscheibe als Funktion der gegebenen Abtriebsbewegung.

Schließlich sollen solche Programmsysteme die Konstruktion von Kurvenscheiben mit allen üblichen Bewegungsgesetzen ermöglichen. Zur Konstruktion schnellaufender Kurvenscheiben werden üblicherweise die Bewegungsgesetze

- quadratische und kubische Parabel,
- Polynome 4., 5., 6. und 8.Grades,
- einfache und höhere Sinoide,
- Gutmann F-3- und F-5-Profil,
- modifiziertes Beschleunigungstrapez,
- eine Eingabe einer Bewegungsfunktion in Form eines punktförmigen Beschleunigungsverlaufes oder
- mit eckigen Kurvenübergängen

benötigt.

Langsam laufende Kurvengetriebe, wie sie beispielsweise zur Steuerung von Drehmaschinen Verwendung finden, können auch Kurvenformen haben, welche aus Geradenstücken mit eckigen Übergängen oder Geraden und Kreisbogenstücken zusammengesetzt sind. Deshalb ist es notwendig Programmsysteme zu haben, mit welchen auch eckige oder aus Geraden- und Kreisbogenstücken zusammengesetzte Kurvenformen konstruiert werden können.

Mit dem Programmsystem KUKON ist es möglich, die Form, Lage (Innen-, Außen- und Topfkurvenscheiben), Zahl (Ein- und Doppelkurvenscheibengetriebe) und Abmessungen von Wirkflächen von Kurvenscheiben zu variieren.

Besonders bemerkenswert ist noch, daß es mittels Programmsystemen und NC-Fertigungsmaschinen erstmals möglich ist, formschlüssige Kurvengetriebe (Doppelkurvengetriebe), wie sie Bild 5.3.2.7 e bis m zeigt, mit hoher Präzision wirtschaftlich herzustellen.

Programmsystem SNEKON zur Konstruktion von Schneid- und Biegewerkzeugen
Schneid- und Biegewerkzeuge sind häufig zu konstruierende Betriebsmittel. Deshalb erscheint es wirtschaftlich, für diese Werkzeuge spezielle Programmsysteme zu entwickeln. Durch Standardisierung der Außenabmessungen von Werkzeuggestellen, Schneidplatten, Stempelhalteplatten und anderer Werkzeugbauteile hat man die Konstruktion dieser Werkzeugart bereits rationalisiert. Diese sind meist als Baureihen standardisiert und brauchen nur noch „ausgewählt" und erforderlichenfalls dem jeweiligen Fall angepaßt zu werden.

Wesentliche, noch zu leistende Arbeiten sind bei solchen Werkzeugkonstruktionen

- das Gestalten des mit diesem herzustellenden Blechteils,
- die Ermittlung der Blechteilabwicklung,
- die Gestalt des Stanzstreifens (Layout) und
- die Konstruktion des Werkzeuges, Zusammenstellungs- und Einzelteilzeichnungen.

Zur Automatisierung und Programmierung eignen sich hierbei insbesondere die Teilprozesse „Erzeugen der Abwicklung eines Blechteils" (Bild 5.3.2.8) und

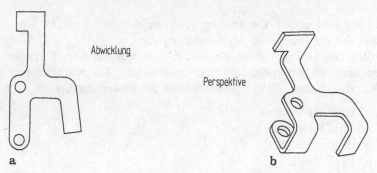

Abwicklung

Perspektive

a   b

Bild 5.3.2.8. Automatisiertes Erzeugen von Blechteilabwicklungen (Beispiel)

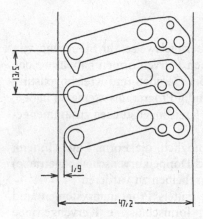

Bild 5.3.2.9. Automatisiertes Gestalten des Stanzstreifen-Layouts und Minimierung des Streifenabfalls (Beispiel)

„Gestalten des Streifen-Layouts mit dem Ziel: Minimierung des Streifenabfalls" (Bild 5.3.2.9). Die Automatisierung des Gestaltungsprozesses des Werkzeuges selbst ist umfangreicher als die zuerst genannten Teilprozesse, da dieser aus sehr vielen unterschiedlichen Teilprozessen besteht. Aus Umfangsgründen sollen hier nur zwei Gestaltungsdetails stellvertretend für viele andere kurz genannt werden, so z. B. die Gestaltung eines Schneidstempels (Bild 5.3.2.10). Die Abmessungen des Rohteils mit den Anschlußflächen an das Werkzeug eines solchen Stempels sind meist bereits standardisiert. Zu gestalten sind noch die Kontur des Schneidstempels sowie die Gewinde- und Paßstiftbohrungen zu dessen Befestigung und Positionierung. Da zwischen Schneidkonturen des Blechteils und des Schneidstempels enge Relationen bestehen, kann die Stempelkontur relativ einfach als Äquidistante der Bauteilkontur ermittelt werden (vgl. hierzu Kap. VI,3 Umsetzen von Konstruktions- in Produktionsdaten).

Zur automatischen Gestaltung der drei Gewindebohrungen und der zwei Paßstiftbohrungen des Schneidstempels ist ein Gestaltungsalgorithmus erforderlich, der folgende Restriktionen berücksichtigt:

– Gewinde- und Paßstiftbohrungen sollen auf einem gemeinsamen Kreis angeordnet sein, dessen Durchmesser um einen bestimmten Mindestbetrag kleiner ist als der Außendurchmesser des Stempels;

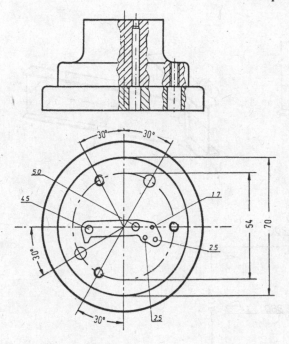

Bild 5.3.2.10. Automatisiertes Gestalten eines Schneidstempels (Erläuterungen im Text)

- die 2 Paßstifte sollten möglichst weit (ca. 180°) voneinander entfernt angeordnet werden;
- wegen der Bruchgefahr des gehärteten Stempels sollen in Bereichen, in denen Stempelkonturteile nahe an den Bohrungskreis heranreichen, keine Gewinde- oder Paßstiftbohrungen zu liegen kommen.

Das Bild 5.3.2.10 zeigt ein einfaches Beispiel eines entsprechend diesen Anweisungen und Restriktionen gestalteten Schneidstempels.

Programmsystem zur Gestaltung von Schraubverbindungen
Die Gestaltung von Schraubverbindungen ist eine häufig wiederkehrende Detailaufgabe bei der Konstruktion von Anlagen und Stahl-Bauwerken. Es ist deshalb zweckmäßig, Programmsysteme zu haben, welche derartige Aufgaben teil- oder vollautomatisch durchführen können. Gegeben sind bei solchen Aufgaben meist folgende Daten: die Gestalt und Abmessungen (Profil) der zu verbindenden Träger, die Lage und Winkel der aneinanderstoßenden Träger, der Schraubendurchmesser u. a. m.

Es ist ein Programmsystem bekannt geworden, das ausgehend von diesen Vorgaben eine Schraubverbindung von Trägern automatisch zu konstruieren vermag. Dabei sind im einzelnen die Flanschflächen und erforderlichenfalls die Stirnplatte zu gestalten. Ferner sind noch Ausklinkungen an Trägerenden vorzunehmen und das Lochbild für die einzelnen Schraubenverbindungen zu erzeugen, Schrauben zu „montieren" und die Montierbarkeit der Schrauben zu prüfen.

Schließlich ist das Konstruktionsergebnis in verschiedener Weise zu dokumentieren; Bild 5.3.2.11 zeigt eine perspektivische Darstellung (a), eine Explosionszeichnung (b), eine Übersichtszeichnung (c) und eine Werkstatt- oder Einzelteil-

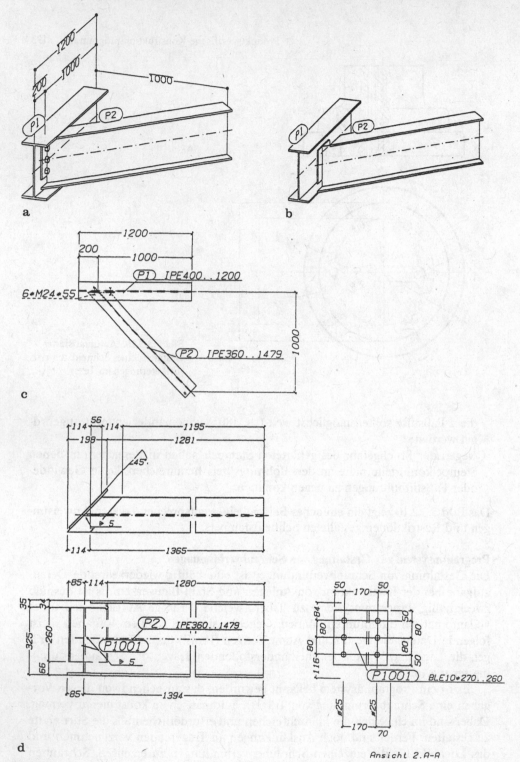

Bild 5.3.2.11. Automatisiertes Gestalten von Stahlbau-Schraubverbindungen [167]

Bild 5.3.2.12. Beispiel eines sehr komplexen „Knoten" eines Stahlbauwerkes

zeichnung (d) einer per Programm automatisch konstruierten Lösung. Des weiteren können von diesem Programmsystem Mengenstücklisten, Montagestücklisten, Versandlisten, Schraubenlisten und Material-Bestellisten auf Wunsch erstellt werden [167].

Das Gestalten von Schraubverbindungen ist eine für Konstrukteure relativ einfach zu lösende Aufgabe, da es diesen nicht schwer fällt, auf verschiedene Ausgangssituationen einzugehen. Hingegen ist es sehr viel schwieriger, ein Programmsystem so auszulegen, daß dieses auf alle Gestaltungssituationen einzugehen vermag. Bild 5.3.2.12 soll andeuten, wie vielfältig die Gestaltvarianten von Schraubverbindungen sein können. Die Gestalt derartiger Verbindungen wird durch die Profilform, die Profilabmessungen, Stoßwinkel und Lage bzw. Versatz der Träger gegeneinander verändert. Die Variation dieser Vielzahl von Parametern ergibt eine enorme Vielfalt an Gestaltvarianten, die von einem solchen speziellen Programmsystem möglichst alle beherrscht werden müssen. Diese verschiedenen Gestaltungsfälle vorherzusehen und ein Programm entsprechend zu konzipieren, daß es für beinahe alle später vorkommenden Gestaltungssituationen geeignet ist, macht die Entwicklung „konstruierender Programme" so interessant, aber auch so schwierig.

3.3 Simulationsprogramme

Programme zur Simulation bestimmter technischer Systeme sind insbesondere aus den Bereichen des Kraftfahrzeug- und des Datengerätebaus bekannt geworden.

Zum Bau von Komponenten für Datengeräte hat man bereits in den 60er Jahren Programmsysteme zur Simulation von Magnetsystemen, Pneumatik-Stoßdämpfern und intermittierenden Getrieben [122] (u. a. m.) entwickelt. Bild 5.3.3.1 zeigt das Schema eines solchen Systems, bestehend aus einem Pneumatik-Stoßdämpfer und der anzuhaltenden bewegten Wagenmasse m.

Zur Auslegung von Sitzsystemen für Kraftfahrzeuge wurde Anfang der 70er Jahre ein Programmsystem SIPO entwickelt, mit dessen Hilfe die Verstellung und ergonomisch günstige Einstellung von Sitzsystemen simuliert werden kann. Das

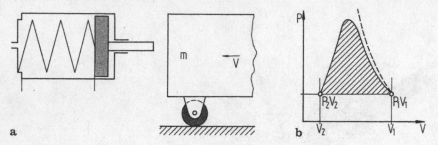

Bild 5.3.3.1. Simulation des Dämpfungsvorganges und Bestimmung der Parameter von Pneumatik-Stoßdämpfern

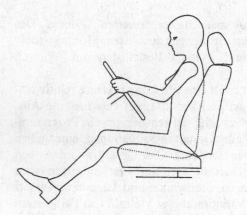

Bild 5.3.3.2. Simulation der Sitzverhältnisse und Bestimmung der Sitzverstellbereiche eines PKW-Sitzsystems mittels Programmsystem SIPO (n. Willkommen)

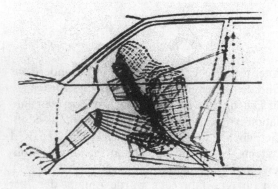

Bild 5.3.3.3. Simulation von Auffahrunfällen und Wirkungen von Sicherheitsgurten (Daimler-Benz)

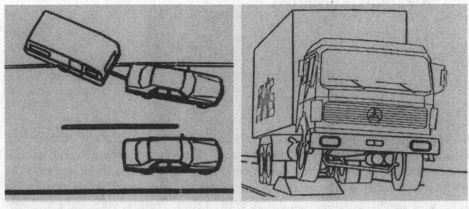

5.3.3.4.   5.3.3.5.

Bild 5.3.3.4. Simulation eines Überholvorganges eines PKW mit Wohnanhänger (Daimler-Benz)

Bild 5.3.3.5. Simulation eines Überfahrvorganges eines Bodenhindernisses (Daimler-Benz)

Programmsystem vermag dazu die einzelnen unterschiedlichen Körperabmessungen von Personen wie Rumpflänge, Oberschenkel-, Unterschenkel-, Unterarm-, Oberarmlängen usw. sowie unterschiedliche Gewichte von Personen zu berücksichtigen. Bild 5.3.3.2 zeigt exemplarisch ein Ergebnis einer solchen Simulation.

Des weiteren sind in neuerer Zeit zum Bau von Kraftfahrzeugen und Kraftfahrzeug-Komponenten Programmsysteme zur Simulation der Wirkung von Sicherheitsgurten (Bild 5.3.3.3) und von Air-Bags, des Verwirbelungsvorganges in Brennräumen von Verbrennungsmotoren, der Strömungsverhältnisse an Karosserien und des Fahrverhaltens verschiedener Fahrzeugtypen (s. Bild 5.3.3.4 und 5.3.3.5) entwickelt und angewandt worden (u. a.).

VI Weiterverarbeiten von Konstruktionsergebnissen zu Produktionsdaten

Konstruktionsergebnisse von Maschinen, Geräten oder anderen technischen Systemen werden mittels Zusammenstellungs-, Einzelteilzeichnungen und Stücklisten eindeutig beschrieben und dokumentiert. Sie sind die Basisinformationen für die anschließenden Arbeitsplanungs- und Fertigungsprozesse. Ziel des Konstruktions- und Zeichenprozesses ist, das zu entwickelnde Produkt vollständig und eindeutig zu beschreiben. Aufgabe der Arbeitsplanung ist es, den Produktionsprozeß für die von der Konstruktion festgelegten Bauteile oder Baugruppen zu beschreiben. Dazu müssen aus den Konstruktionsergebnissen Produktionsdaten entwickelt werden. Zwischen Konstruktionsergebnis bzw. Konstruktionsdaten und Produktionsdaten bestehen mehr oder weniger enge Beziehungen bzw. Relationen oder Korrelationen. So bestehen beispielsweise bestimmte Beziehungen zwischen dem konstruierten Durchmesser einer Welle, deren zulässiger Durchmessertoleranz und dem Einstellkoordinatenwert eines diesen Durchmesser erzeugenden Drehmeißels einer Drehmaschine (s. Bild 6.3.1a). Oder es bestehen beispielsweise bestimmte Beziehungen zwischen den Zeichnungsdaten einer Schweißnaht und den Einstelldaten (Stromstärke, Vorschub etc.) eines diese Naht erzeugenden Schweißbrenners bzw. einer diese erzeugende Schweißmaschine (s. Bild 6.3.1b).

Die Produktionsdaten eines bestimmten Bauteiles stehen in mehr oder weniger „lockerer" Beziehung zu dessen Konstruktionsdaten. Diese Beziehung kann eine Korrelation, Relation oder mathematische Funktion sein. Läßt man offen, um welche Art von Beziehung es sich im einzelnen handelt und benutzt für *Korrela*tion, *R*elation oder mathematische *F*unktion die gemeinsame Kurzbezeichnung g, so gilt: Die Produktionsdaten hängen in irgendeiner Weise vom Konstruktionsergebnis ab. In Kurzform geschrieben gilt:

Produktionsdaten = g (Konstruktionsdaten)

D.h.: die Produktionsdaten stehen in einer Beziehung zu den Konstruktionsdaten. g kann im konkreten Fall eine bestimmte Korrelations-, Relations- oder arithmetische Funktionsbeziehung sein. In den folgenden Ausführungen sollen die Konstruktions- und Produktionsdaten analysiert und deren möglichen Beziehungen näher betrachtet werden.

1 Konstruktionsdaten

Welche Informationen sind in einem Konstruktionsergebnis enthalten? Ein Bauteil hat eine bestimmte Gestalt und besteht aus einem bestimmten Werkstoff. Die Gestalt eines Bauteils wird durch die Zahl, die Form, die Lage, die Verbindungsstruktur, die Abmessungen, die Abstände und die Neigungen der einzelnen Teiloberflächen des Bauteils bestimmt. Entsprechend enthält eine technische Zeichnung eines Bauteils Informationen (Daten) über die Zahl der Teiloberflächen eines Bauteils, deren Form, deren Lage, deren Abmessungen und Abstände, deren Neigungen und deren Verbindungsstruktur. Neben diesen Informationen zur Beschreibung der „Grobgestalt" eines Bauteils, enthält eine technische Zeichnung noch Angaben zur „Feingestalt" (Präzision) eines Bauteiles, d.s. Maß-, Form- und Lagetoleranzen (DIN 7182 und ISO 1101) zur Präzisierung einzelner Gestaltbeschreibungsparameterwerte.

Eine vollständige Bauteilbeschreibung enthält ferner noch Informationen zur Mikrogestalt einzelner Teiloberflächen und zur Art des Werkstoffes, aus dem das betreffende Bauteil bestehen soll. Neben diesen expliziten, das Produkt beschreibenden Daten, enthält eine Zeichnung oft auch noch Informationen über Funktion, Leistung oder physikalische oder chemische Eigenschaften eines Bauteils. Diese können explizit genannt oder in Form impliziter Informationen in der Zeichnung vorhanden sein. Die Funktion läßt sich manchmal aus der Gestalt, dem Namen des Bauteils (in der Stückliste) oder an anderen Merkmalen des Bauteils erkennen. Die Informationen einer Zeichnung lassen sich ferner in solche das Produkt (Bauteil/Baugruppe) und solche die Herstellung (Produktion) des betreffenden Produktes beschreibenden Daten gliedern. Eine Zeichnung eines Bauteiles kann zeigen, daß das betreffende Bauteil spanend, spanlos oder durch Gießen hergestellt werden soll, obgleich diese Information nicht explizit in einer Zeichnung zum Ausdruck kommt. Oft ist auch explizit angegeben, daß eine Teiloberfläche beispielsweise durch „Schleifen" herzustellen ist oder beispielsweise zwei Bauteile durch das Verfahren „Schweißen" miteinander zu verbinden sind.

Selbst wenn explizite Produktionsangaben für viele Teiloberflächen eines Bauteils in einer Zeichnung fehlen, so implizieren die Informationen einer Zeichnung bestimmte Fertigungsverfahren, -folgen, -maße und Fertigungsgenauigkeiten. Ebenso implizieren diese möglicherweise Montage- und Prüfverfahren, Montage- und Prüffolgen, Montage- und Prüfmaße und Montage- und Prüfgenauigkeiten. Fertigungs-, Montage- und Prüfverfahren werden durch die Konstruktionsdaten zumindest in ihrer Vielfalt eingeschränkt. Die Arbeitsplanung kann nur noch begrenzt auswählen und braucht ein durch die Konstruktion festgelegtes Verfahren nur noch zu übernehmen. Bild 6.1.1 faßt die ein Bauteil beschreibenden Daten zusammen und gliedert diese in solche, die explizit in einer Zeichnung angegeben werden müssen, und solche, die explizit angegeben werden können oder möglicherweise nur implizit in einer Zeichnung vorhanden sind. Ferner sind diese in die das Produkt und in die die Produktion beschreibende Daten gegliedert.

Für die Erzeugung von Fertigungsdaten aus Konstruktionsdaten ist ferner die Kenntnis des Rohteils wichtig, aus welchem das betreffende Bauteil gefertigt werden soll.

Konstruktionsdaten				
Konstruktionsergebnis: Bauteil/Baugruppe (Produkt)				
Produktbeschreibende Daten				Produktion-beschreibende Daten
Zeichnungsdaten			ex-oder implizite Zeichnungsdaten	ex-oder implizite Zeichnungsdaten
Gestaltdaten	Oberflächendaten	Werkstoffdaten	Funktion, Leistung, Eigenschaften	Fertigungs- - verfahren - folgen - maße - genauigkeit Montage- - verfahren - folgen - maße - genauigkeit Prüf- - verfahren - folgen - maße - genauigkeit

Grobgestalt
Zahl,
Form,
Abmessungen,
Abstände,
Neigungen,
Lage,
Struktur der
Teiloberflächen
 	
Feingestalt
Maß-,
Form-,
Lagetoleranzen
	Rauhigkeit
	Rillenrichtung
	Farbe
	Oberflächen-
	behandlungen:
	- Härten
	- Veredeln
	- Korrosions-
	  schutz
	- Verschleiß-
	  schutz
		Werkstoffart,
		Werkstoff-
		eigenschaften
		Wärme-
		behandlungen
			Kraft leiten,
			führen
			dichten,
			:
			zulässige
			Belastung,
			maximales
			Drehmoment
			:	

Bild 6.1.1. Gliederung der verschiedenen, ein Konstruktionsergebnis beschreibenden Informationen (Arten von Konstruktionsdaten)

Aus Abmessungsdifferenzen zwischen Roh- und Fertigteil lassen sich die notwendige Zahl von Bearbeitungsvorgängen, Spantiefe, Spanvolumen u.a. Fertigungsdaten ermitteln. Produktionsdaten lassen sich somit aus Korrelationsbeziehungen zwischen Fertigteil (Bauteil) und Rohteil ermitteln. Danach gilt:

Produktionsdaten des Bauteiles = g (Konstruktionsdaten des Fertig- und des Rohteils)

2 Produktionsdaten

Das Ergebnis des Konstruktions- und Entwicklungsprozesses sind Produktbeschreibungen in Form von Zeichnungen und Stücklisten. Zur Fertigung, Montage und Prüfung dieser technischen Gebilde bedarf es des Wissens, „WAS, WIE, WOMIT, WIEVIEL, WANN, WO und durch WEN" hergestellt werden soll. Im einzelnen ist hierunter beispielsweise das Wissen über

- die Bearbeitungsreihenfolge der einzelnen Teiloberflächen eines Bauteiles,
- die Art des jeweils anzuwendenden Fertigungs- oder Montageverfahrens,
- die Zahl der Bearbeitungsgänge pro Teiloberfläche (Vorbearbeitungen, Fertigbearbeitung, Reihenfolge der einzelnen Bearbeitungen, etc.),
- die jeweils einzusetzende Maschine oder der Maschinentyp,

- die erforderlichen Werkzeuge, Vorrichtungen und sonstigen Hilfsmittel (Läppmittel, Kühlmittel etc.),
- die Maschineneinstelldaten (Pressenhub, Pressendrücke, Schnittgeschwindigkeit, Vorschub, Spantiefe, etc.),
- die Bahnkoordinaten des Werkzeuges (Brenners, Fräsers, Bohrers etc.),
- der Zeitpunkt, zu dem etwas gefertigt oder montiert werden bzw. fertig sein soll (WAS, WANN?) und
- wo etwas gefertigt werden soll, auf welcher Maschine, Eigen- oder Fremdfertigung und vieles andere mehr.

Die gesamten Aufgaben der Arbeitsvorbereitung lassen sich gliedern in Arbeitsplanungs- und Arbeitssteuerungsaufgaben. Zu den Aufgaben der Arbeitssteuerung zählen

- Materialdisposition,
- Termin- und Kapazitätsplanung sowie
- Werkstattsteuerung.

Die Aufgaben der Arbeitsplanung gliedern sich in die Teilbereiche Planungsvorbereitung, Arbeitsplanerstellung, Stücklistenverarbeitung, NC-Programmierung, Fertigungsmittelplanung, Materialplanung, Qualitätssicherung, Investitionsplanung und Methodenplanung [68]; Bild 6.2.1 gibt einen Überblick über die verschiedenen Aufgabenbereiche der Arbeitsplanung.

Ziel und Aufgabe der Arbeitsvorbereitung ist es, ausgehend von den dokumentierten Konstruktionsergebnissen (Zeichnungen und Stücklisten) den gesamten

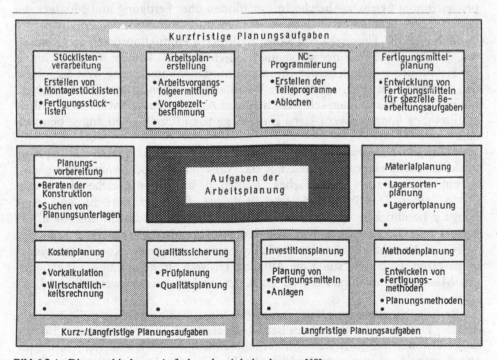

Bild 6.2.1. Die verschiedenen Aufgaben der Arbeitsplanung [68]

Fertigungsprozeß vorherzudenken und diesen in allen Einzelheiten zu beschreiben und festzulegen. Dazu sind im einzelnen Arbeits- und Montagepläne sowie NC-Programme zu erstellen, ferner sind Fertigungsmittel, Fertigungsmethoden und -verfahren festzulegen oder erforderlichenfalls neu zu entwickeln. Des weiteren sind Termine, Kosten und Kapazitätsauslastungen festzulegen, zu überwachen und erforderlichenfalls Hilfsmaßnahmen einzuleiten, falls Vorgaben aus irgendwelchen Gründen nicht eingehalten werden.

Zur Erarbeitung der Fertigungsunterlagen für ein bestimmtes Bauteil ist es wesentlich zu wissen, welche Informationen bereits in der Konstruktion festgelegt wurden und wie aus diesen Informationen jene o.g. Informationen zur Fertigung und Montage der betreffenden technischen Gebilde gewonnen werden können. Im folgenden soll dies exemplarisch anhand einiger Beispiele gezeigt werden.

3 Umsetzen von Konstruktions- in Produktionsdaten

Arbeitsplanungsabteilungen haben die Aufgabe, die von den Konstruktionsabteilungen gelieferten Ergebnisse in Produktionsdaten umzusetzen. Um aus Konstruktionsdaten Produktionsdaten zu gewinnen, bedarf es eines bestimmten Wissens über Beziehungen zwischen Konstruktionsergebnissen und Produktionsmöglichkeiten. Wie unter Punkt 1 bereits ausgeführt, sind in einer Bauteil- oder Baugruppenzeichnung bereits zahlreiche Informationen über Fertigung und Montage der betreffenden technischen Gebilde vorhanden, andere sind noch zu ermitteln.

Will man das Umsetzen von Konstruktions- in Produktionsdaten programmieren, um dieses per Rechner automatisch durchführen zu können, ist die Kenntnis der Relationen zwischen beiden Informationsarten Voraussetzung. Wie die folgenden drei Beispiele zeigen, können die Relationen zwischen Konstruktionsergebnissen und Produktionsdaten sehr verschiedener Art sein. Sie sind von Fall zu Fall zu ermitteln, es können hierzu keine generell gültigen Beziehungen angegeben werden.

1. Beispiel: Erzeugen der Produktionsdaten eines Drehautomaten aus den Konstruktionsdaten eines Drehteiles. Für das Verständnis dieser Problematik genügt es, ein sehr einfaches zylindrisches Drehteil zu betrachten, welches durch zwei Daten, einer Durchmesserangabe d inclusive Toleranzangabe $\pm t$ und einer Länge a beschrieben werden kann (s. Bild 6.3.1 a1). In diesem einfachen Fall besteht nun die Aufgabe darin, diese Konstruktionsdaten in entsprechende Einstell- und Vorschubdaten eines Drehautomaten mit eigenem Koordinatensystem umzusetzen. Es besteht somit die Aufgabe, ein vom Drehdurchmesser d abhängiges Maschineneinstellmaß U_M zu erzeugen, wie es beispielsweise Bild 6.3.1 a2 zeigt.

Berücksichtigt man zur Bestimmung des Einstellmaßes U_M ferner die Tatsache, daß der Drehmeißel während des Betriebes verschleißt und bei konstanter Einstellung mit fortschreitender Betriebsdauer allmählich Drehteile größeren Durchmessers d erzeugt, so ist es zweckmäßig, das Maß U_M für die Einstellung des Dreh-

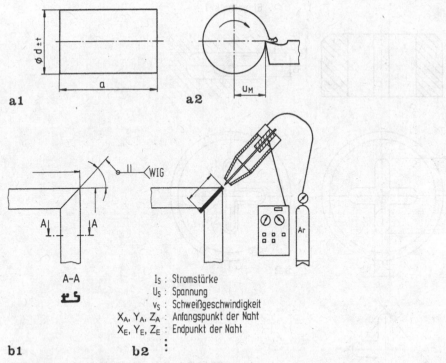

a1   a2

b1   b2

A-A

I_S : Stromstärke
U_S : Spannung
v_S : Schweißgeschwindigkeit
X_A, Y_A, Z_A : Anfangspunkt der Naht
X_E, Y_E, Z_E : Endpunkt der Naht

Bild 6.3.1 a, b. Beispiel für Relationen zwischen Konstruktions- und Produktionsdaten – Dreh-teil (**a**), Schweißteil (**b**)

meißels unter Nutzung der zulässigen Toleranz t zu Beginn einer Serienfertigung kleinstmöglich zu wählen, d.h. den Drehmeißel auf ein Maß

$$U_M = \frac{1}{2} d - t$$

einzustellen. Mit dieser Einstellung kann dann theoretisch so lange gefertigt wer-den, bis der Verschleiß des Drehmeißels gleich dem Wert 2t ist. Für eine andere Drehmaschine, welche ihre zu fertigenden Drehteile selbsttätig prüft und sich selbsttätig regelt, wäre eine andere Funktion als die o.g. zutreffend.

Berücksichtigt man noch, daß zur Erzeugung eines zylinderförmigen Drehteils der in Bild 6.3.1 a 1 gezeigten Gestalt aufgrund von Einspann- und Längentoleran-zen des Rohteils stets ein kleiner An- und Auslaufweg (k_1, k_2) zum Vorschubweg a des Drehmeißels hinzuzufügen ist, so ergibt sich zur Bestimmung des gesamten Vorschubweges s_a folgende einfache Funktion

$$s_a = k_1 + a + k_2$$

Mit k_1 und k_2 sollen hierbei Vorschuban- und -auslaufweg des Drehmeißels bezeichnet werden. Die Bestimmung der Anfangs- und Endkoordinatenwerte des Drehmeißels bzw. der Vorschubeinheit der Maschine, Schnitt- und Vorschubge-schwindigkeit, Spantiefe, Zahl der Bearbeitungsgänge sowie die Festlegung des Rohteiles sind weitere zu bestimmende Fertigungsdaten.

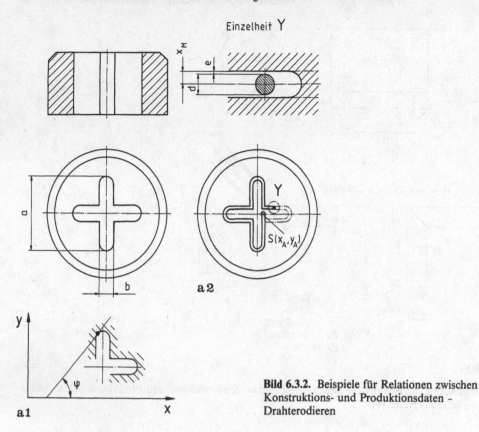

Bild 6.3.2. Beispiele für Relationen zwischen Konstruktions- und Produktionsdaten – Drahterodieren

2. Beispiel: Erzeugen der Bahnkoordinaten zum Drahterodieren einer Schneidplatte. Bild 6.3.2 zeigt die Zeichnung einer gehärteten Schneidplatte mit einigen wesentlichen Abmessungen (a, b). Eine Teilaufgabe besteht darin, aus den gegebenen Abmessungen des Fertigteiles Bahnkoordinatenwerte sowie Anfangs- und Endkoordinatenwerte für das Verfahren „Drahterodieren" zu erzeugen. Zu berücksichtigen ist hierbei, daß beim Erodieren natürlicherweise ein kleiner „Brennspalt" e zwischen Erodierdraht und der Bauteilwand entsteht. Die Bahnkurve des Erodierdrahtes ist eine Äquidistante zur Innenform des Fertigteiles. Der Abstand x_M der Bahnkurve des Erodierdrahtes von der Fertigteilkontur beträgt (s. Bild 6.3.2 a2)

$$x_M = \frac{1}{2} d + e.$$

Die Mittelpunktkoordinatenwerte x und y des Erodierdrahtes lassen sich aus den Innenkonturkoordinatenwerten (x_i, y_i) wie folgt ermitteln:

$$x = x_i + X_M \cdot \sin \varphi$$

$$y = y_i - X_M \cdot \cos \varphi$$

Mit φ soll hierbei der Neigungswinkel der Innenkontur bezüglich der x-Achse bezeichnet werden; φ soll im Gegenuhrzeigersinn gezählt werden.

Als Startpunkt S des Erodierdrahtes kan ein Wert (x_A, y_A) in geringem Abstand und innerhalb der Innenkontur gewählt werden, wie in Bild 6.3.2 a 2 dargestellt. Auf weitere erforderliche Produktionsdaten, wie Vorschubgeschwindigkeit, Drahtgeschwindigkeit, Spannung usw. soll hier nicht eingegangen werden.

3. Beispiel: Erzeugen der Produktionsdaten für einen Schweißroboter zum Schweißen eines profilierten Leichtmetalltürrahmens für Automobile.

Bild 6.3.1 b1 zeigt die mittels Schutzgasschweißverfahren zu verbindenden Ecken eines für PKW-Türrahmen bestimmten Profils. Gegeben sind die Konstruktionsdaten (Konstruktionsergebnis) der Schweißverbindung, d.h. die Profilform der zu verschweißenden Rahmenteile, die Koordinaten der Schweißnaht (des Stoßes), die Art des Werkstoffes u.a.m. Gesucht sind die Produktionsdaten in Abhängigkeit der Konstruktionsdaten. Diese sind u.a. die

- Anfangs- und Endkoordinatenwerte der Brennerbahn,
- einzustellende Stromstärke und Spannung,
- Brenner-Vorschubgeschwindigkeit,
- Dicke und Kontur des Zusatzwerkstoffes in Abhängigkeit der Profilform der zu verschweißenden Rahmenteile und
- Werte der Bahnkoordinaten (x_i, y_i, z_i) zur Steuerung des Roboters bzw. zur Bewegung des Brenners längs der Schweißnahtkontur u.a.m.

Die Brennerbahnkoordinatenwerte x_i, y_i, z_i hängen von den Koordinatenwerten x, y, z der Stoßkontur des zu schweißenden Produktes, von dem in jeder Stellung erforderlichen (nicht konstanten) Abstand des Brenners von der Schweißstelle und anderen hier nicht näher betrachteten Parametern ab. In Kurzform geschrieben lautet diese Relation:

$$(x_i, y_i, z_i) = g \text{ (Nahtkoordinaten, Abstand des Brenners von der Naht u.a.)}$$

Dieses letztgenannte Beispiel läßt die unterschiedlichen Relationen und die Problematik bei deren Quantifizierung besonders deutlich erkennen. Manche der genannten Relationen lassen sich im Falle eines so schwierig zu schweißenden Werkstoffes wie Leichtmetall und eines so filigranen Profils nicht vorab angeben, sondern müssen erst experimentell ermittelt werden. Diese Ausführungen mögen genügen, um die Aufgaben des automatischen Umsetzens von Konstruktions- in Produktionsdaten zu verdeutlichen.

4 CAD-Datenschnittstellen und integrierte Datenverarbeitung

Wie die vorangegangenen Ausführungen zeigen, lassen sich unter bestimmten Gegebenheiten aus Konstruktionsdaten automatisch Produktions- bzw. Fertigungsdaten erzeugen.

Theoretisch könnte man Softwaresysteme entwickeln, mit welchen man sowohl Konstruieren als auch Arbeitsplanung betreiben kann. Diese würden aber sehr komplex, schwierig zu warten und möglicherweise nicht sehr wirtschaftlich zu betreiben sein. Aus diesen Gründen entwickelt man für Konstruktions- und

Arbeitsplanungstätigkeiten getrennte Softwaresysteme und sorgt dafür, daß die Ergebnisdaten des einen Systems (CAD-System) möglichst problemlos an das Arbeitsplanungssystem (CAP = Computer Aided Planing) übergeben werden können. Die Möglichkeit, Daten von einem System auf ein anderes zu übertragen, um sie in anderen Systemen weiterverarbeiten zu können, wird auch als „integrierte Datenverarbeitung (CIM = Computer Integrated Manufacturing)" bezeichnet.

Die Forderungen nach einem Austausch von Daten unterschiedlicher CAD-Systeme und anderer, vor- oder nachgeschalteter Systeme wie Produktsteuerungs-, Arbeitsplanungs-, NC-Fertigungssysteme (PPS-, CAP-, CAM-Systeme u. a.) ist weltweit von großer wirtschaftlicher Bedeutung. Einen Überblick über den Informationsaustausch zwischen der Konstruktion und anderen Bereichen eines Unternehmens zeigt Bild 6.4.1 (vgl. hierzu auch Bild 1.1). Unternehmen haben nicht nur Daten zwischen unterschiedlichen Bereichen und Systemen innerhalb ihres Unternehmens, sondern auch mit Systemen von Zulieferfirmen u. a. externen Firmen auszutauschen. Diese Erfordernisse haben weltweit zu umfangreichen Aktivitäten zur Schaffung und Standardisierung von Schnittstellen für CAD-Systeme geführt. Bekannt geworden und teilweise in der Praxis angewandt sind Schnittstellenstandards unter dem Namen IGES (Initial Graphics Exchange Spezification), Versionen 1.0; 2.0; 3.0; 4.0; VDAFS (VDA-Flächenschnittstelle), SET (Standard d'Echange et de Transfert), PDDI (Product Definition Data Interface) u. a. In jüngerer Zeit wird eine Schnittstelle namens STEP (Standard for the Exchange of Product Model Data) entwickelt [90], welche alle Unzulänglichkeiten bisheriger Systeme beheben soll.

Warum bedarf es überhaupt „Programme zum Umsetzen von Daten einer Darstellungsasrt in eine andere", sogenannter „Schnittstellen-Programme", für den Austausch von Daten unterschiedlicher CAD- oder anderer Softwaresysteme? Ein Konstruktionsergebnis (Zeichnung) besteht aus einer großen Menge unterschiedlicher Informationen über die Bauteile des zu entwickelnden Produktes. Diese Informationen werden durch CAD-Systeme in Rechnern dargestellt (modelliert, gespeichert etc.). Da es nahezu „unendlich viele unterschiedliche Möglichkeiten" gibt, Informationen symbolisch bzw. rechnerintern darzustellen, werden diese in unterschiedlichen CAD-Systemen auch unterschiedlich dargestellt („symbolisiert"). Daß diese unterschiedlich dargestellt werden liegt zum einen daran, daß diese Systeme von unterschiedlichen Personen entwickelt wurden, zum anderen auch daran, daß je nach Anwendungsfall bestimmte Informationsdarstellungen Vorteile gegenüber anderen haben. Theoretisch läßt sich sagen: Würden alle Hersteller von CAD-Systemen für die gleichen Informationen die gleichen rechnerinternen Darstellungen (Symboliken bzw. Datenmodelle, Sprachen, Codes usw.) benutzen, bedürfte es keiner „Datenschnittstellen-Programme". Die Definition einer einheitlichen Datenschnittstelle wäre identisch mit der Definition einer einheitlichen, in allen Systemen benutzten, identischen Darstellung bzw. Symbolisierung von Informationen.

Warum läßt sich dieses Ziel („Traumziel"), die Schaffung einer einheitlichen Informationsdarstellung für Konstruktionsergebnisse in absehbarer Zeit nicht erreichen? Hierfür gibt es mehrere Gründe:

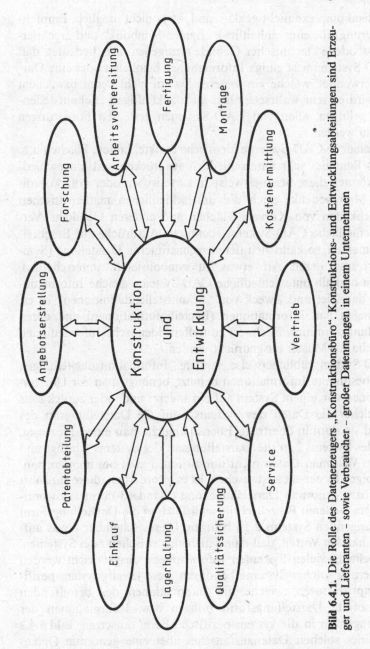

Bild 6.4.1. Die Rolle des Datenerzeugers „Konstruktionsbüro". Konstruktions- und Entwicklungsabteilungen sind Erzeuger und Lieferanten – sowie Verbraucher – großer Datenmengen in einem Unternehmen

- es ist bisher nicht genügend geklärt, durch welche Informationen und Informationsstrukturen technische Gebilde hinreichend und eindeutig beschrieben werden können,
- nicht geklärt erscheint hierfür auch die Problematik der vielfältigen Beschreibungsmöglichkeiten technischer Gebilde (s. a. Kap. V, 1.4 „Probleme des Datentransfers . . .").

Solange beide Problemkomplexe nicht geklärt sind, ist es nicht möglich, Empfehlungen (Standardisierung) für eine einheitliche „Sprach-Symbolik" und „rechnerinterne Darstellungsmodelle" technischer Gebilde anzugeben. Das bedeutet, daß ein bestimmtes CAD-System meist einige Informationen beinhaltet oder eine Darstellungssymbolik verwendet, welche ein anderes System nicht kennt bzw. nicht versteht. Dadurch wird es sehr wahrscheinlich auch zukünftigen „Schnittstellendefinitionen" nicht gelingen, allen von CAD-Systemen gestellten Forderungen vollständig gerecht zu werden.

So können verschiedene CAD-Systeme identische Punkte, Linien, Flächen u. a. Informationen eines Bauteiles sehr unterschiedlich ausdrücken und unterschiedlich darstellen. Sie können diese beispielsweise in kartesischen oder Polarkoordinaten beschreiben. Man bedenke auch die unterschiedlichen mathematischen Beschreibungsmöglichkeiten von Kurven, Flächen und anderen Gebilden. Verwenden zwei unterschiedliche CAD-Systeme identische Ausdrücke zur Beschreibung von Gestaltelementen, so kann sich deren rechnerinterne Darstellung (Symbolik/Datenstruktur) und deren Art etwas zu symbolisieren, unterscheiden. Üblicherweise stellen deshalb unterschiedliche CAD-Systeme gleiche Informationen unterschiedlich dar. Ziel und Zweck von „Schnittstellendefinitionen" ist es, festgelegte Zuordnungen von Informationen (Bauteilinformationen) und deren technischen Darstellungen (mittels Rechner) zu treffen; identische Informationen sollen durch identische Bit-Muster ausgedrückt werden.

Da jedes CAD-System üblicherweise andere Informationsdarstellungen („Symboliken") für bestimmte Informationen benutzt, benötigt man zur Übertragung von Informationen von einem System auf ein anderes und/oder zurück stets einen Prozessor, welcher die Daten des Systems 1 auf die Darstellungsart des Systems 2 bringt und sie dorthin überträgt. Ebenso braucht man einen Prozessor, welcher die Daten des Systems 2 in die Darstellungsart des Systems 1 bringt und sie dorthin überträgt. Will man Daten nicht nur zwischen zwei bestimmten, sondern zwischen beliebigen Systemen austauschen, ist es erforderlich, diese zunächst auf eine „neutrale" bzw. genormte Darstellungsform (Standard-Format) zu bringen, um diese in einem weiteren Prozeßschritt schließlich in die Darstellungsform eines anderen empfangenden Systems 2 zu bringen. Dieses scheinbar etwas aufwendigere Vorgehen hat den Vorteil, daß damit nicht nur zwischen zwei Systemen, sondern zwischen beliebig vielen Systemen Informationen ausgetauscht werden können. Zur Realisierung solcher Systeme benötigen diese jeweils systemspezifische Pre- und Postprozessoren, welche die Informationen des betreffenden Systems in die genormte Darstellungsform bringen bzw. Informationen der genormten Darstellungsform in die systemspezifische Form umsetzen. Bild 6.4.2 zeigt die Struktur eines solchen Datenaustausches über eine genormte Datenschnittstelle, auf den Darstellungsebenen 3 und 4 (siehe folgende Ausführungen), und die erforderlichen Pre- und Postprozessoren.

Die Darstellung (Symbolisierung) von einer ursprünglich von einem Menschen stammenden Information, welche auf ein CAD-System übertragen und von diesem auf ein weiteres CAD-System übergeben wird, findet auf dem Weg zwischen Mensch und Maschine in unterschiedlichen „Ebenen" („Stufen") statt.

In jeder dieser „Symbol- oder Darstellungsebenen" kann eine bestimmte Information anders symbolisiert bzw. anders dargestellt werden. Außerdem sind

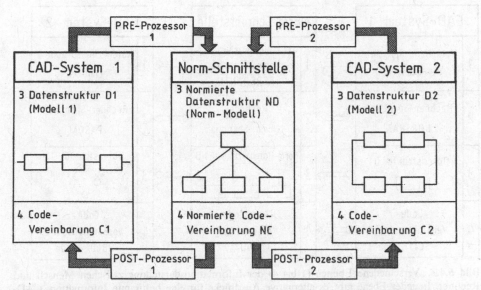

Bild 6.4.2. Ein Datenaustausch zwischen mehreren unterschiedlichen CAD-Systemen kann wirtschaftlich vorteilhaft über sogenannte „Standard- oder Norm-Schnittstellen" geführt werden. Sind nur Ergebnisse von Datenverarbeitungsprozessen auszutauschen, genügt es, Schnittstellen für die „Darstellungs-Ebenen" „Datenstruktur" (3) und „Code-Vereinbarung" (4) zu haben

in jeder Ebene sehr viele (praktisch unendlich viele) alternative Informationssymbole (Datensymbole) möglich. Die Problematik einer solchen Mensch-Maschine-, Maschine-Mensch-Informationsübertragung besteht für die Maschine u.a. auch darin, alternative Informationsdarstellungen als identische Informationen zu erkennen, in eine „Normalform" zu bringen und weiterzugeben.

Der Mensch kann mittels der ihm eigenen, natürlichen Sprache eine bestimmte Information sehr unterschiedlich ausdrücken. So kann er z.B. eine quadratische Teiloberfläche dadurch beschreiben, daß er die Kantenlänge oder den Flächeninhalt der quadratischen Teiloberfläche angibt. Für einen Menschen ist selbstverständlich, daß er die von Fall zu Fall gewünschte Größe aus der anderen gegebenen Größe ermitteln kann – beide Informationen sind für einen Menschen „praktisch identisch". Einem CAD-System ist dieses „Verständnis" nicht ohne weiteres eigen. Eine Information kann in einem System „explizit vorhanden sein" oder sie kann aus gegebenen Informationen ermittelt werden; d.h. eine Information kann in einem System „implizit vorliegen".

Menschen können eine bestimmte Information mittels der verschiedenen natürlichen Sprachen unterschiedlich ausdrücken (Deutsch, Englisch ...). Jeder Sprache sind ferner für bestimmte Informationen üblicherweise alternative Ausdrucksweisen eigen; man kann eine Information in einer bestimmten Sprache unterschiedlich ausdrücken. Informationen können durch Laut- oder Zeichensprache (Taubstummen-Sprache) zum Ausdruck gebracht werden. Informationen können symbolisch, z.B. durch alphanumerische Zeichen, oder durch Bilder dargestellt werden.

Bei der Eingabe von Informationen in einen Rechner müssen diese notwendigerweise in die dem jeweiligen Rechner eigene (verständliche) Sprache übersetzt

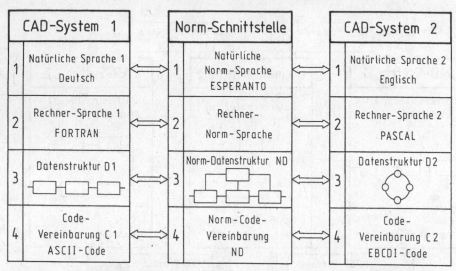

Bild 6.4.3. Verschiedene Ebenen (1 bis 4) der Informationsdarstellung zwischen Mensch und Rechner. In jeder Ebene gibt es alternative Ausdrücke für eine bestimmte Information. CAD-Systeme, welche nicht nur Ergebnisse, sondern beispielsweise auch Programme oder welche auf der Ebene „menschlicher Sprache" (ein „Traumziel" zukünftiger Rechnerentwicklungen) Informationen austauschen können sollen, brauchen für jede gewünschte Austausch- bzw. Darstellungsebene Norm-Schnittstellen

werden; Informationen werden in einer bestimmten Rechner-Sprache symbolisiert (dargestellt). Wie natürliche Sprachen bieten auch Rechner-Sprachen alternative Ausdrucksmöglichkeiten für bestimmte Informationen.

Des weiteren lassen sich in Rechnern Informationen durch unterschiedliche Datenstrukturen (incl. unterschiedlicher Substrukturen, d.h. unterschiedlicher Datensätze, Datenworte etc.) unterschiedlich darstellen. Schließlich gibt es zur Darstellung einer bestimmten Information in Rechnern noch die Möglichkeit, dies mittels unterschiedlicher Code-Vereinbarungen (ASCII-, EBCDI-Code u.a.) zu tun. In Bild 6.4.3 sind die verschiedenen Darstellungsebenen und deren Unterebenen sowie die in diesen Ebenen existierenden Darstellungsalternativen nochmals übersichtlich zusammengefaßt. Sollen Informationen zwischen verschiedenen CAD-Systemen ausgetauscht werden, so ist es zweckmäßig, diese zunächst in eine „neutrale Darstellung (Symbolik)" bzw. „Norm-Darstellung" zu bringen, um sie aus dieser in einem weiteren Schritt in die spezielle Symbolik des jeweiligen Systems zu übersetzen. Hierzu bedarf es pro CAD-System jeweils eines Übersetzungsprogrammes, um die Darstellung des Systems n in die Norm-Darstellung, bzw. die Norm-Darstellung von Informationen in die Darstellung des Systems n zu übersetzen. Diese „Hin- und Herübersetzungsprogramme" werden Pre- und Postprozessoren genannt (s. Bild 6.4.2). Diese haben die Aufgabe, Informationen, welche in den verschiedenen CAD-Systemen durch unterschiedliche Datenstrukturen und unterschiedliche Codes dargestellt werden, in eine normierte Darstellungssymbolik zu „übersetzen" bzw. normiert dargestellte Informationen in eine dem jeweiligen System eigene (verständliche) Darstellungsform zu übertragen. Diese Programme haben üblicherweise nur Informationsdarstellungen der Ebenen

„Datenstruktur" und „Code-Vereinbarung" zu übersetzen. Werden in dem einen oder anderen CAD-System auch noch Rechner-Sprachelemente zur Informations- bzw. Datendarstellung benutzt, so müssen Pre- und Postprozessoren auch noch in der Lage sein, Rechner-Sprachen teilweise zu übersetzen.

Neben diesen Norm- oder kompatiblen Schnittstellen zur Übertragung von Daten zwischen verschiedenen Systemen gibt es auch noch spezifische Schnittstellen zwischen bestimmten Teilsystemen eines Gesamtsystems. Solche können beispielsweise Schnittstellenprogramme zwischen produktneutralen CAD-Systemen und produktspezifischen CAD-Programmen oder zwischen einem CAD-System und FEM-Programmen oder anderen Teilsystemen (s. Bild 6.4.4) sein.

Mit GKS (Graphisches Kernsystem) wird eine weitere Softwareentwicklung bezeichnet, welche insbesondere dem Datenaustausch zwischen CAD-Systemen und den verschiedenen Arten von Bildschirmgeräten dienen soll. Bild 6.4.5 zeigt die Struktur dieses für den Betrieb von CAD-Systemen mit graphischen Ein-Ausgabesystemen wichtigen Datentransfersystems.

Die Bilder 6.4.6 und 6.4.7 zeigen die Art der Informationen, welche beispielsweise mittels der Schnittstellenstandards bzw. Datenformate VDAFS und IGES übertragen werden können. Auf die verschiedenen Schnittstellen-Standards wie

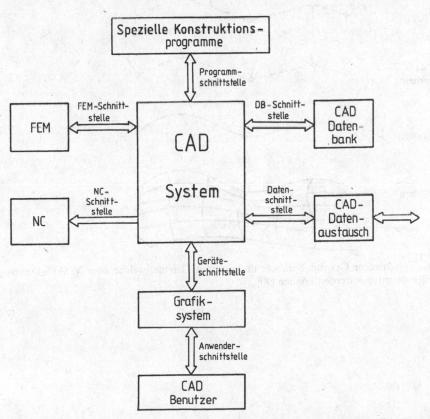

Bild 6.4.4. Datenschnittstellen zwischen CAD-Kernsystem und peripheren Programmsystemen, wie FEM-Programmen, speziellen Konstruktionsprogrammen u. a. m.

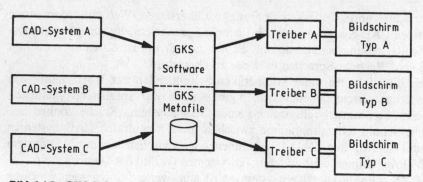

Bild 6.4.5. GKS-Software und -Schnittstellen zur Übertragung von Bild-Informationen von verschiedenen CAD-Systemen auf unterschiedliche Bildschirmtypen (Wirk-Schema) [65, 66]

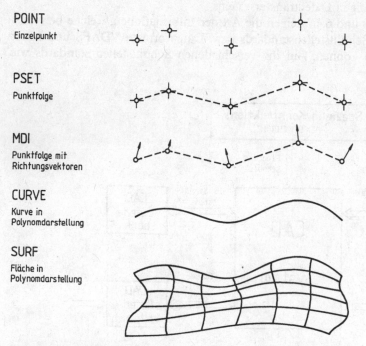

Bild 6.4.6. Verschiedene Graphik-Symbole und Graphik-Gebilde, welche über VDAFS-Datenschnittstellen übertragen werden können [90]

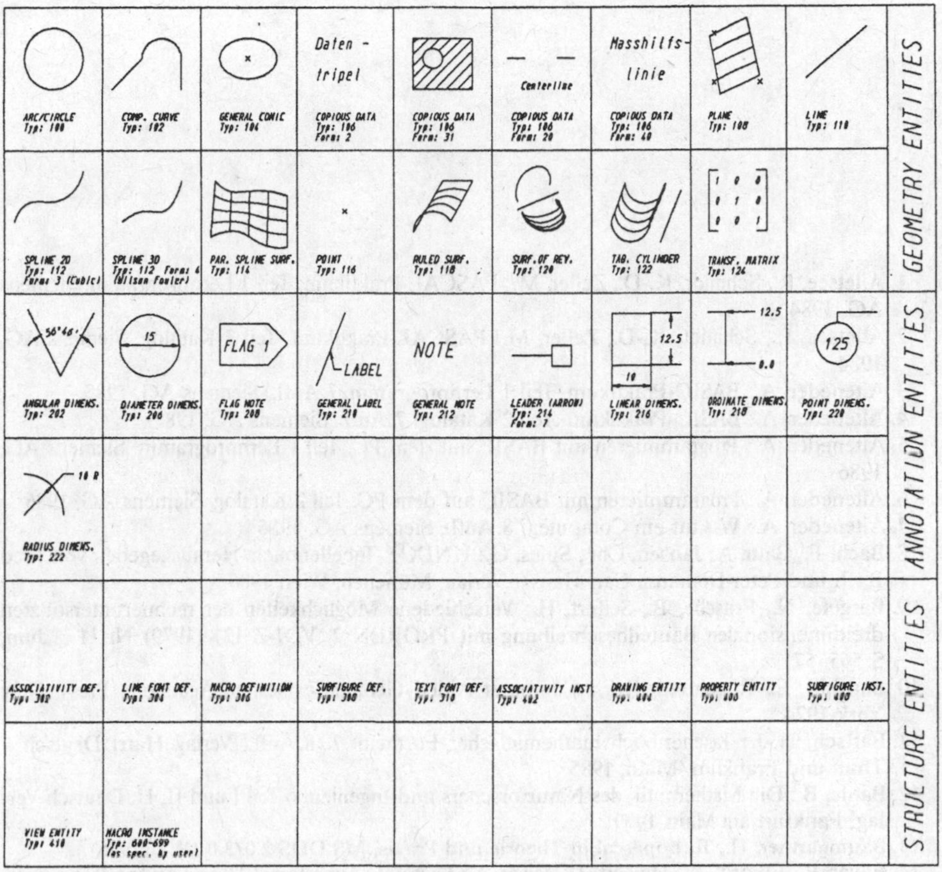

ARC/CIRCLE Typ: 100	COMP. CURVE Typ: 102	GENERAL CONIC Typ: 104	Daten-tripel COPIOUS DATA Typ: 106 Form: 2	COPIOUS DATA Typ: 106 Form: 31	Centerline COPIOUS DATA Typ: 106 Form: 20	Masshilfslinie COPIOUS DATA Typ: 106 Form: 40	PLANE Typ: 108	LINE Typ: 110	**GEOMETRY ENTITIES**
SPLINE 2D Typ: 112 Form 3 (Cubic)	SPLINE 3D Typ: 112 Form 6 (Wilson Fowler)	PAR. SPLINE SURF. Typ: 114	POINT Typ: 116	RULED SURF. Typ: 118	SURF. OF REV. Typ: 120	TAB. CYLINDER Typ: 122	TRANSF. MATRIX Typ: 124		
ANGULAR DIMENS. Typ: 202	DIAMETER DIMENS. Typ: 206	FLAG NOTE Typ: 208	GENERAL LABEL Typ: 210	GENERAL NOTE Typ: 212	LEADER (ARROW) Typ: 214 Form: 7	LINEAR DIMENS. Typ: 216	ORDINATE DIMENS. Typ: 218	POINT DIMENS. Typ: 220	**ANNOTATION ENTITIES**
RADIUS DIMENS. Typ: 222									
ASSOCIATIVITY DEF. Typ: 302	LINE FONT DEF. Typ: 304	MACRO DEFINITION Typ: 306	SUBFIGURE DEF. Typ: 308	TEXT FONT DEF. Typ: 310	ASSOCIATIVITY INST. Typ: 402	DRAWING ENTITY Typ: 404	PROPERTY ENTITY Typ: 406	SUBFIGURE INST. Typ: 408	**STRUCTURE ENTITIES**
VIEW ENTITY Typ: 410	MACRO INSTANCE Typ: 600-699 (as spec. by user)								

Bild 6.4.7. Mit einer IGES-Datenschnittstelle (Version 1.0) austauschbare Arten von Informationssymbolen [90]

IGES, VDAFS, SET u. a. soll hier aus Umfangsgründen nicht im einzelnen eingegangen werden. Es wird diesbezüglich auf die einschlägige Literatur [65, 66, 90] verwiesen. Bisher ist es noch nicht gelungen, eine allen CAD-System-Forderungen gerecht werdende Schnittstelle zu entwickeln; die Arbeiten über Schnittstellendefinitionen dauern noch an.

Literaturverzeichnis

1. Alletsee, R., Schmidt, K.-D., Zeller, M.: PASCAL-Praktikum. Teil 1 Lernprogramm. Siemens AG, 1984
2. Alletsee, R., Schmidt, K.-D., Zeller, M.: PASCAL-Praktikum. Teil 2 Katalog. Siemens AG, 1984
3. Alteneder, A.: BASIC-Praktikum. Teil 1 Lernprogramm. 7. Aufl., Siemens AG, 1985
4. Alteneder, A.: BASIC-Praktikum. Teil 2 Katalog. 7. Aufl., Siemens AG, 1985
5. Alteneder, A.: Programmieren mit BASIC auf dem PC. Teil 1 Lernprogramm. Siemens AG, 1986
6. Alteneder, A.: Programmieren mit BASIC auf dem PC. Teil 2 Katalog, Siemens AG, 1986
7. Alteneder, A.: Was tut ein Computer? 8. Aufl., Siemens AG, 1986
8. Bach, F., Baur, A., Jansen, Chr., Spies, G.: UNIX™-Tabellenbuch. Herausgegeben von Fred Bach und Peter Domann. Carl Hanser Verlag, München, Wien 1986
9. Bargele, N., Fritsche, B., Seifert, H.: Verschiedene Möglichkeiten der rechnerunterstützten dreidimensionalen Bauteilbeschreibung mit PROREN 2. VDI-Z 121 (1979) Nr. 11 - Juni, S. 565–571
10. Barnhill, E., Riesenfeld, R. F.: Computer Aided Geometric Design. Academic Press, New York 1974
11. Bartsch, H.-J.: Taschenbuch mathematischer Formeln. 7./8. Aufl., Verlag Harri Deutsch - Thun und Frankfurt/Main, 1985
12. Baule, B.: Die Mathematik des Naturforschers und Ingenieurs. Teil I und II, H. Deutsch Verlag, Fankfurt am Main 1979
13. Baumgartner, H.: Turbopascal in Theorie und Praxis, MS DOS 2.0/3.0 IWT (1986)
14. Bayer, R., Elhardt, K., Heigert, J., Reiser, A.: Dynamic Timestamp Allocation for Transaction in Database Systems. Hrsg. von Schneider, H.-J., Distributed Databases, North Holland Publishing Co. 1982
15. Becker, J., Haacke, W., Kevekordes, F.-J., Meltzow, O., Nabert, R., Patzelt, G., Schatz, U., Schulte, H.: Datenverarbeitung für Ingenieure. Herausgegeben von Dr. W. Haacke. B. G. Teubner, Stuttgart, 1973
16. Beitz, W.: Methodische Entwicklung von Sachmerkmal-Systemen für Konstruktionsteile und erweiterte Anforderungen. DIN-Mitteilungen 62 (1983), Nr. 11, S. 639–644
17. Beitz, W.: Rechnerunterstützte Auswahl und Auslegung handelsüblicher Maschinenelemente. ZwF 73 (1978) 10, S. 519–524
18. Beitz, W.: Übersicht über die Möglichkeiten der Rechnerunterstützung beim Konstruieren. Konstruktion 26 (1974) 5, S. 193–199
19. Beitz, W., Haug, J.: Rechnerunterstützte Berechnung und Auswahl von Wellen-Nabenverbindungen. Konstruktion 26 (1974) 10, S. 407–411
20. Belli, F.: Einführung in die logische Programmierung mit PROLOG. Bibliographisches Institut, Mannheim/Wien/Zürich 1986
21. Bernhardt, R.: Systematisierung des Konstruktionsprozesses. Düsseldorf: VDI-Verlag 1981
22. Bernhardt, R., Bernhardt, W.: CAD/CAM-Anwendungen in der Praxis. Berlin, Offenbach: VDE-Verlag 1984
23. Bezier, P. E.: Numerical Control Mathematics and Applications. John Wiley & Sons, London 1972
24. Bezier, P. E.: Definition Numerique des Courbes et Surfaces. Automatisme 12 (1966) 1, S. 17–21

25. Bezier, P. E.: Example of an Existing System in the Motor Industry: The Unisurf System, Proc. Roy. Soc. (London), Vol. A321, 1971, S. 207-218

26. Blank, O.: Rechnerunterstützte Konstruktion von Gesamtschneidwerkzeugen. Dissertation RWTH Aachen, 1980

27. Blume, P.: Integriertes CAD/CAM-System für Stanzteile. ZwF 72 (1972) 5, S. 219-224

28. Bock, H. H.: Automatische Klassifikation. Göttingen Vandenhoeck & Rupprecht 1974

29. Bohle, D., Jakobs, G., Hänisch, K., Kalbitz, H.: Rechnerunterstützte Konstruktion von Chemièanlagen im 3D-Raum. Konstruktion 33 (1981), H. 7, S. 263-268

30. Borgmann, J.-D.: 3D-Geometrie für die rechnerunterstützte Konstruktion von mechanischen Bauteilen und Werkzeugen. VDI-Z 119 (1977), Nr. 1/2 - Januar, S. 17-24

31. Bouknight, W. J.: An Improved Procedure for Generation of Three-Dimensional Halftoned Computer Graphics Representations. Comm. ACM. 13, 9 (Sept. 1970) 527

32. Boyse, J. W., Gilchrist, I. E.: GMSOLID: Interactive Modelling for Design and Analysis of solids. IEEE CG & A, March 1982

33. Braid, I. C.: Designing with Volumes. Dissertation, Universität Cambridge, England 1973

34. Braid, I. C.: New Directions in Geometric Modelling. Proceedings of Geometric Modelling Project Computer Aided Manufacturing CAM-I International-Inc. Proceedings of Geometric Modelling Project, Meeting, St. Louis/USA 1978

35. Braid, I. C., Hillygard, R. C., Stroud, I. A.: Stepwise Construction of Polyhedrain Geometric Modelling in Mathematical Methods in Computer Graphics and Design. K. W. Brodlie (ed.), Academic Press, London 1980, S. 123-141

36. Brankamp, K., Olbertz, H., Schütze, R.: Aufbau und Anwendungsmöglichkeiten eines Klassifizierungssystems für Schweißeinzelteile. Schweißen und Schneiden 22 (1979) Heft 12, S. 517-520

37. Brauch, W.: Programmieren mit FORTRAN 77 für Ingenieure. B. G. Teubner Stuttgart, 1983

38. Brauch, W.: Programmierung mit FORTRAN. 6. Aufl., B. G. Teubner, Stuttgart 1984

39. Brauner, K. et. al.: IGES (Initial Graphics Exchange Specification). Y 14.26M. American National Standards Institute, New York, 1981

40. Briese, U., Enders, H. H., Merker, G., Otto, D.: Der Einfluß des rechnerunterstützten Entwikkelns und Konstruierens (CAD) auf den Konstruktionsablauf in der Feinwerktechnik. Feinwerktechnik + Micronic, 78. Jahrgang, Januar 1974, Heft 1, S. 1-9

41. Bronstein, I. N., Semendjajew, K. A.: Taschenbuch der Mathematik. 22. Auflage, Verlag Harri Deutsch, Thun und Frankfurt/Main 1985

42. Brun, J. M.: EUCLID and its Application at Computer Aided Design in Machining Topic. Laboratory of Computer Science for Mechanical Science and Engineering Science (L.I.M.S.L.) BP 30, 81404 ORSAY, France

43. Buck, K. E., v. Bodisko, U., Winkler, K.: Pre- und Postprocessors for Finite Element Programms-Requirements and their relationship in SUPERNET. Proc. Finite Element Congress, Baden Baden, Hrsg. von IKO Software Service GmbH Stuttgart 1978

44. Carlbom, I., Dacioreh, J.: Plane Geometric Projections Viewing Transformations. Computing Surveys, 10 (1978) 4.

45. Cavendish, J. C.: Automatic Triangulation of Arbitrary Planar Domains for the Finite Element Methode. Int. J. Num. Meth. Eng., 8 (1974), S. 679-696

46. Claussen, U.: Konstruieren mit Rechnern. Springer 1971

47. Coenen, H.-P.: Ein Weg zur Entwicklung von Programmsystemen zur rechnerunterstützten Konstruktion am Beispiel der Konstruktion von Folgeschneidwerkzeugen. Dissertation RWTH Aachen, 1983

48. Coons, S. A.: Surfaces for Computer-Aided Design. Design Division, Mechanical Engineering Department, M.I.T., Cambridge, Mass. 1967

49. Courant, R.: Vorlesungen über Differential- und Integralrechnung. Bd. 2, Springer Verlag, Berlin 1972

50. Daßler, R., Gausemeier, J.: Dreidimensionale Beschreibung von Bauteilen. Ind. Anz. 100 (1978), 61, S. 26-27

51. de Boor, C.: A Practical Guide to Splines. Springer Verlag 1978

52. Deen, S. M.: Distributed Databases, An Introduction. Hrsg. von Schneider, H.-J., Distributed Databases, North Holland Publishing Co. 1982

53. Denning, P.J. und Brown, R.L.: Betriebssysteme. Spektrum der Wissenschaft, November 11/1984, S.78-86
54. Diehl, W.: Mikroprozessoren und Mikrocomputer. Vogel-Verlag, Würzburg 1980
55. DIN 4000, Teil 1 ff: Sachmerkmal-Leisten, Begriffe und Grundsätze, April 1981
56. DIN 44300/44302: Informationsverarbeitung 1. Normen über Grundbegriffe, Datenübertragungen, Schnittstellen. DIN Taschenbuch 25, Beuth Verlag, Berlin, Köln 1981
57. DIN 40700: Informationsverarbeitung 4. Normen über Codierung, Programmierung, Beschreibungsmittel. DIN Taschenbuch 166, Beuth Verlag, Berlin, Köln 1981
58. Dittmann, E.L.: Datenunabhängigkeit beim Entwurf von Datenbanksystemen. S. Toeche-Mittler-Verlag, Darmstadt 1977
59. Donovan, J.J.: System-Programmierung. Vieweg 1976
60. Duus, W., Gulbins, J.: CAD-Systeme. Hardwareaufbau und Einsatz. Springer Verlag, 1983
61. Dworatschek, S.: Grundlagen der Datenverarbeitung. 7. Aufl., Walter de Gruyter, Berlin, New York, 1986
62. Eberlein, W.: CAD-Datenbanksysteme. Architektur technischer Datenbanken für integrierte Ingenieursysteme. Springer Verlag, 1984
63. Eckert, R., Enderle, G., Kansy, K., Prester, F.-J.: Graphische Datenverarbeitung: Entwicklungen auf dem Weg zur Standardisierung. Informatik Spektrum 3, 1980, S.246-260
64. Eigner, M., Maier, H.: Einstieg in CAD. Lehrbuch für CAD-Anwender. Hanser 1985
65. Encarnacao, J., Schuster, R., Vöge, E.: Product Data Interfaces in CAD/CAM Applications. Springer Verlag 1986
66. Encarnacao, J., Straßer, W. (Hrsg).: Geräteunabhängige grafische Systeme. Oldenbourg Verlag, München, Wien 1981
67. Esser, H.J.: Entwicklung von Algorithmen zur Rechnerunterstützten Konstruktion von Verzahnungen mit beliebigen Flankenformen. Dissertation RWTH Aachen, 1985
68. Eversheim, W.: Organisation in der Produktionstechnik. Band 3, „Arbeitsvorbereitung", 2. Auflage, VDI Verlag, 1988
69. Eversheim, W., Esch, H., Schulz, J., Auge, J.: DISAP – Ein Dialogsystem zur Arbeitsplanerstellung. Ind. Anz. Nr.14 vom 18.2. 1986, 108. Jg., S.35-38
70. Eversheim, W., Fischer, W., Fischer, U.: Ansätze zur Dokumentation und integrierten Informationsverarbeitung in Konstruktion und Arbeitsplanung. Betriebstechnische Reihe RKW/REFA, Berlin, Köln: Beuth Verlag 1979
71. Eversheim, W., Fuchs, H.: Automatische Arbeitsplanerstellung – Anwendung des Systems AUTAP für allgemeine Rotationsteile, Ind. Anz. 101 (1979) 7, S.21-25
72. EXAPT: CADCPL-Systembaustein für die Kopplung mit dem EXAPT-System. EXAPT-NC-Technik GmbH, Aachen 1981
73. Farny, B.: Rekonstruktion eines 3D-Geometriemodells aus Orthogonalprojektionen beim rechnerunterstützten Konstruieren. Dissertation TU Braunschweig, 1985
74. Firnig, F.: CAD – Eine Möglichkeit zur Rationalisierung bei der Entwicklung von feinwerktechnischen Geräten am Beispiel von Kleinrechnern. VDI-Berichte Nr.279, 1977, S.49-54
75. Fischer, P.: BASIC-Programme zur Statik und Festigkeitslehre. R. Oldenbourg Verlag München, Wien, 1986
76. Fischer, W.E.: Datenbanksystem für CAD-Arbeitsplätze. Informatik-Fachberichte. Herausgegeben von W. Brauer im Auftrag der Gesellschaft für Informatik (GI). Springer Verlag, 1983
77. Fischer, W.E., Denker, A.: Bildschirmgestütztes Konstruieren von Gesamtschneidwerkzeugen. Konstruktion 31 (1979), H. 2, S.67-75
78. Fladt, U., Baur, A.: Analytische Geometrie spezieller Flächen und Raumkurven. Fr. Vieweg & Sohn Verlag, Braunschweig 1975
79. Foley, J.D., van Dam, A.: Fundamentals of Interactive Computer Graphics. Addison-Wesley Publishing Co., Reading, Menlo-Park, London, Amsterdam, Don-Mills, Sydney 1982
80. Fox, G.C., Messina, P.C.: Fortschrittliche Rechnerarchitekturen. Spektrum der Wissenschaft, Dezember 1987, S.54-62
81. Freist, C., Granow, R.: Ähnlichteilsuche mit Hilfe der Cluster-Analyse. VDI-Z 124 (1982) Nr.11, S.413-421 u. Nr.13, S.487-495
82. Galwelat, M.: Rechnerunterstützte Gestaltung von Schraubenverbindungen. Schriftenreihe Konstruktionstechnik, Hrsg. Beitz, W., TU Berlin 1980

83. Gausemeier, B.J.: Rechnerorientierte Darstellung technischer Objekte im Maschinenbau. Dissertation TU Berlin, 1977
84. Giloi, W.K.: Rechnerarchitektur. Heidelberger Taschenbücher, Springer Verlag, Berlin, Heidelberg, New York, 1981
85. Giloi, W.K.: Interactive Computer Graphics-Data Structures, Algorithms, Languages. Prentice-Hall Englewood Cliffs, N.J. 1978
86. Golden, J. T.: FORTRAN IV. Programming and Computing. Englewood Cliffs, New Jersey, 1965
87. Görke, W.: Mikrorechner. Technologie, Funktion, Entwicklung. Reihe Informatik/26, 2. Aufl., B.I.-Wissenschaftsverlag, Mannheim, Wien, Zürich 1980
88. Gorny, R.: EDV-Abkürzungen. 4. Aufl., Siemens AG, 1987
89. Gorny, R.: Datenverarbeitungssysteme. 2. Aufl., Siemens AG Verlag, 1982
90. Grabowski, H., Glatz, R.: Schnittstellen zum Austausch produktdefinierender Daten. VDI-Z Bd. 128 (1986) Nr. 10 - Mai (II)
91. Gray, J.C., Lang, C.A.: ASP - A Ring implemented associative structure package. Communications ACM, 11 (1968) 8, S. 550-555
92. Grieger, I.: Ein Plädoyer für deutsche Begriffe in der graphischen Datenverarbeitung. (vormals Elektronische Datenverarbeitung), Angewandte Informatik (Juni 1982), H. 6, S. 307-319
93. Grupp, B.: Die Wahl des richtigen Minicomputers. Hardware-Software-Auswahl-Einsatz. Expert Verlag, 7031 Grafenau 1/Wütt., VED-Verlag Berlin 1981
94. Haack, W.: Darstellende Geometrie I-III. Die wichtigsten Darstellungsmethoden, Grund- und Aufriß ebenflächiger Körper. Walter de Gruyter, Berlin 1967
95. Hansen, F.: Konstruktionssystematik. VEB Verlag Technik, Berlin 1968
96. Härder, T.: Implementierung von Datenbanksystemen. Carl Hanser Verlag, München 1978
97. Hatfield, L., Herzog, B.: Grafics Software - from Techniques to Principles. IEEE Computer Graphics and Applications, January 1982
98. Herschel: Turbo-PASCAL. Oldenbourg-Verlag 1985
99. Hubka, V.: Theorie der Konstruktionsprozesse. Analyse der Konstruktionstätigkeit. Springer, Berlin 1976
100. ISO/DIS 7942: Graphical Kernel System (GKS). Functional Description, Draft International Standard ISO/DIS 7942, Aug. 1982
101. Jackson, P.: Expertensysteme - Eine Einführung. Addison-Wesley Publishing Company, 1987
102. Jakobs, G.: Rechnerunterstützung bei der geometrisch-stofflichen Produktgestaltung. Dissertation TU Braunschweig, 1981
103. Jansen, H., Meyer, B.: Rekonstruktion volumenorientierter 3D-Modelle aus 2D-Ansichten. Ind. Anz. Nr. 43 v. 1.6. 1983 105. Jg., S. 104-106
104. Jeger, M., Eckmann, B.: Einführung in die vektorielle Geometrie und lineare Algebra. Birkhäuser Verlag Basel und Stuttgart, 1967
105. Jensen, N.: PASCAL - User Manual and Report. Second Edition, Springer Verlag 1978
106. Joepgen: Turbo-Pascal. Hanser Verlag 1985
107. Jung, H., u.a.: PL/I-Grundlagen der Programmierung. Siemens AG, 1976
108. Kamp, H., Pudlatz, H.: Einführung in die Programmiersprache PL/I. 2. Aufl., Friedr. Vieweg+Sohn, Braunschweig, 1974
109. Kanarachos, A.: Zur Anwendung von Parameteroptimierungsverfahren in der rechnerunterstützten Konstruktion. Konstruktion 31 (1979), H. 5, S. 177-182
110. Keil, H.: Mikrocomputer. Siemens AG, 1987
111. Kerzendorf, G.: Statistische und thermische Berechnung einer Trommelbremse; Referatesammlung der 6. Reutlinger Arbeitstagung T-Programm GmbH 1981 Kap III.8
112. Kesselring, F.: Technische Kompositionslehre. Berlin, Göttingen, Heidelberg: Springer 1954
113. Kiesow, H., Mihm, H.: Rechnergestützte Konstruktion von Investitionsgütern. Sonderdruck aus Maschinenmarkt, Vogel-Verlag, 76. Jahrgang, Heft 62 vom 26. Juli 1970, S. 3-5
114. Kießling, Lowes: Programmierung mit FORTRAN 77. Stuttgart: B. G. Teubner Verlag 1982
115. Kiper, G.: Rechnerunterstützte Synthese von Getriebebauformen. VDI-Berichte Nr. 281, 1977, S. 85-94
116. Klause, G.: CAD-CAE-CAM-CIM-Lexikon. expert Vogel, 1987
117. Klinger, A., Fu, K.S., Kumi, T.L. (Hrsg.): Data Structures Computer Graphics and Pattern Recognition Academic Press, New York, San Francisco, London 1977

118. Koch, G., Rembold, U., Ehlers, L.: Einführung in die Informatik. Teil 2, Programmsysteme, Anwendungen und technologische Perspektiven. Carl Hanser Verlag, München, Wien 1980
119. Köhler, R.: EDV-Abkürzungen, deutsch und englisch. 2. Auflage, Siemens AG Verlag 1978
120. Koller, R.: Konstruktionslehre für den Maschinenbau. Zweite Auflage, Springer Verlag 1985
121. Koller, R.: Qualitatives Entwerfen und Gestalten technischer Gebilde. Schweizer Maschinenmarkt, Nr. 34/1983, S. 51–55 und 36/1983, S. 31–33
122. Koller, R.: Konstruktion von Maschinen, Geräten und Apparaten mit Unterstützung elektronischer Datenverarbeitungsanlagen. VDI-Z 113, Nr. 7, 1971, S. 482–490
123. Koller, R.: Konstruktion und Optimierung von intermittierenden Getrieben mit Unterstützung elektronischer Datenverarbeitungsanlagen. VDI-Berichte Nr. 167, 1971, S. 143–152
124. Koller, R.: Programmsystem RUKON zur Konstruktion und Zeichnungserstellung von Maschinen- und Gerätebaugruppen. Konstruktion 34 (1982), H. 6, S. 239–244
125. Koller, R.: Automatisierung des Konstruktionsprozesses für Maschinen-Baugruppen und Betriebsmittel. VDI-Z 121, Nr. 10 - Mai (II), 1979
126. Koller, R., Blank, O.: Konstruktion von Gesamtschneidwerkzeugen mittels elektronischer Datenverarbeitungsanlage. Konstruktion 30, H. 1, 1978, S. 27–32
127. Koller, R., Esser, H.: Rechnerunterstützte Konstruktion und Berechnung von Verzahnungen mit beliebiger Flankenform. Feinwerktechnik & Meßtechnik 88 (1980) 7, S. 356–360
128. Koller, R., Farwick, H., Spiegels, G.: Konstruieren von Kurvenscheibengetrieben mit Unterstützung elektronischer Datenverarbeitungsanlagen und einer Bildschirmeinheit. Ind. Anz. 94 (1972) 44, S. 1011–1017
129. Koller, R., Ludwig, A., Mannweiler, H.-P.: Programm zum Automatisieren der Konstruktion von Hydrauliksteuerblöcken. Maschinenmarkt, Würzburg 88 (1982) 37, S. 745–748
130. Koller, R., Peters, H.-F.: 3D-Bauteile aus 2D-Ansichten und Schnitten. Technische Rundschau 22/87, S. 76–80
131. Koller, R., Pieperhoff, H.J.: Rationalisierung und Automatisierung der Vorrichtungskonstruktion mit Hilfe elektronischer Rechenanlagen. Konstruktion 30, H. 8, 1978, S. 319–325
132. Koller, R., Tschörtner, K.A.: Rechnerunterstütztes Konstruieren von Hydraulik-Steuerblöcken. Konstruktion 27 (1975) 12, S. 457–461
133. Koller, R., Willkommen, W.W.: Produkte aus dem Baukasten rationeller konstruieren mit Computerunterstützung. Maschinenmarkt, Würzburg 90 (1984) 72, S. 1636–1639
134. Kollmann, F.G.: Welle-Nabe-Verbindungen. Gestaltung, Auslegung, Auswahl. Springer Verlag 1984
135. Krause, F.-L., Müller, G., Schliep, W.: CAD-Systeme zur Geometrieverarbeitung und Zeichnungserstellung. ZwF 75 (1980) 5, S. 209–224
136. Kunerth, W.: Praxis der Sachnummerung. VDI-Taschenbuch T 50 Düsseldorf, VDI-Verlag 1974
137. Kurz, O.: Variantenkonstruktion mit einem interaktiven CAD-Systemkonzept. Carl Hanser Verlag, München, Wien, 1985
138. Lacher, E.: CAD-Systeme. Grundlagen und Anwendungen der geometrischen Datenverarbeitung. Friedr. Vieweg & Sohn, Braunschweig/Wiesbaden, 1984
139. Lamei, H.: Umsetzen von Konstruktions- in Fertigungsdaten mittels CAD-Systemen - Ein Beitrag zur Integration von CAD- und CAP-Systemen. Dissertation RWTH Aachen, 1988
140. Lange, R., Watzlawik, G.: Glossar CAD/CAM. Siemens AG, 1985
141. Lesniak, Z.K.: Methoden der Optimierung von Konstruktionen. Verlag von Wilhelm Ernst & Sohn, Berlin, München, Düsseldorf, 1970
142. Lewandowski, S.: Programmsystem zur Automatisierung des technischen Zeichnens. Reihe Produktionstechnik Berlin, Bd. 1, Carl Hanser Verlag, München 1978
143. Liebig, H.: Rechnerorganisation. Hardware und Software digitaler Rechner. Springer Verlag, Berlin, Heidelberg, New York 1976
144. Löbel, G., Schmid, H.: Lexikon der Datenverarbeitung. Hrsg. Müller, Peter. 8. Aufl., Verlag Moderne Industrie, 1982
145. Lockemann, P.C. und Schmidt, J.W. (Herausgeber): Datenbank-Handbuch. Mit Beiträgen von: Blaser, A., Dittrich, K.R., Härder, Th., Jarke, M., Lehmann, H., Lockemann P.C., Mayr, H.C., Müller, G., Reuter, A., Schmidt, J.W., Springer Verlag 1987
146. Long, C.A., Gray, J.C., Ring, A.: Implemented Associative Structure Package. Comm. ACM, No 8, S. 550 (1968)

147. Loutrel, P.P.: A Solution to the Hidden-Line Problem for Computer-Drawn Polyhedra, Department of Electrical Engineering, New York University, Bronx, Technical Report 400 – 167, Sept. 1967

148. Lueke: Turbo-PASCAL. Markt & Technik Verlag 1985

149. v. Mangoldt, H., Knopp, K.: Einführung in die höhere Mathematik. Dritter Band, 13. Auflage, S. Hirzel Verlag Stuttgart, 1967

150. Mannweiler, H.-P.: Methodisches Gestalten mit CAD-Systemen. Dissertation RWTH Aachen, 1988

151. Marhold, G. (Hrsg.): Künstliche Intelligenz. Wesen und Bedeutung neuer Computerleistungen. VDI Verlag Düsseldorf, 1987

152. McCracken, D.D.: FORTRAN in der technischen Anwendung. Carl Hanser Verlag München, 1970

153. Meen, S., Oian, J., Ulfsby, S.: TORNADO A DBMS for CAD/CAM systems in Filestructures and Databases for CAD. Hrsg. von Encarnacao, J., Krause, F.-L., North Holland Publishing Co 1982

154. Müller, G.: Rechnerorientierte Darstellung beliebig geformter Bauteile. Reihe Produktionstechnik Berlin, Bd. 8, Forschungsberichte für die Praxis, Carl Hanser Verlag, München, Wien, 1980

155. Neubert, B., Voelkner, W.: CADED-Rechnerunterstützte Konstruktion von Fließpreßwerkzeugen. Fertig.-Techn. u. Betrieb 31 (1981) 11, Berlin, S. 658–660

156. Newman, W.M., Sproull, R.F.: Principles of Interactive Computer Graphics. 2. Edition. McGraw-Hill Book Company, New York 1979

157. Nooß, W.: Maßbestimmung am Viergelenk mit einem Optimierungsprogramm. Konstruktion 29 (1977) H. 12, S. 490–498

158. Nooß, W.: Ein universelles Rechnerprogramm für ebene Kurvenscheibengetriebe. Konstruktion 21 (1969) Heft 11, S. 441–446

159. Nooß, W.: Iterative Kurvenscheibensynthese mittels Digitalrechner. Feinwerktechnik 71, Jhrg. 1967, Heft 8, S. 378–382

160. Norsk Data: Integrierte Datenverarbeitung für Konstruktion und Arbeitsplanung. Carl Hanser Verlag München, Wien 1986

161. Nowacki, H.: Curve and Surface Generation and Fairing, Kapitel 3 in: Computer Aided Design, Modelling, Systems Engineering, CAD-Systems, edited by J. Encarnacao, Lecture Notes in Computer Science, Bd. 89, S. 137–176, Springer Verlag, Berlin, Heidelberg, New York 1980

162. Opitz, H.: Werkstückbeschreibendes Klassifizierungssystem. Essen: Verlag W. Girardet 1967

163. Pahl, G., Beitz, W.: Konstruktionslehre. Springer 1977

164. Pahl, G., Engelken, G., Lorey, J., Menke, W.-H.: Interaktiver Konstruktionsarbeitsplatz (IKA) mit zeichnender und berechnender EDV-Unterstützung. Konstruktion 34 (1982), H. 6, S. 213–222

165. Pavlidis, T.: Algorithms for Graphics and Image Processing. Springer Verlag, Berlin, Heidelberg, New York 1982

166. Peeken, H., Troeder, Ch., Diekhans, G., Laschet, A.: Dynamische Untersuchungen des Antriebsstranges von Kraftfahrzeugen. ANTRIEBSTECHNIK 20 (1981) Nr. 7–8

167. Pegels, G.: Ein konstruierendes Expertensystem mit Fachwissen des Anlagen-, Holz- und Stahlbaus. Bauingenieur 62 (1987), Springer-Verlag, S. 393–397

168. Peled, A.: Die nächste Computer-Revolution. Spektrum der Wissenschaft, Dezember 12/1987, S. 44–52

169. Peters, H.-F.: Rechnerunterstützte Gestaltung und Darstellung dreidimensionaler technischer Gebilde mit beliebig geformten Oberflächen. Fortschritte der CAD-Technik, Friedr. Vieweg & Sohn, 1988

170. Pikart, M.: Automatisierung des Darstellungsprozesses bei der Konstruktion von Bauteilen und Baugruppen. Dissertation RWTH Aachen, 1988

171. Plate, Wittstolk: PASCAL: Einführung – Programmentwicklung – Strukturen. Franzis Verlag 1982

172. Pohlmann, G.: Rechnerinterne Objektdarstellungen als Basis integrierter CAD-Systeme. Reihe Produktionstechnik Berlin, Band 27, Carl Hanser Verlag, München 1982

173. Praß, P.: Prinzipien für den Aufbau von Konstruktionsprogrammsystemen. Konstruktion 29 (1977), H. 8, S. 299–302

174. Prenter, P.M.: Splines and Variational Methods. Pure and Applied Mathematics. A Wiley-Interscience Series of Texas, J. Wiley & Sons 1975

175. Preston, E.J., Crawford, G. W., Coticchia, M.E.: CAD/CAM SYSTEMS. Justification, Implementation, Productivity, Measurement. Marcel Dekker, Inc. New York and Basel, 1984

176. Radaj, D.: Computer-unterstütztes Konstruieren: praktische Bedeutung der Finit-Element-Verfahren. Konstruktion, 23. Jahrgang, Heft 10, Oktober 1971, S. 373-380

177. Ramp: BASIC-Praxis, Programmieren leicht und schnell erlernbar. Oldenbourg-Verlag 1972

178. Rechenberg, I.: Evolutionsstrategie. Friedrich Froman Verlag Stuttgart-Bad Cannstadt 1973

179. Requicha, A.: Representations of Rigid Solid Objects, Kapitel 1 in: Computer Aided Design, Modelling, Systems Engineering, CAD-Systems, J. Encarnacao (ed.), Lecture Notes in Computer Science, Bd. 89, S. 2-78, Springer-Verlag, Berlin, Heidelberg, New York 1980

180. Riesenfeld, R.F.: Bernstein-Bezier Methods for the Computer-Aided Design of Free-Form Curves and Surfaces. Ph. D. Thesis, Syracus University, March 1973

181. Roberts, L.G.: Machine Perceptions of Three Dimensional Solids. MIT Laboratory, TR 315 (May 1963) und in: Optical and Electro-Optical Information Processing, Tipper et al. (Eds) MIT Press, 159

182. Rodenacker, W.G.: Methodisches Konstruieren. 2. Aufl. Springer, Berlin 1976

183. Rogers, D.F., Adams, J.A.: Mathematics Elements for Computer Graphics. McGraw Hill, New York 1976

184. Rollke: Das Turbo-PASCAL Buch. SYBEX-Verlag 1985

185. Roth, K.: Konstruieren mit Konstruktionskatalogen. Springer 1982

186. Roth, K.: Modellbildung für die Lösung konstruktiver Aufgaben mit Rechenanlagen. Konstruktion 36 (1984), H. 2, S. 41-45

187. Roth, K., Bohle, D.: Rechnerunterstütztes methodisches Konstruieren von Hydraulik-Steuerplatten. Konstruktion 34 (1982), H. 4, S. 125-131

188. Roth, K., Jakobs, G.: Dreidimensionale Werkstückbeschreibung. VDI-Z 124 (1982) Nr. 1/2 - Januar

189. Roth, K.F., Menke, H.: Entwerfen und Gestalten am Bildschirm. VDI-Berichte Nr. 261, 1976, S. 79-88

190. Rottländer, H.-P.: Rechnerunterstütztes Gestalten technischer Systeme. Dissertation RWTH Aachen, 1980

191. Rückert, H.: Programmsystem zur betriebsinternen Berechnung, Optimierung und Fertigung von Kurvengetrieben mittels kleinerer EDV-Anlagen. Konstruktion 23 (1971), Heft 10, S. 380-387

192. Savory, S.E. (Hrsg.): Künstliche Intelligenz und Expertensysteme. Ein Forschungsbericht der Nixdorf AG. 2. Aufl., R. Oldenbourg Verlag, München, Wien, 1985

193. Scheer, A.-W.: CIM. Der computergesteuerte Industriebetrieb. 2. Aufl., Springer 1987

194. Schmitz, P., Hasenkamp, U.: Rechnerverbundsysteme. Carl Hanser Verlag, München 1981

195. Schneider, H.-J. (Hrsg.): Lexikon der Informatik und Datenverarbeitung. Oldenbourg Verlag, München, Wien, 1983

196. Schnupp, P., Nguyen Huu, C. T.: Expertensystem-Praktikum. Springer 1987

197. Schrack, G.: Grafische Datenverarbeitung. Reihe Informatik, Bd. 28. B.I.-Wissenschaftsverlag, Bibliografisches Institut, Mannheim, Wien, Zürich 1978

198. Schumann, D.: Rechnergestützte Struktursynthese von Getriebebauformen ausgehend von konstruktiven Randbedingungen. Konstruktion 30 (1978), H. 3, S. 99-106

199. Schumny, H.: Digitale Datenverarbeitung für das technische Studium. Vierweg Verlag, Braunschweig 1975

200. Schuster, R., Dankwort, W., Beilschmidt, O.: Rechnergestützte Verarbeitung von Karosseriedaten. Systementwicklung und Erfahrungen beim Einsatz. VDI-Bericht 417 (1981), S. 15-20

201. Schütze, B.: Anforderungen an ein CAD-System. Maschinenbautechnik 31 (1982) 7, S. 303-305

202. Schwaiger, L.: CAD-Begriffe. Ein Lexikon. Herausgegeben im Auftrag der SIS-Staedtler Informationssysteme GmbH. Springer Verlag, 1987

203. Seifert, H.: Der unaufhaltsame Weg des CAD/CAM. VDI-Z 124 (1982) 15/16, S. 565-580

204. Seifert, H. und Mitarbeiter: Rechnerunterstütztes Konstruieren mit PROREN. Band I, 2. Aufl., Schriftenreihe Heft 86.2(I), Ruhr-Universität Bochum, Hrsg. Institut für Konstruktionstechnik, 1986

205. Seifert, H. und Mitarbeiter: Rechnerunterstütztes Konstruieren mit PROREN. Band II, Schriftenreihe Heft 86.2(II), Ruhr-Universität Bochum, Hrsg. Institut für Konstruktionstechnik, 1987

206. Simonek, R.: Die konstruktive Funktion und ihre Formulierung für das rechnergestützte Konstruieren. Feinwerktechnik, 75. Jahrgang, April 1971, Heft 4, S. 145–149

207. Spielvogel, A.: Wissensbasierte Systeme für die Konstruktion. Dissertation RWTH Aachen, 1987

208. Spiess, W. E., Ehinger, G.: Programmierübungen in FORTRAN. Walter de Gruyter, Berlin, New York, 1974

209. Spiess, W. E., Rheingans, F. G.: Programmieren in FORTRAN. 2. Aufl., Walter de Gruyter & Co. Berlin 1971

210. Spur, G.: Rechnerunterstützte Zeichnungserstellung und Arbeitsplanung. Carl Hanser Verlag, München, Wien 1980

211. Spur, G., Krause, F.-L.: CAD-Technik. Lehr- und Arbeitsbuch für die Rechnerunterstützung in Konstruktion und Arbeitsplanung. Carl Hanser Verlag, München, Wien, 1984

212. Steinbuch, K., Weber, W.: Taschenbuch der Informatik. 1. Bd. Grundlagen der technischen Informatik, Springer Verlag, Berlin, Heidelberg, New York 1974

213. Steinbuch, K., Weber, W.: Taschenbuch der Informatik. Struktur und Programmierung von CAD-Systemen. 2. Bd., 3. Aufl., Springer Verlag, Berlin, Heidelberg, New York 1974

214. Steudel, M.: Aufbau von Informationssystemen für Konstruktion und Arbeitsvorbereitung. VDI-Z 124 (1981) Nr. 19, S. 713–721 und Nr. 20, S. 767–775

215. Stivison: Introduction in Turbo-PASCAL. SYBEX-Verlag 1985

216. Strubecker, K.: Einführung in die höhere Mathematik. Bde. 1–3, R. Oldenbourg, München, Wien 1980

217. Sutherland, I. E., Sproull, R. F., Schumacker, R. A.: A Characterization of Ten Hidden Surface Algorithms. Computing Surveys, 6 (1974) 1, S. 1–56

218. Sutherland, I. E., Sproull, R. F., Schumacker, R. A.: Sorting and Hidden Surface Problems. Proc. AFIPS 1973 National Computer Conf. Vol. 42, S. 685–693

219. Szabo, Z. J.: Systematische Planung von Programmsystemen zur Erstellung von Fertigungsunterlagen. VDI Taschenbuch 57 Düsseldorf: VDI Verlag 1977

220. Tesler, L. G.: Programmiersprachen. Spektrum der Wissenschaft, November 11/1984, S. 62–75

221. Tiberghien: Das PASCAL-Handbuch. SYBEX-Verlag 1986

222. Tschörtner, K.-A.: Entwicklung von Konstruktionsalgorithmen und eines Programmsystems zur rechnerunterstützten Konstruktion von Hydraulik-Steuerblöcken. Dissertation RWTH Aachen, 1978

223. VDI Richtlinie 2213: Datenverarbeitung in der Konstruktion. Integrierte Herstellung von Fertigungsunterlagen. VDI-Verlag Düsseldorf, Entwurf 03.75

224. VDI Richtlinie 2215: Datenverarbeitung in der Konstruktion, „Organisatorische Voraussetzungen und allgemeine Hilfsmittel", Beuth Verlag 1980

225. Voisinet, D. D.: Mechanical CAD Lab Manual. Gregg Division. McGraw-Hill Book Company, 1986

226. Warnock, J. E.: A Hidden-Surface Algorithm for Computer-Generated Halftone Picture, Computer Science Department, University of Utah, TR 4–15, June 1969

227. Weber, H. R. (Hrsg.): CAD-Datenaustausch und -Datenverwaltung. Springer 1988

228. Wedekind, H.: Datenbanksysteme I. 2. Aufl. B-I-Wissenschaftsverlag, Mannheim, Wien, Zürich, 1982

229. Wiederhold, G.: Database Design. Second Edition. McGraw-Hill International Book Company, 1983

230. Wingert, B., Duus, W., Rader, M., Riehm, U.: CAD im Maschinenbau. Wirkungen, Chancen, Risiken. Springer Verlag, 1984

231. Wirth, N.: Algorithmen und Datenstrukturen. 3. überarb. Aufl., Stuttgart: B. G. Teubner, 1983

232. Wirth, N.: Datenstrukturen und Algorithmen. Spektrum der Wissenschaft, November 11/84, S. 46–58

233. Wokurka, J.: Rechnerunterstützte dreidimensionale Gestaltung und Darstellung von Baugruppen und Bauteilen. Dissertation RWTH Aachen, 1984

234. Zaks: Einführung in PASCAL und UCSD Pascal. SYBEX Verlag 1982

Sachverzeichnis

R. Koller

Konstruktionslehre für den Maschinenbau

Grundlagen des methodischen Konstruierens

2., völlig neubearbeitete und erweiterte Auflage. 1985. 131 Abbildungen. XVI, 327 Seiten. Broschiert DM 74,–. ISBN 3-540-15369-1

Aus den Besprechungen:

„Kennzeichnend für das auf fundiertem Wissen beruhende Buch ist die Bemühung, in die komplexen und vorwiegend intuitiv betonten Bereiche des Konstruktionsprozesses mit diskursiven, also erlernbaren Methoden einzudringen – nicht zuletzt mit dem Ziel, den Weg zum rechnerunterstützten Konstruieren zu ebnen…"

Konstruktion

Springer-Verlag Berlin
Heidelberg New York London
Paris Tokyo Hong Kong

Springer

DUBBEL

Taschenbuch für den Maschinenbau

Herausgeber: **W. Beitz, K.-H. Küttner**

16., korrigierte und ergänzte Auflage. 1987.
2427 Abbildungen, 480 Tabellen. XL,
1500 Seiten. Gebunden DM 118,-.
ISBN 3-540-18009-5

Der DUBBEL liefert wichtige Informationen für Maschinenbauer sowie Ingenieure anderer Fachrichtungen während des Studiums und für ihre Tätigkeit in der Industrie; er dient als berufsbegleitendes Arbeits-, Fortbildungs- und Nachschlagewerk. Bei dieser Neuauflage war es nicht erforderlich, neue thematische Schwerpunkte zu setzen; wesentliches Anliegen war eine umfassende Überarbeitung und Aktualisierung der vorhandenen Themen. Die Benutzerfreundlichkeit wurde erhöht, indem die Tabellen dem jeweiligen Teilthema zugeordnet wurden; diese Teile wurden separat paginiert. Nur ein kleiner Tabellenanhang mit grundlegenden Angaben wurde beibehalten. Ein Anhang von Anzeigen wichtiger Firmen bietet „Informationen aus der Industrie". In dieser aktualisierten Form stellt der DUBBEL wieder *das* Standardwerk für alle Ingenieure des Maschinenbaus dar; auch Benutzer früherer Auflagen werden interessiert sein, diese Neuauflage kennenzulernen.

Springer-Verlag Berlin
Heidelberg New York London
Paris Tokyo Hong Kong